住房和城乡建设领域专业人员岗位培训考核系列用书

施工员考试大纲·习题集
(市政工程)

江苏省建设教育协会　组织编写

中国建筑工业出版社

图书在版编目（CIP）数据

施工员考试大纲·习题集（市政工程）/江苏省建设教育协会组织编写. —北京：中国建筑工业出版社，2014.4

住房和城乡建设领域专业人员岗位培训考核系列用书

ISBN 978-7-112-16633-6

Ⅰ. ①施… Ⅱ. ①江… Ⅲ. ①建筑工程—工程施工—岗位培训—自学参考资料②市政工程—工程施工—岗位培训—自学参考资料 Ⅳ. ①TU74②TU99

中国版本图书馆CIP数据核字（2014）第057575号

本书是《住房和城乡建设领域专业人员岗位培训考核系列用书》中的一本，依据《建筑与市政工程施工现场专业人员职业标准》编写。全书共分三部分，即专业基础知识考试大纲与习题、专业管理实务考试大纲与习题和模拟试卷。本书可作为市政工程施工员岗位考试的指导用书，尤其可作为参考人员考前必备复习资料，也可供职业院校师生和相关专业技术人员参考使用。

责任编辑：刘　江　岳建光　周世明
责任设计：李志立
责任校对：李美娜　陈晶晶

住房和城乡建设领域专业人员岗位培训考核系列用书
施工员考试大纲·习题集
（市政工程）
江苏省建设教育协会　组织编写
*
中国建筑工业出版社出版、发行（北京西郊百万庄）
各地新华书店、建筑书店经销
霸州市顺浩图文科技发展有限公司制版
北京建筑工业印刷厂印刷
*
开本：787×1092毫米　1/16　印张：16　字数：390千字
2014年9月第一版　2015年3月第四次印刷
定价：**42.00**元
ISBN 978-7-112-16633-6
（25336）

住房和城乡建设领域专业人员岗位培训考核系列用书

出 版 说 明

为加强住房城乡建设领域人才队伍建设，住房和城乡建设部组织编制了住房城乡建设领域专业人员职业标准。实施新颁职业标准，有利于进一步完善建设领域生产一线岗位培训考核工作，不断提高建设从业人员队伍素质，更好地保障施工质量和安全生产。第一部职业标准——《建筑与市政工程施工现场专业人员职业标准》（以下简称《职业标准》），已于2012年1月1日实施，其余职业标准也在制定中，并将陆续发布实施。

为贯彻落实《职业标准》，受江苏省住房和城乡建设厅委托，江苏省建设教育协会组织了具有较高理论水平和丰富实践经验的专家和学者，以职业标准为指导，结合一线专业人员的岗位工作实际，按照综合性、实用性、科学性和前瞻性的要求，编写了这套《住房和城乡建设领域专业人员岗位培训考核系列用书》（以下简称《考核系列用书》）。

本套《考核系列用书》覆盖施工员、质量员、资料员、机械员、材料员、劳务员等《职业标准》涉及的岗位（其中，施工员、质量员分为土建施工、装饰装修、设备安装和市政工程四个子专业），并根据实际需求增加了试验员、城建档案管理员岗位；每个岗位结合其职业特点以及培训考核的要求，包括《专业基础知识》、《专业管理实务》和《考试大纲·习题集》三个分册。随着住房城乡建设领域专业人员职业标准的陆续发布实施和岗位的需求，本套《考核系列用书》还将不断补充和完善。

本套《考核系列用书》系统性、针对性较强，通俗易懂，图文并茂，深入浅出，配以考试大纲和习题集，力求做到易学、易懂、易记、易操作。既是相关岗位培训考核的指导用书，又是一线专业人员的实用手册；既可供建设单位、施工单位及相关高、中等职业院校教学培训使用，又可供相关专业技术人员自学参考使用。

本套《考核系列用书》在编写过程中，虽经多次推敲修改，但由于时间仓促，加之编者水平有限，如有疏漏之处，恳请广大读者批评指正（相关意见和建议请发送至JYXH05@163.com），以便我们认真加以修改，不断完善。

本书编写委员会

主　　　编：金广谦

副　主　编：王敬东　成　宁　王　飞

参加编写人员：刘洪祥　金彬峰　金　巍　段壮志

前　言

为贯彻落实住房城乡建设领域专业人员新颁职业标准，受江苏省住房和城乡建设厅委托，江苏省建设教育协会组织编写了《住房和城乡建设领域专业人员岗位培训考核系列用书》，本书为其中的一本。

施工员（市政工程）培训考核用书包括《施工员专业基础知识（市政工程）》、《施工员专业管理实务（市政工程）》、《施工员考试大纲·习题集（市政工程）》三本，反映了国家现行规范、规程、标准，并以国家施工和验收规范为主线，不仅涵盖了现场施工人员应掌握的通用知识、基础知识和岗位知识，还涉及新技术、新设备、新工艺、新材料方面的知识等。

本书为《施工员考试大纲·习题集（市政工程）》分册，全书包括施工员（市政工程）专业基础知识和专业管理实务的考试大纲，以及相应的练习题并提供参考答案和模拟试卷。

本书部分内容参考了江苏省建设专业管理人员岗位培训教材，对原培训教材作者的辛勤劳动和对本书出版工作的支持表示衷心感谢！

本书既可作为施工员（市政工程）岗位培训考核的指导用书，也可供职业院校师生和相关专业技术人员参考使用。

目　录

第一部分

专业基础知识

一、考 试 大 纲

第1章 建 筑 识 图

1.1 绘图的基本知识

（1）掌握比例和尺寸的使用

（2）掌握图纸、图线、字体及常用图例和符号的规定

（3）掌握工程制图的基本规定

1.2 投影的基本知识

（1）掌握投影的概念、三面投影图的形成

（2）掌握投影的形成和分类、平行投影的分类

（3）掌握物体的单面正投影、两面正投影、多面正投影的形成和相互间的关系、三面投影

（4）熟悉叠加式组合体的三面投影图的绘制方法

（5）掌握各种位置直线和平面的投影特点

1.3 剖面图和断面图

（1）掌握剖面图和断面图的概念

（2）熟悉剖面图和断面图的分类与应用

（3）掌握剖面图和断面图的画法

1.4 市政工程施工图图例

（1）掌握市政工程平面常用图例符号

（2）掌握市政工程纵断面常用图例符号

（3）掌握市政工程材料常用图例符号

（4）掌握市政工程常用图例符号

1.5 市政工程施工图识读

（1）掌握道路工程图组成与识读

（2）掌握城市桥梁与市政管道施工图识读

第2章 市政工程施工测量

2.1 施工测量的概念、任务及内容

(1) 掌握施工测量的概念和任务

(2) 掌握施工测量放线的主要内容

2.2 测量放线使用的仪器及工具

(1) 掌握水准测量、角度测量的仪器和工具及使用方法

(2) 掌握全站型电子速测仪的使用方法

(3) 熟悉测量仪器的管理和保养

2.3 道路工程的定位放线

(1) 掌握路线测量的概念、主要任务

(2) 掌握道路施工测量

2.4 桥梁的施工测量放线

(1) 掌握桥梁施工测量的主要任务

(2) 熟悉桥梁控制网的等级

(3) 掌握桥梁三角网的集中布设形式

(4) 掌握桥梁的高程控制测量方法

(5) 掌握跨河水准测量的观测方法

2.5 隧道工程的施工测量放线

(1) 熟悉隧道工程地面控制测量方法

(2) 熟悉隧道工程洞内控制测量及中线测设方法

(3) 熟悉隧道工程洞外控制测量方法

(4) 掌握隧道施工放线方法

(5) 熟悉隧道贯通测量与贯通误差估计

2.6 管道工程的施工测量放线

(1) 掌握管道工程测量的意义与主要任务

(2) 掌握管线施工测量方法

(3) 熟悉顶管施工测量方法

(4) 掌握管线竣工测量方法

第3章　力学基础知识

3.1　静力学基础

（1）掌握静力学的基本概念与公理
（2）掌握约束和约束反力的概念
（3）熟悉常见的约束及其反力
（4）熟悉结构和构件的受力分析方法，能够画出受力图并进行相应计算

3.2　平面力系

（1）熟悉平面汇交力系的平衡方程及应用
（2）熟悉力矩和平面力偶系的特性及应用
（3）熟悉平面一般力系的特性及应用

3.3　杆件的强度、位移和稳定性计算

（1）熟悉轴向拉伸和压缩的强度计算
（2）熟悉梁的弯曲问题的强度计算
（3）熟悉结构的变形和位移概念及计算

3.4　平面体系的几何组成分析

（1）熟悉平面体系几何组成分析的目的
（2）熟悉平面体系的自由度和约束
（3）熟悉平面体系几何组成分析
（4）掌握静定结构概念

3.5　静定结构的内力计算

（1）掌握单跨静定梁内力计算、熟悉多跨静定梁内力计算
（2）熟悉静定平面刚架计算
（3）了解三铰拱计算
（4）了解静定平面桁架计算

第4章　建筑材料

4.1　材料的基础知识

（1）熟悉建筑材料的主要类型
（2）熟悉建筑材料的作用
（3）熟悉建筑材料的性质

4.2 石灰和水泥

（1）熟悉石灰的分类、性能与应用
（2）掌握石灰的熟化和硬化
（3）熟悉硅酸盐水泥的矿物组成
（4）掌握影响水泥性质的主要因素
（5）掌握道路硅酸盐水泥的技术性质
（6）了解特性水泥的种类及性质

4.3 砂石和砖

（1）熟悉石料的分类、技术性质及应用
（2）熟悉集料的技术性质
（3）熟悉砖的分类及应用

4.4 混凝土和砂浆

（1）掌握混凝土的概念及分类
（2）掌握混凝土的组成材料及其质量要求
（3）熟悉混凝土的技术性质
（4）熟悉混凝土的组成设计
（5）熟悉高性能混凝土的特性及应用
（6）熟悉常用混凝土外加剂
（7）熟悉砂浆的组成及分类
（8）熟悉砂浆的主要技术要求

4.5 建筑钢材

（1）了解钢材的分类
（2）熟悉建筑钢材的标准与选用
（3）掌握钢材的技术性质
（4）了解钢材的冷加工和热处理
（5）熟悉建筑钢材的锈蚀与防止

4.6 沥青及其沥青混合料

（1）了解沥青的分类
（2）熟悉石油沥青的组成
（3）掌握石油沥青的主要技术性质
（4）了解煤沥青的组成和技术性质
（5）了解沥青混合料的组成、类型

4.7 木材

（1）了解木材的分类和构造
（2）了解木材的物理和力学性质
（3）了解木材的防护
（4）了解木材的应用

第5章 建筑结构基础

5.1 概述

（1）掌握建筑结构概念及分类
（2）熟悉砌体结构、钢结构、混凝土结构的概念及优缺点

5.2 钢筋混凝土受弯构件计算

（1）熟悉受弯构件的构造要求
（2）熟悉受弯构件正截面受力全过程及计算原则
（3）熟悉受弯构件正截面承载力计算的基本原则
（4）熟悉单筋矩形截面受弯构件正截面承载力计算

5.3 钢筋混凝土受压构件计算原理

（1）熟悉轴心受压构件截面计算
（2）熟悉偏心受压构件截面计算

5.4 预应力混凝土结构简介结构

（1）熟悉预应力混凝土结构的基本原理
（2）熟悉预应力混凝土结构的材料
（3）了解预加力的计算与预应力损失的估算
（4）熟悉预应力混凝土简支梁的基本构造

5.5 砌体结构

（1）熟悉砌体材料及力学性能
（2）熟悉影响砌体抗压强度的主要因素
（3）熟悉砌体结构的计算表达式和计算指标

5.6 钢结构

（1）熟悉钢材的主要力学性能
（2）熟悉各种因素对钢材主要性能的影响
（3）熟悉钢材的种类、规格和标准

第6章　市政工程造价

6.1　市政工程定额概述

（1）掌握定额的基本概念
（2）熟悉工程建设定额的分类
（3）熟悉定额的编制与管理

6.2　市政工程施工定额、预算定额及概算定额

（1）掌握施工定额、预算定额、概算定额的概念
（2）熟悉施工定额、预算定额、概算定额的区别
（3）掌握施工定额、预算定额、概算定额的作用、编制原则、组成及应用

6.3　市政工程概（预）算概论

（1）掌握工程预算的意义
（2）熟悉工程预算的分类及各自概念与作用

6.4　市政工程施工图预算的编制

（1）掌握施工图预算的概念和作用
（2）掌握施工图预算编制的依据、方法和步骤
（3）熟悉市政工程施工图预算的列项
（4）掌握市政工程工程量的计算
（5）熟悉工料机消耗量确定及工料机费用计算
（6）熟悉工程施工费用内容及计算方法

6.5　工程量清单计价规范简介

（1）熟悉《建设工程工程量清单计价规范》的含义
（2）掌握《计价规范》编制的指导思想和原则
（3）熟悉实施工程量清单计价的目的、含义
（4）熟悉《计价规范》的主要内容

第7章　计算机常用软件基础

7.1　Word 2010 基础教程

掌握 Word 软件应用

7.2 Excel 2010 基础教程

掌握 Excel 软件应用

7.3 常用信息管理软件简介

熟悉常用工程量清单编制软件

7.4 建筑信息模型（BIM）技术简介

了解建筑信息模型（BIM）技术

第 8 章　工程建设相关法律法规基础

8.1 建设工程施工涉及的法律法规简介

熟悉工程建设相关的主要法律、法规主要条文

8.2 建设施工合同的履约管理

（1）了解建设施工合同履约管理的意义和作用
（2）了解目前建设施工合同履约管理中存在的问题

8.3 建设工程履约过程中的证据管理

（1）了解民事诉讼证据的概念及其特征
（2）熟悉民事诉讼证据的分类
（3）熟悉民事诉讼证据的种类
（4）了解民事诉讼证据的收集与保全
（5）了解民事诉讼证明过程

8.4 建设工程变更及索赔

（1）掌握工程量的概念、作用和性质
（2）熟悉工程量签证的概念、形式和法律性质
（3）熟悉工程索赔的概念及条件

8.5 建设工程工期及索赔

（1）掌握工期的概念及其影响因素
（2）熟悉建设工程的竣工日期及实际竣工时间的确定
（3）熟悉建设工程停工的情形
（4）熟悉工期索赔的目的、解决办法、计算方法及分类

8.6 建设工程质量

（1）掌握建设工程质量的定义及其特点

(2) 熟悉影响建设工程质量的因素
(3) 熟悉建设工程质量纠纷的处理原则

8.7 工程款纠纷

(1) 熟悉工程项目竣工结算及其审核
(2) 了解违约金、定金与工程款利息
(3) 了解工程款的优先受偿权

8.8 建筑施工企业常见的刑事风险简析

(1) 掌握刑事责任风险及刑事责任能力
(2) 熟悉建筑施工企业常见的刑事风险
(3) 熟悉建筑施工企业刑事风险的特点及防范

第9章 职业道德与职业标准

9.1 概述

(1) 熟悉职业道德的基本概念、基本特征
(2) 了解职业道德建设的必要性和意义

9.2 建设行业从业人员的职业道德

(1) 了解一般职业道德要求
(2) 了解个性化职业道德要求

9.3 建设行业职业道德的核心内容

掌握建设行业职业道德的核心内容

9.4 建设行业职业道德建设的现状、特点与措施

(1) 了解建设行业职业道德建设现状
(2) 了解建设行业职业道德建设的特点
(3) 了解加强建设行业职业道德建设的措施

9.5 施工员职业标准

(1) 掌握施工员的工作职责
(2) 掌握施工员应具备的专业技能
(3) 掌握施工员应具备的专业知识

二、习　　题

第1章　建筑识图

一、单选题

1. 图纸幅面，即图纸的基本尺寸，《房屋建筑制图统一标准》（GB 50001—2010）规定图纸幅面有（　　）种。

A. 3　　B. 4　　C. 5　　D. 6

知识点：图纸幅面的种类。

2. A0 图纸幅面是 A4 图纸的（　　）倍

A. 4　　B. 8　　C. 16　　D. 32

知识点：不同图纸幅面的尺寸关系。

3. 必要时允许使用规定的加长幅面，加长幅面的尺寸是（　　）。

A. 按基本幅面短边的偶数倍增加而得　　B. 按基本幅面短边的偶数倍增加而得

C. 按基本幅面长边的整数倍增加而得　　D. 按基本幅面短边的整数倍增加而得

知识点：加长幅面的尺寸要求。

4. 国家标准中规定标题栏正常情况下应画在图纸的（　　）。

A. 右上角　　B. 左上角　　C. 左下角　　D. 右下角

知识点：图纸标题栏的位置要求。

5. 图框线左侧与图纸幅面线的间距应是（　　）mm。

A. 25　　B. 20　　C. 30　　D. 35

知识点：图纸标题栏的位置要求。

6. 图样及说明中书写的汉字应使用（　　）。

A. 宋体　　B. 长仿宋体　　C. 楷体　　D. 黑体

知识点：图样及说明书中汉字的书写要求。

7. 一个完整的尺寸所包含的四个基本要素是（　　）。

A. 尺寸界线、尺寸线、尺寸起止符和尺寸箭头

B. 尺寸界线、尺寸线、尺寸起止符和尺寸数字

C. 尺寸线、尺寸起止符、尺寸数字和尺寸箭头

D. 尺寸界线、尺寸起止符、尺寸数字和尺寸箭头

知识点：尺寸的基本要素。

8. 在建筑制图中，标高及总平面图以（　　）为单位。

A. 分米　　B. 毫米　　C. 厘米　　D. 米

知识点：建筑制图中，标高及总平面图的单位。

9. 当一个光源发出的光线照到物体上，光线被物体遮挡，在平面上形成的影子，称为（　　）。

A. 投影平面　　B. 承影面　　C. 投射线　　D. 投影

知识点：投影的定义。

10. 投影的分类很多，根据（　　）的不同，分为平行投影和中心投影两大类。

A. 投影中心　　B. 承影面　　C. 光源　　D. 投射线

知识点：投影的分类。

11. 中心投影法是指所有投影线（　　）。

A. 相互平行　　B. 相互垂直　　C. 汇交于一点　　D. 平行或相切

知识点：中心投影法的定义。

12. 平行投影法是指所有投影线（　　）。

A. 相互平行　　B. 相互垂直　　C. 汇交于一点　　D. 平行或相切

知识点：平行投影法的定义。

13. 在工程图中，用粗实线表示图中（　　）。

A. 对称轴线　　B. 不可见轮廓线

C. 图例线　　D. 主要可见轮廓线

知识点：工程图中的线型要求。

14.（　　）应用细实线绘制，一般应与被注线段垂直。

A. 尺寸线　　B. 图线　　C. 尺寸起止符号　　D. 尺寸界线

知识点：图纸线型要求。

15. 当尺寸线为竖直时，尺寸数字注写在尺寸线的（　　）。

A. 右侧中部　　B. 左侧中部　　C. 两侧　　D. 右侧的上部

知识点：尺寸数字的注写要求。

16. 在施工图中索引符号是由（　　）的圆和水平直线组成，用细实线绘制。

A. 直径为10mm　　B. 半径为12mm

C. 周长为14cm　　D. 周长为6cm

知识点：施工图索引符号的绘制要求。

17. 在施工图中详图符号是用直径14mm（　　）的圆来绘制，标注在详图的下方。

A. 点划线　　B. 细实线　　C. 虚线　　D. 粗实线

知识点：施工图详图符号的绘制要求。

18. 横向定位轴线编号用阿拉伯数字，（　　）依次编号。

A. 从右向左　　B. 从中间向两侧　　C. 从左至右　　D. 从前向后

知识点：横向定位轴线的编号要求。

19. 图纸的幅面是指图纸尺寸规格的大小，（　　）图纸裁边后的尺寸为297mm×420mm。

A. A1　　B. B2　　C. A3　　D. B4

知识点：图纸尺寸规格的大小。

20. 图纸的幅面是指图纸尺寸规格的大小，（　　）图纸裁边后的尺寸为

210mm×297mm。

A. A1　　B. B2　　C. A3　　D. A4

知识点：图纸尺寸规格的大小。

21. 在工程图中，若粗实线的线宽为（　　），则细实线的线宽一般为 0.75mm。

A. 1.0mm　　B. 2.0mm　　C. 3.0mm　　D. 4.0mm

知识点：粗实线和细实线的线宽关系。

22. 工程图中，中粗实线用来表示（　　）。

A. 图例填充线、家具线　　B. 主要可见轮廓线

C. 可见轮廓线、尺寸线、变更云线　　D. 可见轮廓线

知识点：工程图中图线的类型及应用。

23. 比例是图形与实物相对应的线性尺寸之比，比例应以（　　）表示。

A. 希腊字母　　B. 中文数字　　C. 阿拉伯数字　　D. 英文字母

知识点：比例的书写要求。

24. 如果将物体放在互相垂直的投影面之间，用三组分别（　　）的平行投射线进行投影，就得到物体三个方向的正投影图，也即形成了三面投影图。

A. 倾斜　　B. 直射　　C. 折射　　D. 垂直

知识点：三面投影图的定义。

25. 在三面投影图中，（　　）投影同时反映了物体的长度。

A. W 面投影和 H 面　　B. V 面投影和 H 面

C. H 面投影和 K 面　　D. V 面投影和 W 投影

知识点：三面投影图的性质。

26. 点的 V 面投影和 H 面投影的连线必（　　）。

A. 垂直于 OZ 轴　　B. 平行于 OX 轴

C. 垂直于 OX 轴　　D. 平行于投影线

知识点：三面投影图的性质。

27. 若直线垂直于某一投影面，则在该投影面上的投影积聚成一点，另外两个投影面上的投影分别垂直于相应的投影轴，且反映（　　）。

A. 垂直度　　B. 缩量　　C. 伸长　　D. 实长

知识点：三面投影图的性质。

28. 投影面的平行面在该投影面上的投影反映实形，另外两投影积聚成直线，且分别（　　）。

A. 垂直于相应的投影轴　　B. 垂直于相应的投影面

C. 平行于相应的投影面　　D. 平行于相应的投影轴

知识点：三面投影图的性质。

29. 在三面投影图中，高平齐是指（　　）反映的投影规律。

A. V 面投影和 H 面投影　　B. W 面投影和 H 面投影

C. W 面投影和 V 面投影　　D. W 面投影和形体的空间位置

知识点：三面投影图的投影规律。

30. 在三面投影图中，长对正是指（　　）反映的投影规律。

A. V 面投影和 H 面投影　　　　　　B. W 面投影和 H 面投影

C. W 面投影和 V 面投影　　　　　　D. W 面投影和形体的空间位置

知识点：三面投影图的投影规律。

31. 在三面投影图中，（　　）投影与水平投影长对正；正立投影与侧立投影高平齐；水平投影与侧立投影宽相等。

A. 正立　　B. 底面　　C. 背立　　D. 左侧

知识点：三面投影图的投影规律。

32. 平行投影中，若直线垂直于某一投影面，则在该投影面上的投影（　　）。

A. 积聚成一点　　B. 缩短的直线　　C. 等于实长　　D. 类似于实长

知识点：平行投影的性质。

33. 已知 A 点的三面投影 a、a′、a″，其中 a 反映 A 到（　　）投影面的距离。

A. H 面和 V 面　　B. H 面和 W 面　　C. V 面和 W 面　　D. 所有面

知识点：三面投影图的投影规律。

34. 已知点 M 坐标（10，20，10），点 N 坐标（10，20，0），则以下描述 A、B 两点相对位置关系的说法哪一种是错误的（　　）。

A. 点 M 位于点 N 正下方　　　　B. 点 M 位于点 N 正左方

C. 点 M 位于点 N 正后方　　　　D. 点 M 位于点 N 正上方

知识点：点的位置关系。

35. 三棱柱置于三面投影体系中，使上下底面为水平面，两个侧面为铅垂面，一个侧面为正平面，其侧面投影为（　　）。

A. 二个矩形线框　　　　B. 一条直线

C. 一个矩形线框　　　　D. 两个等腰三角形

知识点：三面投影图的投影规律。

36. 圆锥体置于三面投影体系中，使其轴线垂直于 H 面，其水平投影为（　　）。

A. 一段圆弧　　B. 矩形　　C. 椭圆　　D. 圆

知识点：三面投影图的投影规律。

37. 根据下边三视图的技术关系，其俯视图为（　　）。

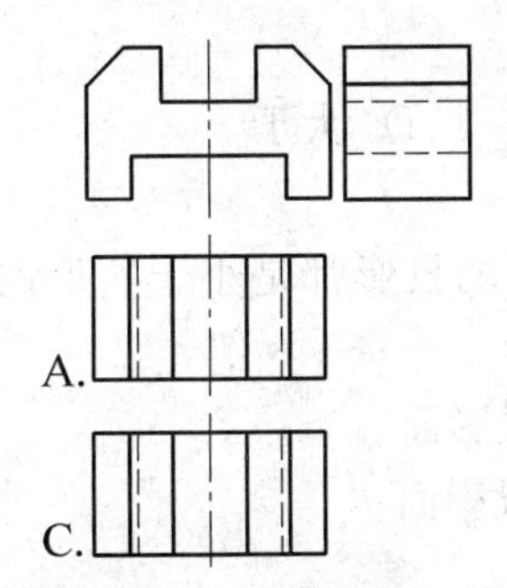

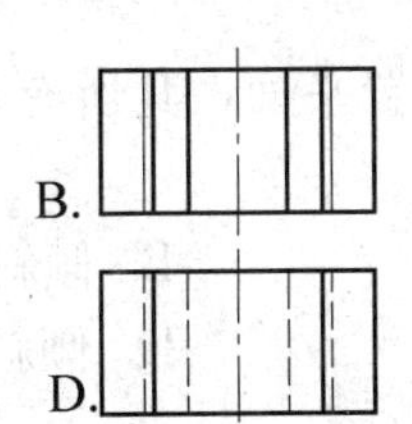

知识点：三视图的关系。

38. 已知物体的主视图及俯视图，所对应的左视图为（　　）

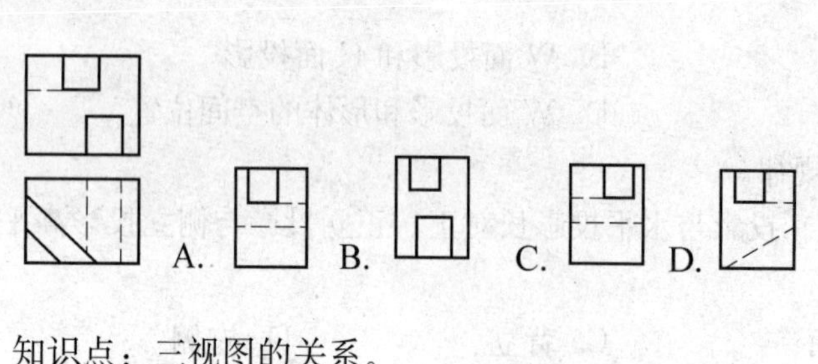

知识点：三视图的关系。

39. 剖面图是假想用剖切平面将物体剖开，移去（　　）的部分，然后画出剖切平面后面可见轮廓的投影图。

A. 剖切平面前　　B. 剖切平面两侧可见

C. 所有可见　　D. 剖切斜面上方

知识点：剖面图的定义。

40. 点 A（20、15、10）在点 B（15、10、15）的（　　）。

A. 左前上方　　B. 右前上方

C. 右前下方　　D. 左前下方

知识点：点的位置关系。

41. 投影面的平行面在该投影面上的投影反映实形，另外两投影积聚成直线，且分别（　　）。

A. 垂直于相应的投影轴　　B. 垂直于相应的投影面

C. 平行于相应的投影面　　D. 平行于相应的投影轴

知识点：点的位置关系。

42. 已知 M 点在 N 点正前方，则 M 和 N 两点的（　　）坐标值不相等。

A. X 方向　　B. Y 方向　　C. Z 方向　　D. 所有方向

知识点：点的位置关系。

43. 在正投影图的展开中，A 点的水平投影 a 和正面投影 a′的连线必定（　　）于相应的投影轴。

A. 平行　　B. 倾斜　　C. 垂直　　D. 投影

知识点：点的位置关系。

44. 一点到某投影面的距离，（　　）该点在另一投影面上的投影到其相应投影轴的距离。

A. 等于　　B. 不等于　　C. 小于　　D. 大于

知识点：投影性质。

45.（　　）的平面称为一般位置平面，其所有投影面上的投影都是小于实形的类似形。

A. 平行于一个投影面　　B. 倾斜于一个投影面

C. 垂直于二个投影面　　D. 倾斜于三个投影面

知识点：一般位置平面定义。

46. 在对称平面垂直的投影面上的投影图，以对称线为界一半画外形图、一半画剖面图，这种剖面图称为（　　）。

A. 对称剖面图　　B. 断面图　　C. 阶梯剖面图　　D. 半剖面图

知识点：半剖面图定义。

47. 在对称平面垂直的投影面上的投影图，以（　）为界一半画外形图、一半画剖面图，这种剖面图称为半剖面图。

A. 投影轴　　B. 对称线　　C. 对称点　　D. 轮廓线

知识点：半剖面图的定义。

48. 可从 V 面投影图中直接反映平面对 H、W 投影面的倾角，该平面为（　）。

A. 铅垂面　　B. 侧垂面　　C. 正垂面　　D. 侧平面

知识点：投影的性质。

49. 直线 AB 的 V 投影平行于 OX 轴，下列直线中符合该投影特征的为（　）。

A. 水平线　　B. 正平线　　C. 侧平线　　D. 正垂线

知识点：投影的性质。

50. 当平面与水平投影面垂直时，H 投影反映的相应度量包括（　）。

A. 对 H 面的倾角　　B. 对 V 面的倾角

C. 对 W 面的倾角　　D. 对 H 面、V 面的倾角

知识点：投影的性质。

51. 形体剖面图中未被剖切平面剖切到但可见部分的轮廓线用（　）绘制，不可见的部分可以不画。

A. 粗实线　　B. 细实线　　C. 中实线　　D. 中粗实线

知识点：剖切图图线的使用。

52. 剖切位置线与剖切方向线垂直相交，剖切方向线是（　）的粗实线

A. 6～10mm　　B. 6～8mm　　C. 4～6mm　　D. 2～4mm

知识点：剖切符号画法。

53. 断面图中，剖切符号是一条长度为（　）的粗实线。

A. 6～10mm　　B. 6～8mm　　C. 4～6mm　　D. 2～4mm

知识点：断面图画法。

54. 市政工程常用平面图例中，⟩====⟨代表（　）。

A. 涵洞　　B. 通道　　C. 桥梁　　D. 隧道

知识点：市政工程常用图例。

55. 市政工程常用平面图例中，→▬▬▬←代表（　）。

A. 涵洞　　B. 通道　　C. 桥梁　　D. 隧道

知识点：市政工程常用图例。

56. 市政工程常用平面图例中，⟩▬⟨　⟩═⟨代表（　）。

A. 涵洞　　B. 通道　　C. 桥梁　　D. 隧道

知识点：市政工程常用图例。

57. 市政工程常用纵断面图例中，○代表（　）。

A. 管涵　　B. 箱涵　　C. 桥梁　　D. 隧道

知识点：市政工程常用纵断面图例。

58. 市政工程常用图例中，[图例]代表（　　）材料。

A. 细粒式沥青混凝土　　B. 中粒式沥青混凝土

C. 粗粒式沥青混凝土　　D. 沥青碎石

知识点：市政工程常用材料图例。

59. 市政工程常用图例中，[图例]代表（　　）材料。

A. 水泥混凝土　　B. 中粒式沥青混凝土

C. 钢筋混凝土　　D. 细粒式沥青混凝土

知识点：市政工程常用材料图例。

60. 市政工程常用图例中，[图例]代表（　　）材料。

A. 水泥混凝土　　B. 中粒式沥青混凝土

C. 钢筋混凝土　　D. 细粒式沥青混凝土

知识点：市政工程常用材料图例。

61. 市政工程常用图例中，[图例]代表（　　）材料。

A. 泥结碎砾石　　B. 泥灰结碎砾石

C. 级配碎砾石　　D. 石灰粉煤灰碎砾石

知识点：市政工程常用材料图例。

62. 市政工程平面设计图图例中，[图例：2mm 起止桩号]代表（　　）。

A. 渡槽　　B. 隧道

C. 铁路道口　　D. 明洞

知识点：市政工程平面设计图图例。

63. 市政路面结构材料断面图例中，[图例]代表（　　）。

A. 水泥混凝土　　B. 沥青混凝土

C. 加筋水泥混凝土　　D. 沥青碎石

知识点：市政路面结构材料断面图例。

64. 市政路面结构材料断面图例中，[图例]代表（　　）。

A. 水泥混凝土　　B. 沥青混凝土

C. 加筋水泥混凝土　　D. 沥青碎石

知识点：市政路面结构材料断面图例。

65. 道路工程平面图中，公里桩宜标注在路线前进方向的（　　）。

A. 左侧　　B. 右侧　　C. 左上方　　D. 右上方

知识点：道路工程平面图中公里桩的标注。

66. 交通标线应采用线宽为（　　）的虚线或实线表示。

A. 1～2mm　　B. 2～3mm　　C. 2～4mm　　D. 4～6mm

知识点：交通标线的绘制。

67. 平面图上定位轴线的编号，宜标注在图样的（　　）。

A. 上方与右侧　　B. 下方与左侧　　C. 上方与左侧　　D. 下方与右侧

知识点：平面图上定位轴线编号的标注。

68. 平行投影的特性不包括（　　）。

A. 从属性　　B. 平行性　　C. 垂直性　　D. 积聚性

知识点：平行投影的特性。

69. 用两个或两个以上相交剖切平面剖切形体，所得到的剖面图称为（　　）。

A. 对称剖面图　　B. 展开剖面图　　C. 阶梯剖面图　　D. 半剖面图

知识点：展开剖面图定义。

70. 用两个或两个以上互相平行的剖切平面剖切形体，所得到的剖面图称为（　　）。

A. 对称剖面图　　B. 展开剖面图　　C. 阶梯剖面图　　D. 半剖面图

知识点：阶梯剖面图定义。

71. 地形图的比例尺用分子为1的分数形式表示时，（　　）。

A. 分母大，比例尺大，表示地形详细　　B. 分母小，比例尺小，表示地形概略

C. 分母大，比例尺小，表示地形详细　　D. 分母小，比例尺大，表示地形详细

知识点：比例尺的含义。

72. 常用的A2工程图纸的规格是（　　）。

A. 841×1189　　B. 594×841　　C. 297×420　　D. 420×594

知识点：图纸的幅面。

73. 钢筋混凝土材料图例为（　　）。

A. 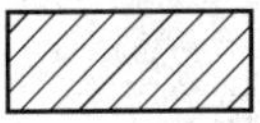　　B.

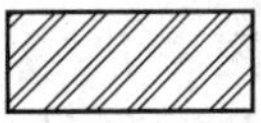

C. 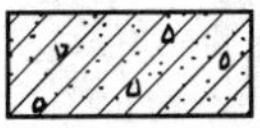　　D.

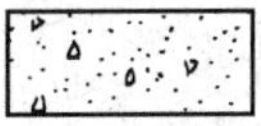

知识点：材料的图例。

74. 下面（　　）是三棱柱体的三面投影。

A. 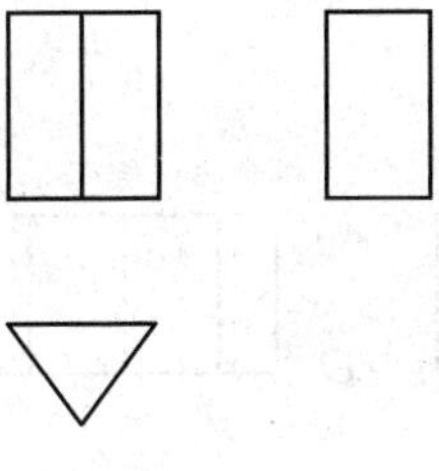　　B.

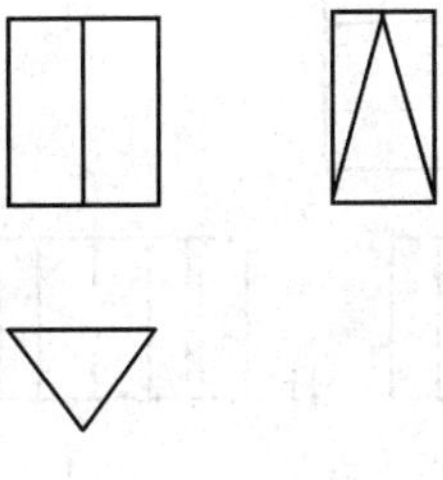

C. 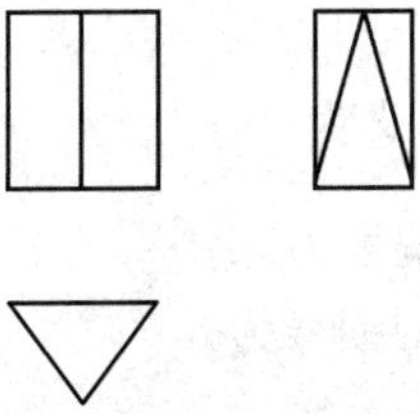　　D.

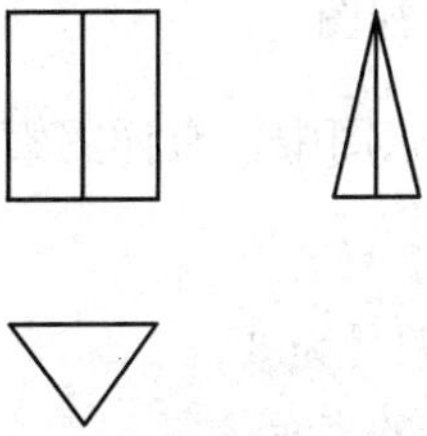

知识点：图形的三面投影图。

75. 下面（　　）是正四棱锥体的三面投影。

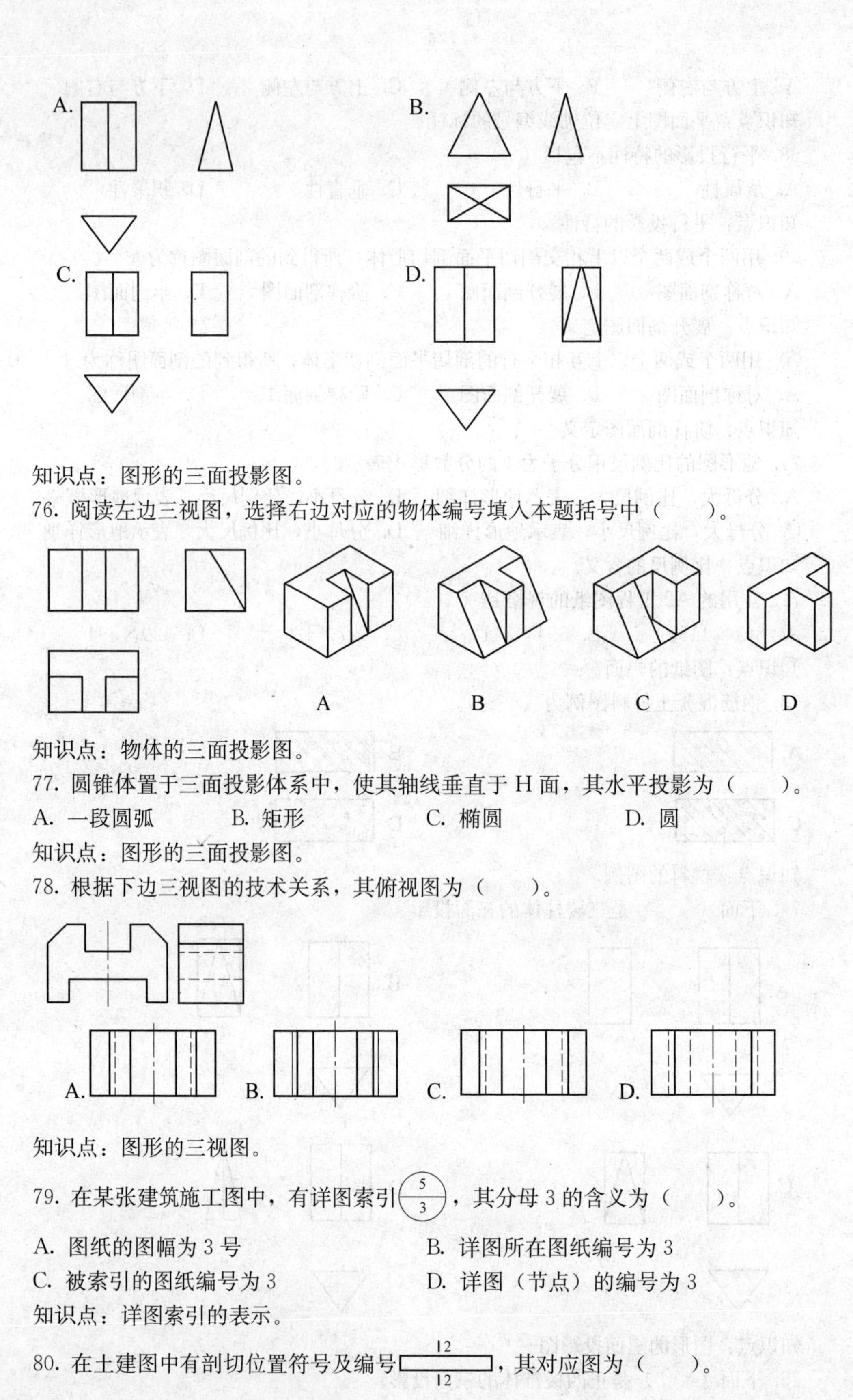

A.　　　　　　　　　　B.

C.　　　　　　　　　　D.

知识点：图形的三面投影图。

76. 阅读左边三视图，选择右边对应的物体编号填入本题括号中（　　）。

A　　B　　C　　D

知识点：物体的三面投影图。

77. 圆锥体置于三面投影体系中，使其轴线垂直于 H 面，其水平投影为（　　）。

A. 一段圆弧　　B. 矩形　　C. 椭圆　　D. 圆

知识点：图形的三面投影图。

78. 根据下边三视图的技术关系，其俯视图为（　　）。

A.　　B.　　C.　　D.

知识点：图形的三视图。

79. 在某张建筑施工图中，有详图索引 5/3，其分母 3 的含义为（　　）。

A. 图纸的图幅为 3 号　　B. 详图所在图纸编号为 3

C. 被索引的图纸编号为 3　　D. 详图（节点）的编号为 3

知识点：详图索引的表示。

80. 在土建图中有剖切位置符号及编号 12 12，其对应图为（　　）。

A. 剖面图、向左投影　　B. 剖面图、向右投影
C. 断面图、向左投影　　D. 断面图、向右投影
知识点：断面图的表示。

二、多选题

1. 拉丁字母（　　）不得用做轴线编号。
A. O　B. X　C. I　D. Z　E. Y
知识点：轴线编号要求。
2. 工程图样一般使用 3 种线宽，即（　　）。
A. 粗线　B. 细线　C. 中粗线　D. 中细线　E. 细实线
知识点：工程图样的线宽要求。
3. 详图常用的比例有（　　）。
A. 1∶10　B. 1∶20　C. 1∶25　D. 1∶50　E. 1∶400
知识点：详图常用的比例要求。
4. 工程图用细实线表示的是（　　）。
A. 尺寸起止符　B. 尺寸线　C. 引出线
D. 尺寸界线　E. 中心线
知识点：工程图尺寸标注要求。
5. 在建筑工程图中，（　　）以 m 为尺寸单位。
A. 平面图　B. 剖面图　C. 总平面图
D. 标高　E. 详图
知识点：建筑工程图尺寸标注要求。
6. 三面投影图的位置关系是：（　　）。
A. 平面图为准
B. 立面图为准
C. 平面图在立面图的正下方
D. 左侧面图在立面图的正右方
E. 左侧面图在立面图的正左方
知识点：三面投影图的位置关系。
7. 按投射线的不同，投影分为（　　）两类。
A. 中心投影　B. 斜投影　C. 平行投影
D. 轴测投影　E. 垂直投影
知识点：投影图的种类。
8. 在三面图中（　　）能反映物体的宽度。
A. 面图　B. 侧面图　C. 平面图
D. 斜投影图　E. 垂直投影图
知识点：三视图相对位置关系。
9. 在 V 面和 H 面上投影均为矩形的空间物体，可能是（　　）。
A. 长方体　B. 三棱柱　C. 圆柱体

D. 三棱锥　　　　　　　　E. 四棱锥

知识点：三视图相对位置关系。

10. 在V面上能反映直线的实长的直线可能是（　　）。

A. 正平线　　　　　　　　B. 水平线　　　　　　　　C. 正垂线

D. 铅垂线　　　　　　　　E. 侧平线

知识点：投影的性质。

11. 全剖面图的剖切方式一般在（　　）情况下采用。

A. 形体上有两个不在同一轴线上的孔洞

B. 不对称的建筑形体

C. 对称但较复杂的建筑构件

D. 对称但较简单的建筑构件

E. 形体上有两个在同一轴线上的孔洞

知识点：全剖面图的适用场合。

12. 下列关于标高描述正确的是（　　）。

A. 标高是用来标注建筑物各部分竖向高程的一种符号

B. 标高分绝对标高和相对标高，以米为单位

C. 标高数字应标注在标高符号的右侧

D. 绝对标高以我国青岛附近黄海海平面的平均高度为基准点

E. 零点标高注成±0.000，正数标高数字一律不加正号

知识点：标高的注法。

13. 下列关于详图索引标志说法正确的是（　　）。

A. 详图符号的圆应以直径10mm粗实线绘制

B. 上方（上半圆）注写的是详图编号

C. 下方（下半圆）注写的是详图所在的图纸编号

D. 当详图绘制在本张图纸上时，可以仅用细实线在索引标志的下半圆内画一段水平细实线

E. 当所索引的详图是局部剖面的详图时，引出线一端的粗短线，表示作剖面时的投影方向

知识点：索引符号和详图符号。

14. 下列关于尺寸标注说法错误的是（　　）

A. 当尺寸线与图形轮廓重合时，可以省略尺寸线

B. 尺寸起止符的起止方向与尺寸线成逆时针45°角

C. 图上的尺寸，应以尺寸数字为准

D. 尺寸排列标注时，长尺寸应靠近图形标注

E. 在道路工程图中，线路的里程桩号以km为单位

知识点：尺寸的注法。

15. 断面图与剖面图的区别包括（　　）。

A. 断面图只画形体与剖切平面接触的部分，剖面图不仅画剖切平面与形体接触的部分，而且还要画出剖切平面后面没有被剖切平面切到的可见部分。

B. 断面图的剖切符号是一条长度为4～6mm的粗实线。
C. 剖面图中包含断面图。
D. 断面图中没有剖视方向线，剖切符号旁编号所在的一侧是剖视方向。
E. 剖面图中剖切符号由剖切位置线和剖切方向线组成。
知识点：断面图与剖面图的区别。
16. 断面图一般可分为（　　）3种类型。
A. 重合断面图　　B. 移出断面图　　C. 中断断面图
D. 垂直断面图　　E. 斜断面图
知识点：断面图的种类。
17. 工程图中中实线的用途包括（　　）。
A. 可见轮廓线　　B. 家具线　　C. 中断断面图
D. 变更云线　　E. 不可见轮廓线
知识点：工程图中中实线的用途。
18. 绘图中常用比例可以是（　　）。
A. 1∶100　　B. 1∶20　　C. 1∶40
D. 1∶80　　E. 1∶60
知识点：绘图常用的比例。
19. 平面图上定位轴线的编号，宜标注在图样的（　　）。
A. 上方　　B. 下方　　C. 左侧
D. 右侧　　E. 前方
知识点：平面图上定位轴线编号的标注。
20. 投影的三要素包括（　　）。
A. 投射线　　B. 投影中心　　C. 形体
D. 投影面　　E. 对称线
知识点：投影的三要素。
21. 平行投影的特性包括（　　）。
A. 类似性　　B. 平行性　　C. 垂直性
D. 实行性　　E. 对称性
知识点：平行投影的特性。
22. 下列不同种类的工程图的图线线型中，可使用0.5b线宽的是（　　）。
A. 中实线　　B. 中粗实线　　C. 中虚线
D. 中粗虚线　　E. 波浪线
知识点：工程图的图线线宽。
23. 下列不同种类的工程图的图线线型中，可使用0.25b线宽的是（　　）。
A. 细实线　　B. 细虚线　　C. 折断线
D. 波浪线　　E. 中虚线
知识点：工程图的图线线宽。
24. 关于比例，下列说法正确的是（　　）。
A. 比例是指实物与图样中图形相应线性尺寸之比

B. 比例宜注写在图名的右侧
C. 比例的字高宜比图名的字高小一号或二号
D. 同一图样只可选用一种比例
E. 同一图样可选用一种以上比例
知识点：工程图的图线线宽。
25. 关于尺寸标注的基本规则，下列说法错误的是（　　）。
A. 工程图上所有尺寸数字都是物体的实际大小
B. 工程图上尺寸数字与图形比例及绘图的准确度有关
C. 建筑制图中，标高及总平面图的尺寸以 m 为单位
D. 道路工程图中，钢筋及钢材长度以 mm 为单位
E. 在道路工程图中，标高以 m 为单位
知识点：尺寸标注的基本规则。
26. 关于尺寸界线，下列说法正确的是（　　）。
A. 尺寸界线用细实线标注
B. 尺寸界线由一对垂直于被标注长度的平行线组成，其间距等于被标注线段的长度
C. 图形轮廓线、中心线不可作为尺寸界线
D. 尺寸界线一端应靠近所注图形轮廓线，另一端应超出尺寸线 1～2mm
E. 尺寸界线用中实线标注
知识点：尺寸界线的标注。
27. 关于尺寸起止符，下列说法正确的是（　　）。
A. 尺寸起止符号一般用细斜短线绘制
B. 尺寸起止符倾斜方向应与尺寸界线成顺时针 45°角
C. 尺寸起止符长度宜为 2～3mm。
D. 半径、直径、角度与弧长的尺寸起止符号，宜用箭头表示
E. 尺寸起止符倾斜方向应与尺寸界线成逆时针 45°角
知识点：尺寸起止符的标注。
28. 关于尺寸数字，下列说法正确的是（　　）。
A. 同一张图纸上，尺寸数字的大小应相同
B. 如没有足够的注写位置，最外边的尺寸数字可注写在尺寸界线的外侧，中间相邻的尺寸数字可错开注写
C. 图上的尺寸，应以尺寸数字为准，不得从图上直接量取
D. 尺寸数字及文字注写方向，水平尺寸字头朝上，垂直尺寸字头朝左，倾斜尺寸的尺寸数字都应保持字头仍有朝上趋势
E. 同一张图纸上，尺寸数字的大小可不同
知识点：尺寸数字的标注。
29. 关于定位轴线，下列说法正确的是（　　）。
A. 定位轴线用细的单点长划线表示
B. 定位轴线圆的圆心应在定位轴线的延长线上或延长线的折线上，圆内注明编号
C. 平面图上定位轴线的编号，宜标注在图样的下方与右侧

D. 圆形平面图中定位轴线的编号，其径向轴线宜用阿拉伯数字表示，从左下角开始，按逆时针顺序编写

E. 圆形平面图中定位轴线的编号，其径向轴线宜用阿拉伯数字表示，从左下角开始，按顺时针顺序编写

知识点：定位轴线。

30. 关于三面投影图，下列说法正确的是（　　）。

A. 将物体放在三投影面体系内，分别向三个投影面投影，其中空间立体在水平投影面上的投影称为主视图

B. 三面投影图的位置关系是：以立面图为准，平面图在立面图的正下方，左侧面图在立面图的正右方。

C. 正立投影面又称 W 面

D. 三视图中，形体左右两点之间平行于 OX 轴的距离称为长度

E. 三视图中，形体左右两点之间垂直于 OX 轴的距离称为长度

知识点：形体的三面投影图。

31. 平行投影的积聚性是指（　　）。

A. 在空间平行的两直线，它们的同面投影也平行

B. 当直线垂直于投影面时，其投影积聚为一点

C. 点的投影仍旧是点

D. 当平面垂直于投影面时，其投影积聚为一直线

E. 当直线倾斜于投影面时，其投影小于实长

知识点：平面投影的性质。

32. 在 W 面上能反映直线的实长的直线可能是（　　）。

A. 正平线　　B. 水平线　　C. 正垂线

D. 铅垂线　　E. 侧平线

知识点：投影的性质。

33. 平行投影的度量性是指（　　）。

A. 当空间直线平行于投影面时，其投影反映其线段的实长

B. 点的投影仍旧是点

C. 当空间平面图形平行于投影面时，其投影反映平面的实形

D. 当直线倾斜于投影面时，其投影小于实长

E. 当直线垂直于投影面时，其投影积聚为一点

知识点：平面投影的性质。

34. 绘制剖面图常用的剖切方法包括（　　）。

A. 用一个剖切面剖切　　B. 不可用二个平行剖切面剖切

C. 局部剖切　　D. 分层剖切

E. 用两个以上平行剖切面剖切

知识点：剖面图的剖切方法。

35. 剖面图主要用于表达物件（　　）。

A. 内部形状　　B. 内部结构

C. 断面形状　　　　　　　D. 外部形状

E. 断面结构

知识点：剖面图的作用。

三、判断题

1. 图纸的长边一般不应加长，短边可以加长。（　）

知识点：图纸长短边绘制要求。

2. A3 幅面图纸的图框尺寸为 297×420。（　）

知识点：图纸的幅面大小。

3. A0-A4 图纸宜横式使用，必要时也可立式使用。（　）

知识点：图纸幅面规定。

4. 所有的图纸都必须绘制会签栏。（　）

知识点：图纸的绘制。

5. 同一张图纸内，各不同线宽的细线，可统一采用较细的线宽组的细线。（　）

知识点：图纸的绘制。

6. 图形上标注的尺寸数字表示物体的实际尺寸。（　）

知识点：图纸尺寸标注。

7. 道路工程图中，钢筋和钢材断面尺寸以 cm 为单位。（　）

知识点：图纸尺寸标注的基本规则。

8. 图形平面图中定位轴线的编号，其径向轴线宜用阿拉伯数字表示，从左下角开始，按顺时针顺序编写。（　）

知识点：定位轴线编号。

9. 详图与被索引的图样不在同一张图纸内，应用细实线在详图符号内画一水平直径，在上半圆中注明详图编号，在下半圆中注明被索引的图纸的编号。（　）

知识点：详图及索引。

10. 正面图和侧面图必须上下对齐，这种关系叫“长对正”。（　）

知识点：投影的三等关系。

11. 轴测图一般不能反映出物体各表面的实形，因而度量性差同时作图较复杂。（　）

知识点：轴测图性质。

12. 两框一斜线，定是垂直面；斜线在哪里，垂直哪个面。（　）

知识点：三面投影规律。

13. 在施工图中详图符号是用直径 10mm 粗实线的圆来绘制，标注在详图的上方。（　）

知识点：详图符号的标注规则。

14. 在工程图中，图中的可见轮廓线的线型为细实线。（　）

知识点：图纸的线型要求。

15. 用假想的剖切平面剖开物体，将观察者和剖切面之间的部分移去，而将其余部分向投影面投射所得到的图形称为断面图。（　）

知识点：断面图定义。

16. 投影线与投影面垂直称为正投影。（ ）

知识点：正投影的定义。

17. 三视图中，V面反映形体的长度和高度，同时也反映左右、前后位置。（ ）

知识点：投影的三等关系。

18. 三视图中，H面反映形体的长度和宽度，同时也反映左右、前后位置。（ ）

知识点：投影的三等关系。

19. 三视图中，W面反映形体的高度和宽度，同时也反映上下、前后位置。（ ）

知识点：投影的三等关系。

20. 若使正投影图唯一确定物体的形状，必须采用多面投影的方法。（ ）

知识点：投影的性质。

21. 点的三面投影图中，正面投影和侧面投影的连线垂直于OX轴。（ ）

知识点：点的投影规律。

22. 点的三面投影图中，水平投影到OX轴的距离等于侧面投影到OZ轴的距离。
（ ）

知识点：点的投影规律。

23. 国家标准《房屋建筑制图统一标准》（GB/T 50001—2010）规定图纸的幅面共有6种。（ ）

知识点：图纸幅面的种类。

24. 定位轴线应用细点画线绘制，横向定位轴线用阿拉伯数字从左至右顺序编写，纵向定位轴线的编号用大写拉丁字母从上到下的顺序编写。（ ）

知识点：定位轴线的绘制。

25. 引出线主要用于标注和说明建筑图中一些特定部位及构造层次复杂部位的细部做法，加注的文字说明只是为了表示清楚，为施工提供参考。（ ）

知识点：引出线的标注。

26. 绝对标高以我国青岛附近黄海海平面的平均高度为基准点。（ ）

知识点：标高的注法。

27. 尺寸起止符的起止方向与尺寸线成顺时针45°角。（ ）

知识点：尺寸的注法。

28. 形体剖面图中，被剖切平面剖切到的部分轮廓线用粗实线绘制，未被剖切平面剖切到但可见部分的轮廓线用中粗实线绘制，不可见的部分可以不画。（ ）

知识点：剖切图图线的使用。

29. 剖切位置线与剖切方向线垂直相交，且应在剖切位置线旁加注编号。（ ）

知识点：剖切符号画法。

30. 阶梯剖面图中，剖切平面转折处由于剖切而使形体产生的轮廓线应在剖面图中画出。（ ）

知识点：剖面图的画法。

31. 总平面图中的所注的标高均为绝对标高，以米为单位。（ ）

知识点：平面图标高的标注。

32. 剖面图剖切符号的编号数字可以写在剖切位置线的任意一边。 （ ）
知识点：剖面图的画法。
33. 局部剖面图中，波浪线不得超过图形轮廓线，但可画成图形的延长线。 （ ）
知识点：局部剖面图的画法。
34. 移出断面图也可以适当地放大比例，以利于标注尺寸和清晰地反映内部构造。
（ ）
知识点：移出断面图的画法。
35. 通用详图的定位轴线，应只画圆，不注写轴线编号。 （ ）
知识点：通用详图的定位轴线的画法。
36. 三面投影图就能判断几乎所有物体的形状和大小，这就是通常所说的轴视图。
（ ）
知识点：三面投影图与轴测图的关系。
37. 正面图和侧面图必须上下对齐，这种关系叫“长对正”。 （ ）
知识点：长对正的含义。
38. 轴测图一般不能反映出物体各表面的实形，因而度量性差同时作图较复杂。
（ ）
知识点：轴测图的性质。
39. 剖面图中剖切位置不同产生的剖切效果基本相同。 （ ）
知识点：剖面图的性质。
40. 断面图中同一物体只能在一个位置切开画断面。 （ ）
知识点：断面图的断面位置。

第2章 市政工程施工测量

一、单选题

1. DS05、DS1、DS3 和 DS10 水准仪中精度最低的为（ ）。
A. DS05 B. DS1 C. S3 D. DS10
知识点：水准仪的精度。
2. 水准测量中，若水准基点离工地 4000m 远，中间转折了 16 次，那么其允许误差为（ ）。
A. ±12mm B. ±24mm C. ±40mm D. ±80mm
知识点：水准测量的误差。
3. 水准测量中，若水准基点离工地 4000m 远，中间转折了 64 次，那么其允许误差为（ ）。
A. ±12mm B. ±48mm C. ±80mm D. ±160mm
知识点：水准测量的误差。
4. 水准测量时，支架下沉是（ ）引起的误差。
A. 仪器 B. 自然环境 C. 操作不当 D. 其他原因

知识点：水准测量的误差因素。

5. 水准测量时，持尺不垂直是（　　）引起的误差。

A. 仪器　B. 自然环境　C. 操作不当　D. 其他原因

知识点：水准测量的误差因素。

6. 自动安平水准仪，（　　）。

A. 既没有圆水准器也没有管水准器　B. 没有圆水准器

C. 既有圆水准器也有管水准器　D. 没有管水准器

知识点：自动安平水准仪的组成。

7. 用光学经纬仪测量水平角与竖直角时，度盘与读数指标的关系是（　　）。

A. 水平盘转动，读数指标不动；竖盘不动，读数指标转动

B. 水平盘转动，读数指标不动；竖盘转动，读数指标不动

C. 水平盘不动，读数指标随照准部转动；竖盘随望远镜转动，读数指标不动

D. 水平盘不动，读数指标随照准部转动；竖盘不动，读数指标转动

知识点：光学经纬仪的使用。

8. 经纬仪对中误差所引起的角度偏差与测站点到目标点的距离（　　）。

A. 成反比　B. 成正比

C. 没有关系　D. 有关系，但影响很小

知识点：经纬仪的使用。

9. 普通水准测量，应在水准尺上读取（　　）位数。

A. 5　B. 3　C. 2　D. 4

知识点：水准仪的使用。

10. 水准器的分划值越大，说明（　　）。

A. 内圆弧的半径大　B. 其灵敏度低

C. 气泡整平困难　D. 整平精度高

知识点：水准仪的使用。

11. DS1 水准仪的观测精度要（　　）DS3 水准仪。

A. 高于　B. 接近于　C. 低于　D. 等于

知识点：水准仪的精度。

12. 转动三个脚螺旋使水准仪圆水准气泡居中的目的是（　　）。

A. 使仪器竖轴处于铅垂位置　B. 提供一条水平视线

C. 使仪器竖轴平行于圆水准轴　D. 使仪器横轴处于水平位置

知识点：水准仪的使用。

13. 当经纬仪的望远镜上下转动时，竖直度盘（　　）。

A. 与望远镜一起转动

B. 与望远镜相对运动

C. 不动

知识点：经纬仪的使用。

14. 经纬仪视准轴检验和校正的目的是（　　）。

A. 使视准轴垂直横轴

B. 使横轴垂直于竖轴

C. 使视准轴平行于水准管轴

知识点：经纬仪的使用。

15. 经纬仪安置时，整平的目的是使仪器的（　　）。

A. 竖轴位于铅垂位置，水平度盘水平　　B. 水准管气泡居中

C. 竖盘指标处于正确位置　　D. 锤尖与桩点中心大致对准

知识点：经纬仪的使用。

16. 水准仪的正确轴系应满足（　　）。

A. 视准轴⊥管水准轴、管水准轴∥竖轴、竖轴∥圆水准轴

B. 视准轴∥管水准轴、管水准轴⊥竖轴、竖轴∥圆水准轴

C. 视准轴∥管水准轴、管水准轴∥竖轴、竖轴⊥圆水准轴

D. 视准轴⊥管水准轴、管水准轴∥竖轴、竖轴⊥圆水准轴

知识点：水准仪的构造。

17. 水准仪与经纬仪应用脚螺旋的不同是（　　）。

A. 经纬仪脚螺旋应用于对中、精确整平，水准仪脚螺旋应用于粗略整平

B. 经纬仪脚螺旋应用于粗略整平、精确整平，水准仪脚螺旋应用于粗略整平

C. 经纬仪脚螺旋应用于对中，水准仪脚螺旋应用于粗略整平

D. 经纬仪脚螺旋应用于对中，水准仪脚螺旋应用于精确整平

知识点：水准仪和经纬仪的使用。

18. 光学经纬仪基本结构由（　　）三大部分构成。

A. 照准部分、水平度盘、辅助部件

B. 度盘、辅助部件、基座

C. 照准部分、水平度盘、基座

D. 照准部分、基座、辅助部件

知识点：光学经纬仪的组成。

19. 水准仪的粗略整平是通过调节（　　）来实现的。

A. 微倾螺旋　　B. 脚螺旋　　C. 对光螺旋　　D. 测微轮

知识点：水准仪的使用。

20. 地面点的空间位置是由（　　）确定的。

A. 坐标和高程　　B. 距离和角度　　C. 角度和高程　　D. 坐标和角度

知识点：点的位置确定。

21. 消除视差的方法是（　　）使十字丝和目标影像清晰。

A. 转动物镜对光螺旋　　B. 转动目镜对光螺旋

C. 反复交替调节目镜及物镜对光螺旋　　D. 调整水准尺与仪器之间的距离

知识点：水准仪的使用。

22. 水准测量时要求将仪器安置在距前视、后视两测点相等处可消除（　　）误差影响。

A. 水准管轴不平行于视准轴　　B. 圆水准管轴不平行仪器竖轴

C. 十字丝横丝不水平　　D. 读数

知识点：水准仪的使用。

23. 电子经纬仪区别于光学经纬仪的主要特点是（　　）。

A. 使用光栅度盘　　B. 使用金属度盘

C. 没有望远镜　　D. 没有水准器

知识点：经纬仪。

24. 用经纬仪观测某交点的右角，若后视读数为 0°00′00″，前视读数为 220°00′00″，则外距方向的读数为（　　）。

A. 100°　　B. 110°　　C. 80°　　D. 220°

知识点：经纬仪的使用。

25. 建筑工程施工测量的基本工作是（　　）。

A. 测图　　B. 测设　　C. 用图　　D. 识图

知识点：施工测量的任务。

26. 建筑施工图中标注的某部位标高，一般都是指（　　）。

A. 绝对高程　　B. 相对高程　　C. 高差　　D. 基准面高度

知识点：相对高程的含义。

27. 地面上有一点 A，任意取一个水准面，则点 A 到该水准面的铅垂距离为（　　）。

A. 绝对高程　　B. 海拔　　C. 高差　　D. 相对高程

知识点：相对高程的含义。

28. 水准测量中，设 A 为后视点，B 为前视点，A 尺读数为 2.713m，B 尺读数为 1.401m，已知 A 点高程为 15.000m，则视线高程为（　）m。

A. 13.688　　B. 16.312　　C. 16.401　　D. 17.713

知识点：水准测量。

29. 地面点到高程基准面的垂直距离称为该点的（　）。

A. 相对高程　　B. 绝对高程　　C. 高差　　D. 标高

知识点：标高的定义。

30. 水准仪的（　　）与仪器竖轴平行。

A. 视准轴　　B. 圆水准器轴

C. 十字丝横丝　　D. 水准管轴

知识点：水准仪的构造。

31. 设 A 点后视读数为 1.032m，B 点前视读数为 0.729m，则 AB 的两点高差为多少米？（　　）。

A. −29.761　　B. −0.303　　C. 0.303　　D. 29.761

知识点：水准仪的使用。

32. 水准测量中，设 A 为后视点，B 为前视点，A 尺读数为 1.213m，B 尺读数为 1.401m，A 点高程为 21.000m，则视线高程为（　　）m。

A. 22.401　　B. 22.213　　C. 21.812　　D. 20.812

知识点：水准仪的使用。

33. 在水准仪上（　　）。

A. 没有圆水准器　　B. 水准管精度低于圆水准器

C. 水准管用于精确整平　　D. 每次读数时必须整平圆水准器

知识点：水准仪的构造。

34. 水准仪精平是调节（　　）螺旋使水准管气泡居中。

A. 微动　　B. 制动　　C. 微倾　　D. 脚

知识点：水准仪的使用。

35. 有关水准测量注意事项中，下列说法错误的是（　　）。

A. 仪器应尽可能安置在前后两水准尺的中间部位

B. 每次读数前均应精平

C. 记录错误时，应擦去重写

D. 测量数据不允许记录在草稿纸上

知识点：水准仪的使用。

36. 望远镜的视准轴是（　　）。

A. 十字丝交点与目镜光心连线　　B. 目镜光心与物镜光心的连线

C. 人眼与目标的连线　　D. 十字丝交点与物镜光心的连线

知识点：经纬仪的构造。

37. 水准仪的（　　）与仪器竖轴平行。

A. 视准轴　　B. 圆水准器轴

C. 十字丝横丝　　D. 水准管轴

知识点：水准仪的构造。

38. DJ6 经纬仪的测量精度通常要（　　）DJ2 经纬仪的测量精度。

A. 等于　　B. 高于　　C. 接近于　　D. 低于

知识点：经纬仪的构造。

39. 观测水平角时，盘左应（　　）方向转动照准部。

A. 顺时针　　B. 由下而上　　C. 逆时针　　D. 由上而下

知识点：经纬仪的使用。

40. 相对标高是以建筑物的首层室内主要使用房间的（　　）为零点，用±0.000表示。

A. 楼层顶面　　B. 基础顶面　　C. 基础底面　　D. 地面

知识点：相对标高的定义。

41. 竖直角（　　）。

A. 只能为正　　B. 只能为负

C. 可能为正，也可能为负　　D. 不能为零

知识点：竖直角的规定。

42. 经纬仪用光学对中的精度通常为（　　）mm。

A. 0.05　　B. 1　　C. 0.5　　D. 3

知识点：经纬仪的精度。

43. 操作中依个人视力将镜转向明亮背景旋动目镜对光螺旋，使十字丝纵丝达到十分清晰为止是（　　）。

A. 目镜对光　　B. 物镜对光　　C. 清除视差　　D. 精平

知识点：经纬仪的使用。

44. 在水准测量中转点的作用是传递（　　）。

A. 方向　　B. 高程　　C. 距离　　D. 角度

知识点：水准仪的使用。

45. A 点距水准点 1.976km，水准测量时中间转折了 16 次，其允许误差是（　　）。

A. 4mm　　B. 3.87mm　　C. 27mm　　D. 28mm

知识点：水准测量的误差。

46. 在 A（高程为 25.812m）、B 两点间放置水准仪测量，后视 A 点的读数为 1.360m，前视 B 点的读数为 0.793m，则 *B* 点的高程为（　　）。

A. 25.245m　　B. 26.605m　　C. 26.379m　　D. 27.172m

知识点：高程的测量。

47. 经纬仪四条轴线关系，下列说法正确的是（　　）。

A. 照准部水准管轴垂直于仪器的竖轴

B. 望远镜横轴平行于竖轴

C. 望远镜视准轴平行于横轴

D. 望远镜十字竖丝平行于竖盘水准管轴

知识点：经纬仪的构造。

48. 测回法适用于观测（　　）间的夹角。

A. 三个方向　　B. 两个方向

C. 三个以上的方向　　D. 一个方向

知识点：测回法的应用。

49. 下列是 AB 直线用经纬仪定线的步骤，其操作顺序正确的是（　　）。

（1）水平制动扳纽制紧，将望远镜俯向 1 点处；（2）用望远镜照准 B 点处所立的标志；（3）在 A 点安置经纬仪，对中、整平；（4）指挥乙手持的标志移动，使标志与十字丝重合；（5）标志处即为 1 点处，同理可定其他各点。

A.（1）（2）（3）（4）（5）　　B.（2）（3）（4）（1）（5）

C.（3）（1）（2）（4）（5）　　D.（3）（2）（1）（4）（5）

知识点：经纬仪的定线步骤。

50. 水准测量中要求前后视距离相等，其目的是为了消除（　　）的误差影响。

A. 水准管轴不平行于视准轴　　B. 圆水准轴不平行于仪器竖轴

C. 十字丝横丝不水平　　D. 圆水准轴不垂直

知识点：水准测量的误差因素。

51. 视准轴是指（　　）的连线。

A. 物镜光心与目镜光心　　B. 目镜光心与十字丝中心

C. 物镜光心与十字丝中心　　D. 目标光心与目镜光心

知识点：视准轴的含义。

52. 转动微倾螺旋，使水准管气泡严格居中，从而使望远镜的视线处于水平位置叫（　　）。

A. 粗平　　B. 对光　　C. 清除视差　　D. 精平

知识点：精平的含义。

53. 地面点到假定水准面的垂直距离称为该点的（　　）。

A. 标高　　B. 绝对高程　　C. 高差　　D. 相对高程

知识点：相对高程的含义。

54. 用水平面代替水准面，下面描述正确的是（　　）。

A. 对距离的影响大　　B. 对高差的影响大

C. 对两者的影响均较大　　D. 对两者的影响均较小

知识点：水平面和水准面差别。

55. 下面关于经纬仪与水准仪操作，说法正确的是（　　）。

A. 两者均需对中、整平

B. 两者均需整平，但不需对中

C. 经纬仪需整平，水准仪需整平和对中

D. 经纬仪需整平和对中，水准仪仅需整平

知识点：经纬仪与水准仪的使用。

56. 已知 AB 点绝对高程是 $H_A=13.000$m，$H_B=14.000$m，则 h_{AB} 和 h_{BA} 各是（　　）。

A. 1.000m，－1.000m　　B. －1.000m，1.000m

C. 1.000m，1.000m　　D. －1.000m，－1.000m

知识点：绝对高程的含义。

57. 从观察窗中看到符合水准气泡影象错动间距较大时，需（　　）使符合水准气泡影象符合。

A. 转动微倾螺旋　　B. 转动微动螺旋

C. 转动三个螺旋　　D. 制动螺旋

知识点：水准仪的使用。

58. 消除视差的方法是（　　）使十字丝和目标影像清晰。

A. 转动物镜对光螺旋　　B. 转动目镜对光螺旋

C. 反复交替调节目镜及物镜对光螺旋　　D. 转动微倾螺旋

知识点：视差的消除方法。

59. 水准仪安置符合棱镜的目的是（　　）。

A. 易于观察气泡的居中情况　　B. 提高管气泡居中的精度

C. 保护管水准气泡　　D. 提供一条水平视线

知识点：水准仪的安置。

60. 当经纬仪竖轴与目标点在同一竖面时，不同高度的水平度盘读数（　　）。

A. 相等　　B. 不相等

C. 有时不相等　　D. 都有可能

知识点：经纬仪的读数。

61. 用经纬仪观测水平角时，尽量照准目标的底部，其目的是为了消除（　　）误差对测角的影响。

A. 对中　　B. 照准

C. 目标偏离中心　　D. 指标差

知识点：经纬仪的误差因素。

62. 经纬仪安置时，整平的目的是使仪器的（　　）。

A. 竖轴位于铅垂位置，水平度盘水平　　B. 水准管气泡居中

C. 竖盘指标处于正确位置　　D. 水平度盘归零

知识点：经纬仪的安置。

63. 测定一点竖直角时，若仪器高不同，但都瞄准目标同一位置，则所测竖直角（　　）。

A. 一定相同　　B. 不同

C. 可能相同也可能不同　　D. 不一定相同

知识点：经纬仪的使用。

64. 关于经纬仪对中、整平，说法有误的是（　　）。

A. 经纬仪对中与整平相互影响

B. 经纬仪对中是使仪器中心与测站点在同一铅垂线上

C. 经纬仪粗平是使圆水准器气泡居中

D. 经纬仪使用脚螺旋使水准管气泡居中

知识点：经纬仪的使用。

65. 钢尺量距中，定线不准和钢尺未拉直，则（　　）。

A. 定线不准和钢尺未拉直，均使得测量结果短于实际值

B. 定线不准和钢尺未拉直，均使得测量结果长于实际值

C. 定线不准使得测量结果短于实际值，钢尺未拉直使得测量结果长于实际值

D. 定线不准使得测量结果长于实际值，钢尺未拉直使得测量结果短于实际值

知识点：钢尺的使用。

二、多选题

1. 学习施工测量的主要任务包括（　　）。

A. 学习测绘地形图的理论和方法

B. 学习在地形图上进行规划设计的基本原理和方法

C. 学习工程建（构）筑物施工放样、工程质量检测的技术方法

D. 对大型建筑物的安全进行变形监测

E. 对所有建筑物的安全进行位移监测

知识点：施工测量的主要任务。

2. 高差是指（　　）。

A. 某两点之间的高程之差

B. 高程与建筑标高之间的差

C. 两点（一幢房屋内的）之间建筑标高之差

D. 两栋不同建筑之间的标高之差

E. 以上说法全都正确

知识点：高差的定义。

3. 水平仪的读数规则包括（　　）。

A. 从下往上读　　B. 从上往下读

C. 从小往大读　　D. 从大往小读

E. 从左往右读

知识点：水准仪的使用。

4. 在水准测量时，若水准尺倾斜时，其读数值（　　）。

A. 当水准尺向前或向后倾斜时增大　　B. 当水准尺向左或向右倾斜时减少

C. 总是增大　　D. 总是减少

E. 不论水准尺怎样倾斜，其读数值都是错误的

知识点：水准仪的使用。

5. 用钢尺进行直线丈量，应（　　）。

A. 尺身放平　　B. 确定好直线的坐标方位角

C. 丈量水平距离　　D. 目估或用经纬仪定线

E. 进行往返丈量

知识点：钢尺的使用。

6. 经纬仪可以测量（　　）。

A. 磁方位角　　B. 水平角

C. 象限角　　D. 竖直角

E. 距离

知识点：经纬仪的使用。

7. 测量工作的原则是（　　）。

A. 由整体到局部　　B. 先测角后量距

C. 在精度上由高级到低级　　D. 先控制后碎部

E. 先进行高程控制测量后进行平面控制测量

知识点：测量的原则。

8. 水准仪主要由（　　）组成。

A. 基座　　B. 水准器

C. 望远镜　　D. 照准部分

E. 支架

知识点：水准仪的组成。

9. 用经纬仪盘左、盘右两个盘位观测水平角，取其观测结果的平均值，可以消除（　　）对水平角的影响。

A. 视准轴误差　　B. 横轴误差

C. 照准部偏心误差　　D. 纵轴误差

E. 以上都对

知识点：经纬仪的使用。

10. 用光学经纬仪测量水平角与竖直角时，度盘与读数指标的关系是（　　）。

A. 水平盘转动，读数指标不动　　B. 竖盘不动，读数指标转动

C. 水平盘不动，读数指标随照准部转动　　D. 竖盘随望远镜转动，读数指标不动

E. 竖盘随望远镜转动，读数指标随照准部转动

知识点：光学经纬仪的使用。

11. 在 AB 两点之间进行水准测量，得到满足精度要求的往、返测高差为 $h_{AB}=+0.005\text{m}$，$h_{BA}=-0.009\text{m}$。已知 A 点高程 $H_A=417.462\text{m}$，则（　　）。

A. B 点的高程为 417.460m

B. B 点的高程为 417.469m

C. 往、返测高差闭合差为+0.014m

D. B 点的高程为 417.467m

E. 往、返测高差闭合差为−0.004m

知识点：水准测量。

12. 用钢尺进行直线丈量，应（　　）。

A. 把尺身放平

B. 确定好直线的坐标方位角

C. 丈量水平距离

D. 目估或用经纬仪定线

E. 进行往返丈量

知识点：钢尺的直线丈量操作。

13. 我国国家规定以山东青岛市验潮站所确定的黄海的常年平均海水面，作为我国计算高程的基准面。陆地上任何一点到此大地水准面的铅垂距离，就称为（　　）。

A. 高程

B. 标高

C. 海拔

D. 高差

E. 高度

知识点：高程或海拔的规定。

14. 水准仪是测量高程、建筑标高用的主要仪器。水准仪主要由（　　）几部分构成。

A. 望远镜

B. 水准器

C. 照准部

D. 基座

E. 刻度盘

知识点：水准仪的组成。

15. 经纬仪的安置主要包括（　　）几项内容。

A. 初平

B. 定平

C. 精平

D. 对中

E. 复核

知识点：经纬仪的安置。

16. 全站型电子速测仪简称全站仪，它是一种可以同时进行（　　）和数据处理，由机械、光学、电子元件组合而成的测量仪器。

A. 水平角测量

B. 竖直角测量

C. 高差测量

D. 斜距测量

E. 平距测量

知识点：全站仪的定义。

17. 全站仪的测距模式有（　　）几种。

A. 精测模式

B. 夜间模式

C. 跟踪模式

D. 粗测模式

E. 红外线模式

知识点：全站仪的测距模式。

18. 高差是指某两点之间（　　）。

A. 高程之差
B. 高程和建筑标高之间的差
C. 两点之间建筑标高之差
D. 两栋不同建筑之间的标高之差
E. 两栋建筑高度之差

知识点：高差的含义。

19. 水准测量中操作不当引起的误差有（　　）。

A. 视线不清
B. 调平不准
C. 持尺不垂直
D. 读数不准
E. 记录有误

知识点：水准测量的误差因素。

20. 水准测量中误差的校核方法有（　　）。

A. 返测法
B. 闭合法
C. 测回法
D. 附合法
E. 逆测法

知识点：水准测量的误差校核方法。

21. 经纬仪的安置主要包括（　　）。

A. 照准
B. 定平
C. 观测
D. 对中
E. 读数

知识点：经纬仪的安置。

22. 经纬仪观测误差的仪器因素有（　　）。

A. 使用年限过久
B. 检测维修不完善
C. 支架下沉
D. 对中不认真
E. 调平不准

知识点：经纬仪的误差因素。

23. 经纬仪可以测量（　　）。

A. 磁方位角
B. 水平角
C. 水平方向值
D. 竖直角
E. 水平距离

知识点：经纬仪的应用。

24. 坐标是测量中用来确定地面上物体所在位置的准线，坐标分为（　　）。

A. 平面直角坐标
B. 笛卡尔坐标
C. 世界坐标
D. 空间直角坐标
E. 局部坐标

知识点：测量中坐标的分类。

25. 水准尺是水准测量时使用的标尺，常用的水准尺有（　　）几种。

A. 整尺
B. 折尺

C. 塔尺　　D. 直尺

E. 曲尺

知识点：常用水准尺种类。

26. 精密水准仪主要用于国家（　　）等水准测量和高精度的工程测量中。

A. 一　　B. 二

C. 三　　D. 四

E. 五

知识点：精密水准仪的适用场合。

27. 电子水准测量目前的测量原理有（　　）几种。

A. 相关法　　B. 几何法

C. 相位法　　D. 光电法

E. 数学法

知识点：电子水准测量目前的测量原理。

28. 经纬仪目前主要有光学经纬仪和电子经纬仪两大类，工程建设中常用的光学经纬仪是（　　）几种。

A. DJ07　　B. DJ2

C. DJ6　　D. DJ15

E. DJ25

知识点：经纬仪类型。

29. 全站型电子速测仪简称全站仪，它包括测量的（　　）几种光电系统。

A. 水平角测量系统　　B. 竖直角测量系统

C. 水平补偿系统　　D. 测距系统

E. 光电系统

知识点：全站仪的光电系统组成。

30. 关于龙门板法，下列说法正确的是（　　）。

A. 管道施工过程中，中线和高程的控制可采用龙门板法

B. 龙门板由坡度板和高程板组成

C. 一般沿中线每 10～20m 和检查井处设置龙门板

D. 龙门板的中线位置和高程都应定期检查

E. 管道施工过程中，中线和高程的控制不可采用龙门板法

知识点：管道中线及高程施工测量。

三、判断题

1. 测量学的实质就是确定点的位置，并对点的位置信息进行处理、储存、管理。（　　）

知识点：测量学的定义。

2. 我国国家规定以山东青岛市验潮站所确定的渤海的常年平均海水面，作为我国计算高程的基准面，这个大地水准面（基准面）的高程为零。（　　）

知识点：绝对高程的规定。

3. 房屋建筑时，一般将房屋首层的室内地面作为该房屋计算标高的基准零点。（　）

知识点：建筑标高。

4. 用 DS05 水准仪进行水准测量时，往返测 1km 高差中数字误差为 5mm。（　）

知识点：水准仪的精度。

5. 水准仪的使用中，消除视差的方法是仔细转动目镜对光螺旋，直至尺像与十字丝网面重合。（　）

知识点：水准仪的使用。

6. 水准测量时，视线不清是自然环境引起的误差。（　）

知识点：水准测量的误差因素。

7. 水准测量时，持尺不垂直是仪器引起的误差。（　）

知识点：水准测量的误差因素。

8. 经纬仪测量水平角时，用竖丝照准目标点；测量竖直角时，用横丝照准目标点。（　）

知识点：经纬仪的使用。

9. 测量学的任务主要有两方面内容：测定和测设。（　）

知识点：测量的任务。

10. 水准仪的水准管气泡居中时视准轴一定是水平的。（　）

知识点：水准仪的使用。

11. 在同一竖直面内，两条倾斜视线之间的夹角，称为竖直角。（　）

知识点：竖直角的定义。

12. 水准仪目镜螺旋的作用是调节焦距。（　）

知识点：水准仪的使用。

13. 测量工作中用的平面直角坐标系与数学上平面直角坐标系完全一致。（　）

知识点：测量中直角坐标系的性质。

14. 水准仪的视准轴应平行于水准器轴。（　）

知识点：水准仪的构造。

15. 水准仪的仪高是指望远镜的中心到地面的铅垂距离。（　）

知识点：水准仪的构造。

16. 观测值与真值之差称为观测误差。（　）

知识点：观测误差概念。

17. 在进行水准测量前，即抄平前要将水准仪安置在适当位置，一般选在观测两点的其中一点附近，并没有遮挡视线的障碍物。（　）

知识点：水准仪的安置。

18. 尺的端点均为零刻度。（　）

知识点：尺的刻度布置。

19. 仪器精平后，应立即用十字丝的中横丝在水准尺上进行读数，读数时应从下往上读，即从大往小读。（　）

知识点：测量读数规则。

20. 精密水准仪主要用于国家三、四等水准测量和高精度的工程测量中，例如建筑物沉降观测，大型精密设备安装等测量工作。（ ）

知识点：精密水准仪的适用场合。

21. 建筑总平面图是施工测设和建筑物总体定位的依据。（ ）

知识点：建筑总平面图的用途。

22. 恢复定位点和轴线位置方法有设置轴线控制桩和龙门板两种方法。（ ）

知识点：恢复定位点和轴线位置方法。

23. 高程是陆地上任何一点到大地水准面的铅垂距离。（ ）

知识点：高程的定义。

24. 竖直角是指在同一竖向平面内某方向的视线与水平线的夹角。（ ）

知识点：竖直角的含义。

25. 无论何种地下管线施工，每隔一段距离都要设计一个井位以便于管理、检查及维修。（ ）

知识点：地下管线施工测量。

第3章　力学基础知识

一、单选题

1. 光滑接触面的约束反力的方向是（ ）。

A. 沿着接触面公切线方向、指向物体

B. 沿着接触面公切线方向、离开物体

C. 沿着接触面公法线方向、指向物体

D. 沿着接触面公法线方向、离开物体

知识点：光滑接触面的约束反力的方向。

2. 房屋建筑中将横梁支承在砖墙上，砖墙对横梁的约束可看成（ ）约束。

A. 光滑接触面　　B. 可动铰支座

C. 固定铰支座　　D. 固定端支座

知识点：可动铰支座约束。

3. 房屋建筑中的外阳台，其嵌入墙身的挑梁的嵌入端是典型的（ ）约束。

A. 光滑接触面　　B. 可动铰支座

C. 固定铰支座　　D. 固定端支座

知识点：固定端支座约束。

4. 加减平衡力系公理适用于（ ）。

A. 刚体　　B. 变形体

C. 任意物体　　D. 由刚体和变形体组成的系统

知识点：加减平衡力系公理的适用范围。

5. 图示中力多边形自行不封闭的是（ ）。

A. 图（a）

B. 图（b）

C. 图（c）

D. 图（d）

知识点：图形的封闭。

6. 永久荷载的代表值是（　　）。

A. 标 准 值　　B. 组 合 值

C. 设计值　　D. 准永久值

知识点：永久荷载的代表值。

7. 可变荷载的设计值是（　　）。

A. G_k　　B. $\gamma_G G_k$　　C. Q_k　　D. $\gamma_Q Q_k$

知识点：可变荷载的设计值。

8. 一个静定的平面物体系它由三个单个物体组合而成，则该物体系能列出（　　）个独立平衡方程。

A. 3　　B. 6　　C. 9　　D. 12

知识点：平面物体系的平衡方程数量。

9. 如下图所示杆 ACB，其正确的受力图为（　　）。

A. 图 A　　B. 图 B　　C. 图 C　　D. 图 D

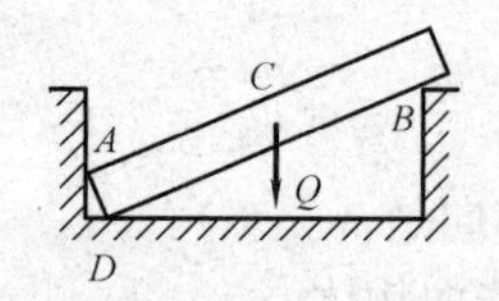

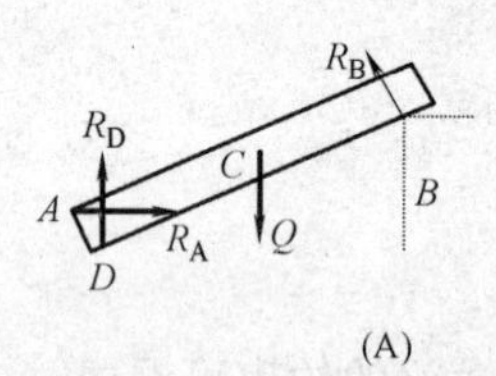

(A)

(B)

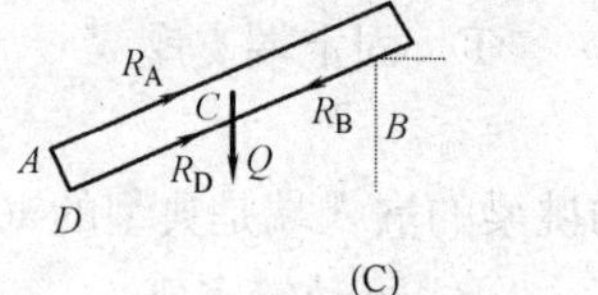

(C)

(D)

知识点：受力图。

10. 在平面力系中，各力的作用线都汇交于一点的力系称（　　）力系。

A. 空间汇交　　B. 空间一般　　C. 平面汇交　　D. 平面一般

知识点：平面汇交力系的定义。

11. 计算内力一般采用（　　）方法。

A. 受力杆件的静力平衡方程　　B. 直接由外力确定

C. 截面法　　D. 胡克定理

知识点：计算内力的一般方法。

12. 常用的应力单位是兆帕（MPa），1kPa=（　　）。

A. $10^3 N/m^2$　　B. $10^6 N/m^2$　　C. $10^9 N/m^2$　　D. $10^3 N/m^2$

知识点：兆帕与 N/m^2 的数量关系。

13. 梁正应力计算公式 $\sigma=My/I_z$ 中，I_z 叫（　　）。

A. 截面面积　　B. 截面抵抗矩　　C. 惯性矩　　D. 面积矩

知识点：梁正应力计算公式。

14. 求静力平衡问题时最首先的关键一步是（　　）。

A. 正确画出支座反力　　B. 选好坐标系

C. 正确画出受力图　　D. 列出平衡方程式

知识点：求静力平衡问题时最首先关键步骤。

15. 轴向力的正负规定是（　　）。

A. 压为正　　B. 拉为正

C. 指向截面为正　　D. 背离截面为负

知识点：轴向力的正负规定。

16. 如下图所示，杆件 M-M 截面的轴力为（　　）。

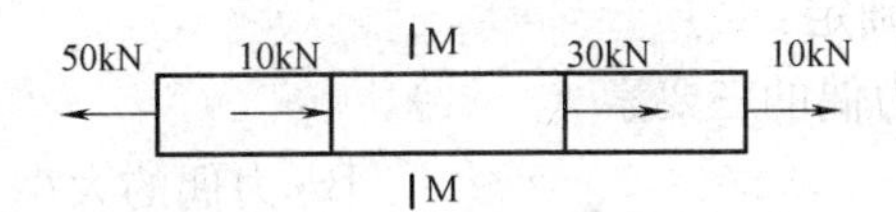

A. 30kN　　B. 40kN　　C. 10kN　　D. 50kN

知识点：杆件截面的轴力计算。

17. 平面弯曲梁上有均布荷载作用的区段，（　　）。

A. 剪力图水平线，弯矩图斜直线

B. 剪力图没变化，弯矩图水平线

C. 弯矩图水平线，剪力图斜直线

D. 剪力图斜直线，弯矩图抛物线

知识点：平面弯曲梁剪力图和弯矩图的分布规律。

18. 平面弯曲梁在均布荷载作用下，该区段的弯矩图形为（　　）。

A. 斜直线　　B. 水平线　　C. 抛物线　　D. 不确定

知识点：平面弯曲梁剪力图和弯矩图的分布规律。

19. 平面弯曲梁在集中力作用下（　　）发生突变。

A. 轴力图　　B. 扭矩图　　C. 弯矩图　　D. 剪力图

知识点：平面弯曲梁剪力图和弯矩图的分布规律。

20. 在桁架计算中，内力为零的杆称为（　　）。

A. 二力杆　　B. 零杆　　C. 支座　　D. 节点

知识点：桁架计算中零杆的含义。

21. 规范确定 $f_{cu,k}$ 所用试块的边长是（　　）。

A. 150mm　　B. 200mm　　C. 100mm　　D. 250mm

知识点：确定 $f_{cu,k}$ 所用试块的边长。

22～24. 直角折杆所受载荷、约束及尺寸均如下图所示。由此完成 22～24 题。

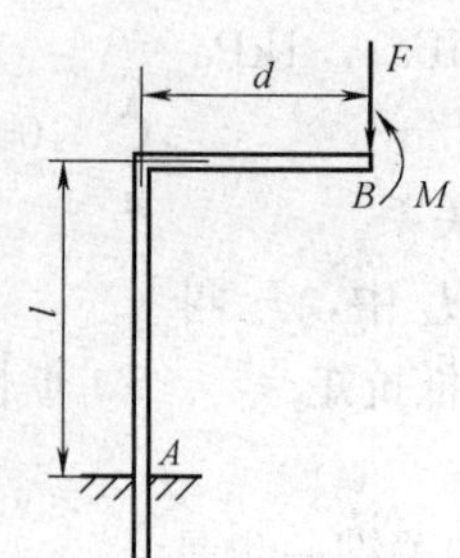

22. 支座 A 的水平反力大小为（　　）。

A. 0　　B. 0.5F　　C. F　　D. 2F

知识点：水平反力大小的确定。

23. 支座 A 的竖向反力大小和方向为（　　）。

A. 0　　B. F（↑）　　C. F（↓）　　D. 2F（↑）

知识点：竖向反力大小和方向的确定。

24. 支座 A 的弯矩大小为（　　）。

A. 0　　B. Fd　　C. M　　D. $Fd-M$

知识点：弯矩大小的确定。

25. 下列哪项不属于力偶的三要素（　　）。

A. 力偶矩的大小　　B. 力偶的大小

C. 力偶的转向　　D. 力偶作用面

知识点：力偶的三要素。

26. 平面弯曲梁上无均布荷载作用的区段，（　　）。

A. 剪力图水平线，弯矩图斜直线　　B. 剪力图没变化，弯矩图水平线

C. 弯矩图水平线，剪力图斜直线　　D. 剪力图斜直线，弯矩图抛物线

知识点：平面弯曲梁剪力图和弯矩图的分布规律。

27. 平面弯曲梁在集中力偶作用下（　　）发生突变。

A. 轴力图　　B. 扭矩图　　C. 弯矩图　　D. 剪力图

知识点：平面弯曲梁剪力图和弯矩图的分布规律。

28. 当梁的跨度和梁高比大于（　　）时，按平面假设推导出的纯弯曲梁横截面上正应力计算公式，用于计算横力弯曲梁横截面上的正应力，其误差在工程上是可以接受的。

A. 2　　B. 3　　C. 5　　D. 6

知识点：横力弯曲梁横截面上的正应力计算。

29. 两端铰支压杆的临界力公式可统一写成 $P_{cr}=\frac{\pi^2 EI}{(\mu l)^2}=\frac{\pi^2 EI}{l_0^2}$，在一端固定，另一端自由的情况下，长度系数 μ 的值为（　　）。

A. 0.5　　B. 0.7　　C. 1　　D. 2

知识点：两端铰支压杆的临界力公式。

30. 两端铰支压杆的临界力公式可统一写成 $P_{cr}=\frac{\pi^2 EI}{(\mu l)^2}=\frac{\pi^2 EI}{l_0^2}$，在两端固定的情况下，长度系数 μ 的值为（　）。

A. 0.5　　B. 0.7　　C. 1　　D. 2

知识点：两端铰支压杆的临界力公式。

31. 一个刚片在平面内有（　　）个自由度。

A. 1　　B. 2　　C. 3　　D. 4

知识点：平面体系的自由度。

32. 一由若干个刚片彼此用铰相联并用支座链杆与基础相联而组成的平面体系，其刚片数为 3，单铰数为 2，支座链杆数为 1，则该体系的计算自由度为（　　）。

A. 3　　B. 4　　C. 5　　D. 6

知识点：平面体系的自由度。

33. 如下图所示，该体系本身与地基按两刚片规则相联，则该体系是（　　）。

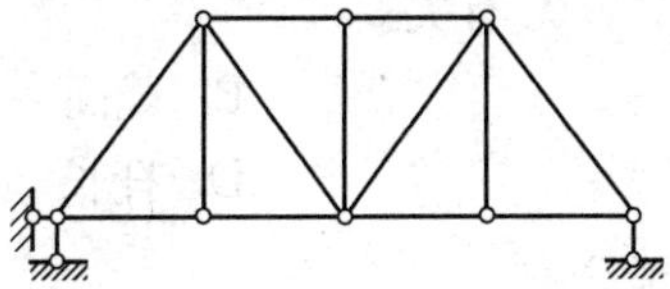

A. 几何可变体系　　B. 瞬变体系

C. 常变体系　　D. 几何不变体系

知识点：平面体系几何组成分析。

34. 将固定端支座改成铰支座或将刚性联结改成单铰联结，相当于从超静定结构中去掉（　　）个约束。

A. 1　　B. 2　　C. 3　　D. 4

知识点：从超静定结构中去掉多余约束。

35. 去掉一个固定端支座或切开刚性联结，相当于从超静定结构中去掉（　　）个约束。

A. 1　　B. 2　　C. 3　　D. 4

知识点：从超静定结构中去掉多余约束。

二、多选题

1. 房屋建筑中的外阳台，其嵌入墙身的挑梁的嵌入端支座对构件产生的反力包括（　　）。

A. 水平反力　　B. 竖向反力

C. 限制两个物体相对运动的反力　　D. 阻止构件转动的反力偶

E. 阻止构件移动的反力偶

知识点：固定端支座的反力。

2. 力的三要素是（　　）。

A. 力的作用点　　B. 力的大小

C. 力的方向　　D. 力的矢量性

E. 力的接触面

知识点：力的三要素。

3. 下列哪种荷载属于《建筑结构荷载规范》中规定的结构荷载的范围（　　）。

A. 永久荷载　　B. 温度荷载

C. 可变荷载

D. 偶然荷载

E. 以上都是

知识点：结构荷载的范围。

4. 平面任意力系的平衡方程有（　　）。

A. $\sum X=0$

B. $\frac{dM}{dx}=F_s$

C. $\sum M_O(F)=0$

D. $\sum Y=0$

E. $\frac{dF_s}{dx}=q\ (x)$

知识点：平面力系的平衡方程。

5. 杆件的应力与杆件的（　　）有关。

A. 外力

B. 截面

C. 材料

D. 杆长

E. 以上都是

知识点：杆件的应力与杆件的关系。

6. 下列（　　）因素不会使静定结构引起反力及内力。

A. 增加外力

B. 支座移动

C. 温度变化

D. 制造误差

E. 材料收缩

知识点：静定结构不能引起反力及内力的情况。

7. 静定平面桁架计算内力的方法有（　　）。

A. 结点法

B. 截面法

C. 力矩分配法

D. 联合法

E. 投影法

知识点：静定平面桁架计算内力的方法。

8. 根据结构传力途径不同，楼梯的类型有（　　）。

A. 梁式楼梯

B. 板式楼梯

C. 柱式楼梯

D. 折线型楼梯

E. 螺旋楼梯

知识点：楼梯的类型。

9. 钢筋混凝土雨棚通常需要进行下列计算（　　）。

A. 正截面承载力

B. 抗剪

C. 抗拉

D. 抗扭

E. 抗倾覆

知识点：钢筋混凝土雨棚的计算。

10. 关于力偶，下列说法正确的是（　　）。

A. 力偶没有合力，不能用一个力来代替

B. 力偶矩与矩心位置有关

C. 力偶可在其作用面内任意移转，而不会改变它对物体的转动效应

D. 同一平面内的两个力偶，如果它们的力偶矩大小相等，则这两个力偶等效

E. 力偶具有合力，可用一个力来代替

知识点：力偶的性质。

11. 梁的支座最常见的有三种，即（　　）。

A. 光滑接触面

B. 活动铰支座

C. 固定铰支座

D. 固定端支座

E. 活动端支座

知识点：梁的支座种类。

12. 关于平面弯曲梁，下列说法正确的是（　　）。

A. 梁的轴线方向称为纵向，垂直于轴线的方向称为横向

B. 梁在横向荷载作用下，将同时产生变形和内力

C. 剪力使隔离体产生逆时针方向旋转时为正，反之为负

D. 弯矩使隔离体产生上侧纤维受压、下侧纤维受拉时为正，反之为负

E. 梁的轴线方向称为横向，垂直于轴线的方向称为纵向

知识点：梁的弯曲问题的强度。

13. 关于平面弯曲梁剪力图和弯矩图的分布规律，下列说法正确的是（　　）。

A. 梁上无均布荷载作用的区段，剪力图为一条水平直线，弯矩图为一斜直线

B. 梁上有均布荷载作用的区段，剪力图为斜直线，弯矩图为二次抛物线。当荷载向下时，剪力图为向右上倾斜的直线，弯矩图为向上凸的抛物线

C. 梁上有按线性规律分布的荷载作用的区段，剪力图为三次抛物线，弯矩图为二次抛物线

D. 平面弯曲梁在集中力作用下剪力图发生突变

E. 梁上有按线性规律分布的荷载作用的区段，剪力图为三次抛物线，弯矩图为三次抛物线

知识点：平面弯曲梁剪力图和弯矩图的分布规律。

14. 关梁的弯曲正应力，下列说法正确的是（　　）。

A. 横截面上既有弯矩又有剪力的弯曲称为横力弯曲

B. 纯弯曲梁横截面上的正应力的大小与材料有关

C. 纯弯曲梁横截面某点的正应力与该横截面对中性轴的惯性矩成反比

D. 横力弯曲时，横截面将发生翘曲，使横截面为非平面

E. 纯弯曲梁横截面某点的正应力与该横截面对中性轴的惯性矩成正比

知识点：梁的弯曲正应力。

15. 两端铰支压杆的临界力公式可统一写成 $P_{cr}=\frac{\pi^2 EI}{(\mu l)^2}=\frac{\pi^2 EI}{l_0^2}$，关于长度系数 μ，下列说法正确的是（　　）。

A. 一端固定，另一端铰支：$\mu=1$

B. 一端固定，另一端自由：$\mu=2$

C. 两端固定：$\mu=0.5$

D. 两端铰支：$\mu=0.7$

E. 一端固定，另一端自由：$\mu=0.7$

知识点：两端铰支压杆的临界力公式。

16. 下列哪些情况下可用欧拉公式计算压杆的临界力和临界应力（ ）。

A. $\lambda<\lambda_P$

B. $\lambda=\lambda_P$

C. $\lambda\leqslant\lambda_P$

D. $\lambda>\lambda_P$

E. $\lambda\geqslant\lambda_P$

知识点：欧拉公式的适用范围。

17. 关于平面体系的自由度和约束，下列说法正确的是（　　）。

A. 一个点在平面内有两个自由度

B. 凡体系的计算自由度>0，则该体系是几何可变的

C. 凡体系的计算自由度≤0，则该体系是几何不变的

D. 每个约束能减少一个自由度

E. 一个点在平面内只有一个自由度

知识点：平面体系的自由度和约束。

18. 关于从超静定结构中去掉多余约束，下列说法正确的是（ ）。

A. 去掉一个固定端支座或切开刚性联结，相当于去掉两个约束

B. 去掉一个铰支座或拆开联结两刚片的单铰，相当于去掉两个约束

C. 将固定端支座改成铰支座或将刚性联结改成单铰联结，相当于去掉两个约束

D. 去掉一根支座链杆或切断一根链杆，相当于去掉一个约束

E. 将固定端支座改成铰支座或将刚性联结改成单铰联结，相当于去掉一个约束

知识点：从超静定结构中去掉多余约束。

19. 静定平面刚架常见的形式有（ ）。

A. 悬臂刚架

B. 简支刚架

C. 双铰刚架

D. 三铰刚架

E. 组合刚架

知识点：静定平面刚架的常见类型。

20. 一般情况下，静定平面刚架中的杆件内力有（ ）。

A. 应力

B. 弯矩

C. 剪力

D. 轴力

E. 约束力

知识点：静定平面刚架的杆件内力。

三、判断题

1. 刚体是在任何外力作用下，大小和形状保持不变的物体。（　　）

知识点：刚体的定义。

2. 作用在物体上的力可沿其作用线移到物体的任一点，而不改变该力对物体的运动效果。（　　）

知识点：力的加减平衡原理。

3. 由三个力组成的力系若为平衡力系，其必要的条件是这三个力的作用线共面且汇交于一点。（　　）

知识点：三力平衡汇交定理。

4. 约束反力的方向和该约束所能阻碍物体的运动方向相同。（ ）

知识点：约束反力的方向。

5. 链杆的约束反力沿着链杆轴线，指向不定。（ ）

知识点：链杆的约束反力方向。

6. 物体的受力包括荷载和约束反力。其中，约束反力是可以事先确定的已知力。（ ）

知识点：物体的受力分析。

7. 平面汇交力系的合成问题可以采用几何法进行研究，这种方法是以力在坐标轴上的投影的计算为基础。（ ）

知识点：平面汇交力系的研究方法。

8. 作用力与反作用力总是一对等值、反向、共线、作用在同一物体上的力。（ ）

知识点：作用力与反作用力的关系。

9. 合力一定比分力小。（ ）

知识点：合力与分力的关系。

10. 对非自由体的某些位移起限制作用的周围物体称为约束。（ ）

知识点：约束的定义。

11. 平面汇交力系平衡的充要条件是力系的合力等于零。（ ）

知识点：平面汇交力系平衡的充要条件。

12. “左上右下剪力正”是剪力的正负号规定。（ ）

知识点：剪力的正负号规定。

13. 梁上任一截面的弯矩等于该截面任一侧所有外力对形心之矩的代数和。（ ）

知识点：梁上截面弯矩的计算。

14. 简支梁在跨中受集中力 P 作用时，跨中弯矩一定最大。（ ）

知识点：简支梁跨中弯矩最大的情形。

15. 有集中力作用处，剪力图有突变，弯矩图有尖点。（ ）

知识点：有集中力作用处，剪力图与弯矩图情况。

16. 通常规定：若力偶使物体作顺时针方向转动时，力偶矩为正，反之为负。（ ）

知识点：力偶矩的正负。

17. 平面一般力系平衡的充要条件是：力系中各力在两个坐标轴上投影的代数和分别等于零。（ ）

知识点：平面一般力系平衡的充要条件。

18. 轴向拉压杆的受力特点是：杆两端作用着大小相等、方向相反、作用线与杆轴线垂直的一对外力。（ ）

知识点：轴向拉压杆的受力特点。

19. 无论等截面直杆还是变截面直杆，轴力最大的截面为危险截面。（ ）

知识点：直杆危险截面的确定。

20. 梁上有均布荷载作用的区段，剪力图为斜直线，M 图为二次抛物线。（ ）

知识点：梁剪力图和弯矩图的分布规律。

21. 压杆的长细比越大，其临界应力就越大，压杆就越容易失稳。（ ）

知识点：压杆的临界力。

22. 凡体系的计算自由度≤0，则该体系是几何不变的。（　）

知识点：平面体系的自由度。

23. 两刚片规则是指在一个刚片上增加一个二元体，仍为几何不变体系。（　）

知识点：几何不变体系的基本组成规则。

24. 两刚片用交于一点或相互平行的三根链杆相联时，则所组成的体系或是瞬变体系，或是几何可变体系。（　）

知识点：平面体系几何组成。

25. 只由平衡条件不能确定超静定结构的全部反力和内力。（　）

知识点：超静定结构的定义。

第4章　建筑材料

一、单选题

1. 路面结构从上而下铺筑成（　）等结构层次组成的多层体系。

A. 路基、垫层、基层、面层　　B. 基层、面层、垫层、路基

C. 路基、基层、垫层、面层　　D. 面层、基层、垫层、路基

知识点：道路工程结构。

2. 道路桥梁工程结构中使用量最大的一宗材料是（　）。

A. 水泥混凝土与砂浆　　B. 沥青混合料

C. 石料与集料　　D. 结合料和聚合物类

知识点：市政工程建筑材料类型。

3. 测定建筑材料力学性质，有时假定材料的各种强度之间存在一定关系，以（　）作为基准，按其折算为其他强度。

A. 抗拉强度　　B. 抗弯强度

C. 抗剪强度　　D. 抗压强度

知识点：建筑材料的力学性质。

4. 建筑材料的老化，主要是指其（　）的改变。

A. 物理性质　　B. 化学性质

C. 力学性质　　D. 工艺性质

知识点：建筑材料的性质。

5. 熟石灰的主要化学成分是（　）。

A. CaO　　B. $Ca(OH)_2$　　C. $CaCO_3$　　D. $Ca(HCO_3)_2$

知识点：石灰的种类。

6. 孔隙率增大，材料的（　）降低。

A. 密度　　B. 表观密度　　C. 憎水性　　D. 抗冻性

知识点：材料的性质。

7. 含水率为10%的湿砂220g，其中水的质量为（　）。

A. 19.8g　　B. 22g　　C. 20g　　D. 20.2g

知识点：材料的性质。

8. 材料的孔隙率增大时，其性质保持不变的是（　　）。

A. 表观密度　　B. 堆积密度　　C. 密度　　D. 强度

知识点：材料的性质。

9. 材料的吸水率与含水率之间的关系为（　　）。

A. 吸水率小于含水率　　B. 吸水率等于或大于含水率

C. 吸水率既可大于也可小于含水率　　D. 吸水率可等于也可小于含水率

知识点：材料的性质。

10. 关于石灰，下列说法错误的是（　　）。

A. 生石灰水化时体积增大

B. 在水泥砂浆中加入石灰浆，可使可塑性和保水性显著提高

C. 石灰水化后，碳化作用主要发生在与空气接触的表层，阻碍了空气中 CO_2 的渗入，也阻碍了内部水分向外蒸发，因而硬化缓慢

D. 在石灰硬化体中，大部分是 $CaCO_3$

知识点：石灰的特性。

11. 为了消除过火石灰的危害，必须将石灰浆在贮存坑中放置两周以上的时间，称为（　　）。

A. 碳化　　B. 水化　　C. 陈伏　　D. 硬化

知识点：石灰的陈伏。

12. 下列四种矿物中，遇水反应最快的是（　　）。

A. 硅酸三钙　　B. 硅酸二钙　　C. 铝酸三钙　　D. 铁铝酸四钙

知识点：硅酸盐水泥熟料的组成。

13. 下列四种矿物中，水化放热量最大的是（　　）。

A. 硅酸三钙　　B. 硅酸二钙　　C. 铝酸三钙　　D. 铁铝酸四钙

知识点：硅酸盐水泥熟料的组成。

14. 生产硅酸盐水泥时加适量石膏主要起（　　）作用。

A. 促凝　　B. 缓凝　　C. 助磨　　D. 膨胀

知识点：水泥的生产。

15. 用于外墙的抹面砂浆，在选择胶凝材料时，应以（　　）为主。

A. 水泥　　B. 石灰　　C. 石膏　　D. 粉煤灰

知识点：建筑材料的种类。

16. 硅酸盐水泥（　　）不符合国家标准规定为废品水泥。

A. 细度　　B. 初凝时间

C. 终凝时间　　D. 强度低于该商品强度等级规定

知识点：水泥的性质。

17. 用沸煮法检验水泥体积安定性，只能检查出（　　）的影响。

A. 游离 CaO　　B. 游离 MgO　　C. 石膏　　D. $Ca(OH)_2$

知识点：水泥的技术性质。

18. 在混凝土工程中，粒径小于（　）mm的骨料称为细骨料。
A. 2.36　　B. 3.36　　C. 4.75　　D. 5.75
知识点：混凝土的组成。
19. 材料的耐水性常用（　）表示。
A. 渗透系数　　B. 抗渗等级　　C. 耐水系数　　D. 软化系数
知识点：建筑材料的性质。
20. 混凝土用水中，不得含有影响水泥正常（　）和硬化的有害物质。
A. 变形　　B. 水化　　C. 风化　　D. 凝结
知识点：混凝土的技术性质。
21. 原材料确定时，影响混凝土强度的决定性因素是（　）。
A. 水泥用量　　B. 水灰比　　C. 骨料的质量　　D. 骨料的用量
知识点：混凝土的技术性质。
22. 高层建筑的基础工程混凝土宜优先选用（　）。
A. 硅酸盐水泥　　B. 普通硅酸盐水泥
C. 矿渣硅酸盐水泥　　D. 火山灰质硅酸盐水泥
知识点：水泥的种类。
23. 选择混凝土骨料时，应使其（　）。
A. 总表面积大，空隙率大　　B. 总表面积小，空隙率大
C. 总表面积小，空隙率小　　D. 总表面积大，空隙率小
知识点：混凝土的技术性质。
24. 影响混凝土强度的因素有（　）。
A. 水泥强度等级和水灰比　　B. 温度和湿度
C. 养护条件和龄期　　D. 以上三者都是
知识点：混凝土的技术性质。
25. 混凝土配合比设计中的重要参数有（　）。
A. 水灰比　　B. 砂率
C. 单位用水量　　D. 以上三者全是
知识点：混凝土的技术性质。
26. 大体积混凝土施工，当只有硅酸盐水泥供应时，为降低水泥水化热，可采取（　）的措施。
A. 将水泥进一步磨细　　B. 掺入一定量的活性混合材料
C. 增加拌合用水量　　D. 增加水泥用量
知识点：混凝土的技术性质。
27. 混凝土配合比设计中，对塑性混凝土，计算砂率的原则是使（　）。
A. 砂子密实体积填满石子空隙体积
B. 砂浆体积正好填满石子空隙体积
C. 砂子密实体积填满石子空隙体积，并略有富余
D. 砂子松散体积填满石子空隙体积，并略有富余
知识点：混凝土的技术性质。

28. 在施工中，采用（　）方法以改善混凝土拌和物的和易性是合理和可行的一种方法。

A. 合理砂率　　B. 增加用水量

C. 掺早强剂　　D. 改用较大粒径的粗骨料

知识点：混凝土的技术性质。

29. 混凝土用骨料的要求是（　）。

A. 空隙率小的条件下尽可能粗　　B. 空隙率小

C. 总表面积小　　D. 总表面积小，尽可能粗

知识点：混凝土的技术性质。

30. 条件允许时，尽量选用最大粒径的粗骨料，是为了（　）。

A. 节省骨料　　B. 节省水泥

C. 减少混凝土干缩　　D. 节省水泥和减少混凝土干缩

知识点：混凝土的技术性质。

31. 可用（　）的方法来改善混凝土拌和物的和易性。

（a）在水灰比不变条件下增加水泥浆的用量

（b）采用合理砂率

（c）改善砂石级配

（d）加入减水剂

（e）增加用水量

A.（a）（b）（c）（e）　　B.（a）（b）（c）（d）

C.（a）（c）（d）（e）　　D.（b）（c）（d）（e）

知识点：混凝土的技术性质。

32. 配制混凝土时，限定最大水灰比和最小水泥用量值是为了满足（　）的要求。

A. 流动性　　B. 强度

C. 耐久性　　D. 流动性、强度和耐久性

知识点：混凝土的技术性质。

33. 在混凝土中掺入（　），对混凝土抗冻性有明显改善。

A. 引气剂　　B. 减水剂　　C. 缓凝剂　　D. 早强剂

知识点：混凝土的技术性质。

34. 喷射混凝土必须加入的外加剂是（　）。

A. 早强剂　　B. 减水剂　　C. 引气剂　　D. 速凝剂

知识点：混凝土的技术性质。

35. 欲提高混凝土拌合物的流动性，采用的减水剂是（　）。

A. $CaCl_2$　　B. 木质素磺酸钙

C. Na_2SO_4　　D. 三乙醇胺

知识点：混凝土的技术性质。

36.（　）是建筑钢材最重要的技术性质。

A. 冷弯性能　　B. 耐疲劳性

C. 抗拉性能　　D. 冲击韧性

知识点：钢材的技术性质。

37. 在低碳钢的应力应变图中，有线性关系的是（　　）阶段。

A. 弹性　　B. 屈服　　C. 强化　　D. 颈缩

知识点：钢材的技术性质。

38. 普通碳素结构钢随钢号的增加，钢材的（　　）。

A. 强度增加、塑性增加　　B. 强度降低、塑性增加

C. 强度降低、塑性降低　　D. 强度增加、塑性降低

知识点：钢材的分类。

39. 防止混凝土中钢筋腐蚀的最有效措施是（　　）。

A. 提高混凝土的密实度　　B. 钢筋表面刷漆

C. 钢筋表面用碱处理　　D. 混凝土中加阻锈剂

知识点：钢材的锈蚀与防止。

40. 在钢结构中常用（　　）轧制成钢板、钢管、型钢来建造桥梁、高层建筑及大跨度钢结构建筑。

A. 碳素钢　　B. 低合金钢　　C. 热处理钢筋　　D. 冷拔低碳钢丝

知识点：钢材的分类。

41. 道路石油沥青及建筑石油沥青的牌号是按其（　　）划分的。

A. 针入度　　B. 软化点平均值

C. 延度平均值　　D. 沥青中油分含量

知识点：石油沥青的种类。

42. 赋予石油沥青以流动性的成分是（　　）。

A. 油分　　B. 树脂　　C. 沥青脂胶　　D. 地沥青质

知识点：石油沥青的组成。

43. 沥青胶增加（　　）掺量能使耐热性提高。

A. 水泥　　B. 矿粉　　C. 减水剂　　D. 石油

知识点：石油沥青的组成。

44. 赋予石油沥青以粘结性和塑性的成分是（　　）。

A. 油分　　B. 树脂　　C. 沥青脂胶　　D. 地沥青质

知识点：石油沥青的组成。

45.（　　）是木材物理力学性质发生变化的转折点。

A. 纤维饱和点　　B. 平衡含水率

C. 饱和含水率　　D. A 和 B

知识点：木材的性质。

46. 木材在使用前应使其含水率达到（　　）。

A. 纤维饱和点　　B. 平衡含水率

C. 饱和含水率　　D. 绝干状态含水率

知识点：木材的性质。

47. 木材中（　　）发生变化时，木材的物理力学性质也随之变化。

A. 自由水　　B. 吸附水　　C. 化合水　　D. 游离水

知识点：木材的性质。

48. 木材在不同受力下的强度，按其大小可排成（　　）的顺序。

A. 抗弯>抗压>抗拉>抗剪　　B. 抗压>抗弯>抗拉>抗剪

C. 抗拉>抗弯>抗压>抗剪　　D. 抗拉>抗压>抗弯>抗剪

知识点：木材的性质。

49. 冬季，随着温度的降低，沥青材料的劲度模量（　　）。

A. 不变　　B. 变小

C. 先变小再变大　　D. 变大

知识点：沥青混合料的性质。

50. 沥青混合料中最理想的一种结构类型是（　　）。

A. 悬浮——密实结构　　B. 骨架——空隙结构

C. 密实——骨架结构　　D. 悬浮——空隙结构

知识点：沥青混合料的类型。

51. 生石灰的主要成分是（　　）。

A. 氧化钙　　B. 氧化镁

C. 硫酸钙　　D. 硫酸镁

知识点：生石灰的主要成分。

52. 工程上，将生石灰加大量的水熟化成石灰乳，然后经筛网流入储灰池并“陈伏”（　　）d 以上，以消除过火石灰的危害。

A. 3　　B. 10　　C. 15　　D. 20

知识点：陈伏的时间。

53. 防水混凝土属于（　　）防水材料。

A. 柔性　　B. 刚性　　C. 韧性　　D. 弹性

知识点：防水混凝土的属性。

54. 在受工业废水或海水等腐蚀环境中使用的混凝土工程，不宜采用（　　）。

A. 普通水泥　　B. 矿渣水泥

C. 火山灰水泥　　D. 粉煤灰水泥

知识点：不同水泥的适用场合。

55. 硅酸盐水泥的特点是（　　）。

A 凝结硬化快　　B. 抗冻性差　　C. 水化热小　　D. 耐热性好

知识点：硅酸盐水泥的特点。

56. 硅酸盐水泥根据（　　）和 28d 的抗压强度、抗折强度分为三个强度等级。

A. 3d　　B. 6d　　C. 9d　　D. 14d

知识点：硅酸盐水泥的分类依据。

57. 当出现下列哪种情况时，水泥被定为不合格品（　　）。

A. 初凝时间不合规定　　B. 终凝时间不合规定

C. 水泥稠度不合规定　　D. 龄期不合规定

知识点：不合格水泥的表现。

58. 当出现下列哪种情况时，水泥被定为废品（　　）。

A. 初凝时间不合规定　　B. 终凝时间不合规定

C. 水泥稠度不合规定　　D. 龄期不合规定

知识点：废品水泥的表现。

59. 矿渣水泥的特性是（　）。

A. 凝结硬化慢　　B. 水化热大

C. 抗冻性好　　D. 抗碳化能力强

知识点：矿渣水泥的特性。

二、多选题

1. 下列材料中可用于高等级道路面层结构的是（　）。

A. 沥青混合料　　B. 无机结合料稳定类混合料

C. 石料与集料　　D. 水泥混凝土

E. 塑料

知识点：市政工程建筑材料的主要类型。

2. 影响材料力学性质的物理因素主要是（　）。

A. 密度　　B. 温度

C. 湿度　　D. 体积

E. 重量

知识点：材料的物理性质。

3. 下列材料中属于气硬性胶凝材料的是（　）。

A. 石灰　　B. 石膏

C. 水泥　　D. 水玻璃

E. 高分子材料

知识点：建筑材料的类型。

4. 建筑材料分为（　）。

A. 无机材料　　B. 有机材料

C. 复合材料　　D. 高分子材料

E. 合成材料

知识点：建筑材料的种类。

5. 下列性质属于力学性质的有（　）。

A. 强度　　B. 硬度

C. 孔隙率　　D. 脆性

E. 徐变

知识点：材料的性质。

6. 材料的吸水性与（　）有关。

A. 亲水性　　B. 憎水性

C. 孔隙特征　　D. 材料自重

E. 材料孔隙率的大小

知识点：材料的性质。

7. 对石灰的技术要求主要有（　）。

A. 细度

B. 强度

C. 有效 CaO、MgO 含量

D. 产浆量

E. 湿度

知识点：石灰性质。

8. 建筑石膏的特性是（　　）。

A. 凝结硬化快

B. 不溶于水

C. 硬化时体积微膨胀

D. 防火性能好

E. 硬化以碳化作用为主

知识点：石灰的性质。

9. 关于石灰，下列说法正确的是（　　）。

A. 生石灰水化时体积增大

B. 在水泥砂浆中加入石灰浆，可使可塑性和保水性显著提高

C. 石灰水化后，碳化作用主要发生在与空气接触的表层，阻碍了空气中 CO_2 的渗入，也阻碍了内部水分向外蒸发，因而硬化缓慢

D. 在石灰硬化体中，大部分是 $CaCO_3$

E. 生石灰水化时体积减小

知识点：石灰的特性。

10. 非活性混合材料掺入水泥中的作用是（　　）。

A. 调节水泥性质

B. 降低水化热

C. 增加强度等级

D. 增加产量

E. 提高水化热

知识点：水泥的组成。

11. 活性混合材料有（　　）。

A. 石灰石

B. 石英砂

C. 粒化高炉矿渣

D. 火山灰

E. 紫英砂

知识点：水泥的组成。

12. 水泥的（　　）中任何一项不符合国家标准规定为废品，禁止在工程中应用。

A. 游离氧化镁

B. 安定性

C. 初凝时间

D. 三氧化硫

E. 二氧化碳

知识点：水泥的技术性质。

13. 关于火山灰水泥，下列说法正确的是（　　）。

A. 不宜用于干燥环境中的地上工程

B. 宜用于有抗渗要求的混凝土工程中

C. 宜用于干燥环境中的地上工程

D. 不宜用于有抗渗要求的混凝土工程中

E. 水化热低，耐腐蚀性强，抗冻性差

知识点：火山灰水泥的特点。

14. 石料的表观体积包括下列哪几项（　　）。

A. 开口孔隙体积

B. 矿质实体体积

C. 闭口孔隙体积　　D. 颗粒间空隙的体积
E. 开口孔隙体积+闭口孔隙体积
知识点：石料的技术性质。
15. 混凝土和易性主要包含（　　）等方面的内容。
A. 流动性　　B. 稠度
C. 黏聚性　　D. 保水性
E. 延展性
知识点：混凝土的技术性质。
16. 影响混凝土强度的主要因素有（　　）。
A. 水泥强度　　B. 水灰比
C. 砂率　　D. 养护条件
E. 含水量
知识点：混凝土的技术性质。
17. 混凝土配合比设计的基本要求是（　　）。
A. 和易性良好　　B. 强度达到设计要求的强度等级
C. 耐久性良好　　D. 级配满足要求
E. 经济合理
知识点：混凝土的技术性质。
18. 大体积混凝土施工可选用（　　）。
A. 矿渣水泥　　B. 硅酸盐水泥
C. 粉煤灰水泥　　D. 普通水泥
E. 火山灰水泥
知识点：水泥的种类及性质。
19. 在混凝土拌合物中，如果水灰比过大，会造成（　　）。
A. 拌合物的黏聚性不良　　B. 产生流浆
C. 有离析现象　　D. 严重影响混凝土的强度
E. 拌合物的保水性增强
知识点：混凝土的技术性质。
20. 在混凝土中加入引气剂，可以提高混凝土的（　　）。
A. 抗冻性　　B. 耐水性
C. 抗渗性　　D. 抗化学侵蚀性
E. 凝结速度
知识点：混凝土的技术性质。
21. 混凝土中粗骨料采用卵石和碎石时，可以采用（　　）检验其强度。
A. 岩石抗压强度　　B. 平板荷载指标
C. 压碎指标　　D. 抗压强度
E. 岩石密度
知识点：混凝土的技术性质。
22. 砌筑砂浆为改善其和易性和节约水泥用量，常掺入（　　）。

A. 石灰膏
B. 粉煤灰
C. 石膏
D. 黏土膏
E. 木块

知识点：砂浆的组成材料。

23. 经冷加工处理，钢材的（　　）提高。

A. 屈服点
B. 塑性
C. 韧性
D. 抗拉强度
E. 焊接性能

知识点：钢材的冷加工。

24. 碳素结构钢随牌号增大（　　）。

A. 屈服强度提高
B. 抗拉强度降低
C. 塑性性能降低
D. 冷弯性能变差
E. 焊接性能降低

知识点：钢材的种类。

25. 下列哪些因素会影响钢材的冲击韧性（　　）。

A. 化学成分
B. 组织状态
C. 内在缺陷
D. 环境温度
E. 环境湿度

知识点：钢材的技术性质。

26. 影响钢材可焊性的主要因素是（　　）。

A. 化学成分
B. 组织状态
C. 成分含量
D. 环境温度
E. 环境湿度

知识点：钢材的技术性质。

27. 钢材经淬火处理将发生哪些变化（　　）。

A. 脆性增大
B. 强度和硬度提高
C. 塑性明显降低
D. 韧性提高
E. 塑性明显提高

知识点：钢材的热处理。

28. 沥青三大指标是指（　　）。

A. 黏滞度
B. 针入度
C. 延度
D. 软化点
E. 硬度

知识点：沥青的技术性质。

29. 木材的疵病主要有（　　）。

A. 木节
B. 腐朽
C. 湿度大
D. 虫害
E. 伤疤

知识点：木材的缺陷。

30. 沥青混合料的结构类型包括是（　　）。

A. 悬浮——空隙结构　　　　　　　　B. 骨架——空隙结构
C. 密实——骨架结构　　　　　　　　D. 悬浮——密实结构
E. 骨架——密实结构
知识点：沥青混合料的类型。

三、判断题

1. 市政工程中的结合料的作用是将松散的集料颗粒胶结成具有一定强度和稳定性的整体材料。（　　）
知识点：市政工程建筑材料的主要类型。
2. 无机结合料稳定类混合料通常用于道路路面基层结构或高级道路面层结构。（　　）
知识点：市政工程建筑材料的主要类型。
3. 测定建筑材料力学性质，有时假定材料的各种强度之间存在一定关系，以抗拉强度作为基准，按其折算为其他强度。（　　）
知识点：建筑材料的力学性质。
4. 相同的环境条件下，有机材料的老化比无机材料的老化更严重。（　　）
知识点：建筑材料的化学性质。
5. 凡没有制定国家标准或行业标准的材料或制品，均应制定企业标准。（　　）
知识点：建筑材料的技术标准。
6. 水硬性胶凝材料和气硬性胶凝材料全部属于无机材料。（　　）
知识点：建筑材料的类型。
7. 石灰“陈伏”是为了降低熟化时的放热量。（　　）
知识点：石灰的消化。
8. 石膏浆体的水化、凝结和硬化实际上是碳化作用。（　　）
知识点：石灰的消化。
9. 石灰浆体的硬化，表层以干燥硬化为主，内部以碳化作用为主。（　　）
知识点：石灰的硬化。
10. 建筑石膏最突出的技术性质是凝结硬化快，且在硬化时体积略有膨胀。（　　）
知识点：石膏性质。
11. 矿渣水泥可用于耐热混凝土工程中但不宜用于有抗渗要求的混凝土工程中。（　　）
知识点：矿渣水泥的特点。
12. 硅酸盐水泥中含有 CaO、MgO 和过多的石膏都会造成水泥的体积安定性不良。（　　）
知识点：硅酸盐水泥的特点
13. 体积安定性不好的水泥，可降低强度等级使用。（　　）
知识点：水泥的性质。
14. 水泥不仅能在空气中硬化，并且能在水中和地下硬化。（　　）
知识点：水泥的性质。

15. 由游离氧化钙和游离氧化镁引起的水泥体积安定性不良可采用沸煮法检验。（　）

知识点：水泥的技术性质。

16. 石料的表观体积包括闭口孔隙体积和开口孔隙体积。（　）

知识点：石料的技术性质。

17. 在计算石料的孔隙率时，石料总体积包括闭口孔隙体积和开口孔隙体积。（　）

知识点：石料的技术性质。

18. 材料在空气中吸收水分的性质称为材料的吸水性。（　）

知识点：建筑材料的技术性质。

19. 材料的渗透系数愈大，其抗渗性能愈好。（　）

知识点：建筑材料的技术性质。

20. 高强混凝土的抗压强度≥60MPa。（　）

知识点：混凝土的分类。

21. 混凝土配合比，是指单位体积的混凝土中各组成材料的体积比例。（　）

知识点：混凝土的组成。

22. 混凝土中掺入引气剂后，会引起强度降低。（　）

知识点：市政工程建筑材料的主要类型。

23. 钢材防锈的根本方法是防止潮湿和隔绝空气。（　）

知识点：钢材的锈蚀与防止。

24. 屈强比愈小，钢材受力超过屈服点工作时的可靠性愈大，结构的安全性愈高。（　）

知识点：钢材的技术性质。

25. 表观密度是指材料在绝对密实状态下单位体积的质量。（　）

知识点：表观密度的定义。

26. 钢材的冲击韧性随温度的降低而下降。（　）

知识点：钢材的技术性质。

27. 石油沥青随着蜡的质量分数的降低，其粘结性和塑性降低。（　）

知识点：石油沥青的性质。

28. 石油沥青是石油中相对分子量最大、组成及结构最为复杂的部分。（　）

知识点：石油沥青的组成。

29. 增加石油沥青中的油分含量，或者提高石油沥青的温度，都可以降低其黏性，这两种方法在施工中都有应用。（　）

知识点：石油沥青的性质。

30. 沥青的黏性用延度表示。（　）

知识点：沥青的性质。

31. 材料的渗透系数越大，表明材料渗透的水量越多，抗渗性越差。（　）

知识点：市政工程建筑材料的性质。

32. 石油沥青的沥青质使沥青具有粘结性和塑性。（　）

知识点：石油沥青的组成。

33. 当材料在不变的持续荷载作用下，金属材料的变形随时间不断增长，叫徐变或应力松弛。（　）

知识点：木材的力学性质。

34. 木材的持久强度等于其极限强度。（　）

知识点：木材的力学性质。

35. 木材的自由水处于细胞腔和细胞之间的间隙中。（　）

知识点：木材的力学性质。

第5章　建筑结构基础

一、单选题

1. 钢筋和混凝土两种材料能共同工作与下列哪项无关（　）。

A. 二者之间的粘结力　　B. 二者的线膨胀系数相近

C. 混凝土对钢筋的防锈作用　　D. 钢筋和混凝土的抗压强度大

知识点：钢筋和混凝土性质。

2. 钢筋混凝土受力后会沿钢筋和混凝土接触面上产生剪应力，通常把这种剪应力称为（　）。

A. 剪切应力　　B. 粘结应力

C. 握裹力　　D. 机械咬合作用力

知识点：粘结应力定义。

3. （　）是使钢筋锈蚀的必要条件。

A. 钢筋表面氧化膜的破坏　　B. 混凝土构件裂缝的产生

C. 含氧水分侵入　　D. 混凝土的碳化进程

知识点：钢筋的锈蚀。

4. 混凝土的耐久性主要取决于它的（　）。

A. 养护时间　　B. 密实性

C. 养护条件　　D. 材料本身的基本性能

知识点：混凝土的性质。

5. 混凝土保护层最小厚度是以保证钢筋与混凝土共同工作，满足对受力钢筋的有效锚固以及（　）的要求为依据的。

A. 保证受力性能　　B. 保证施工质量

C. 保证耐久性　　D. 保证受力钢筋搭接

知识点：混凝土保护层最小厚度的提出依据。

6. （　）是在结构使用期间不一定出现，而一旦出现，其值很大且持续时间很短的荷载。

A. 可变荷载　　B. 准永久荷载

C. 偶然荷载　　D. 永久荷载

知识点：偶然荷载的定义。

7. 当结构同时承受两种或两种以上荷载时，由于各种荷载同时达到其最大值的可能性极小，因此，除主导荷载（产生最大效应的荷载）仍可以用其标准值为代表值外，其他伴随荷载均应以其标准值乘以组合系数予以折减，折减后的荷载代表值称为荷载的(　　)。

A. 偶然荷载值　　B. 标准值

C. 准永久值　　D. 组合值

知识点：荷载道德组合值定义。

8. 行车道板内主钢筋直径不应小于（　　）。

A. 8mm　　B. 10mm

C. 15mm　　D. 以上均不正确

知识点：行车道板内主钢筋直径要求。

9. 结构用材料的性能均具有变异性，例如按同一标准生产的钢材，不同时生产的各批钢筋的强度并不完全相同，即使是用同一炉钢轧成的钢筋，其强度也有差异，故结构设计时就需要确定一个材料强度的基本代表值，即材料的（　　）。

A. 强度组合值　　B. 强度设计值

C. 强度代表值　　D. 强度标准值

知识点：材料的强度标准值定义。

10.《混凝土结构设计规范》中混凝土强度的基本代表值是（　　）。

A. 立方体抗压强度标准值　　B. 立方体抗压强度设计值

C. 轴心抗压强度标准值　　D. 轴心抗压强度设计值

知识点：混凝土强度的基本代表值。

11. 混凝土在持续不变的压力长期作用下，随时间延续而继续增长的变形称为(　　)。

A. 应力松弛　　B. 收缩徐变　　C. 干缩　　D. 徐变

知识点：徐变的定义。

12. 钢筋混凝土轴心受压构件中混凝土的徐变将使（　　）。

A. 钢筋应力增大　　B. 混凝土应力增大

C. 钢筋应力减小　　D. 对应力影响很小

知识点：混凝土徐变。

13. 下面关于混凝土徐变的不正确叙述是（　　）。

A. 徐变是在持续不变的压力长期作用下，随时间延续而继续增长的变形

B. 持续应力的大小对徐变有重要影响

C. 徐变对结构的影响，多数情况下是不利的

D. 水灰比和水泥用量越大，徐变越小

知识点：混凝土徐变。

14. 适筋梁从加载到破坏经历了 3 个阶段，其中（　　）是进行受弯构件正截面抗弯能力的依据。

A. I_a 阶段　　B. II_a 阶段　　C. III_a 阶段　　D. Ⅱ阶段

知识点：适筋梁从加载到破坏的 3 个阶段。

15. 有两根梁，截面尺寸、截面有效高度完全相同，都采用混凝土 C20，HRB335 级钢筋，但跨中控制截面的配筋率不同，梁 1 为 1.1%，梁 2 为 2.2%，其正截面极限弯矩分别为 M_{u1} 和 M_{u2}，则有（　）。

A. $M_{u1}=M_{u2}$　　B. $M_{u2}>2M_{u1}$

C. $M_{u1}<M_{u2}<2M_{u1}$　　D. $M_{u1}>M_{u2}$

知识点：M_{u1} 和 M_{u2} 关系。

16. 提高受弯构件正截面受弯承载力最有效的方法是（　）。

A. 提高混凝土强度　　B. 提高钢筋强度

C. 增加截面高度　　D. 增加截面宽度

知识点：提高受弯构件正截面受弯承载力最有效的方法。

17. 受压构件正截面界限相对受压区高度有关的因素是（　）。

A. 钢筋的强度　　B. 混凝土的强度

C. 钢筋及混凝土的强度　　D. 钢筋、混凝土的强度及截面高度

知识点：受压构件正截面界限相对受压区高度有关的因素。

18. 钢筋混凝土受弯构件纵向受拉钢筋屈服与受压混凝土边缘达到极限压应变同时发生的破坏属于（　）。

A. 适筋破坏　　B. 超筋破坏

C. 界限破坏　　D. 少筋破坏

知识点：界限破坏。

19. 钢筋混凝土矩形截面梁截面受弯承载力复核时，混凝土相对受压区高度 $\xi>\xi_b$，说明（　）。

A. 少筋梁　B. 适筋梁　C. 受压筋配得过多　D. 超筋梁

知识点：超筋梁的表现。

20. 图中的四种跨中截面，当材料强度、截面肋宽 B、和截面高度 h、所配纵向受力筋均相同时，其能承受的正弯矩（忽略自重的影响）正确的是（　）。

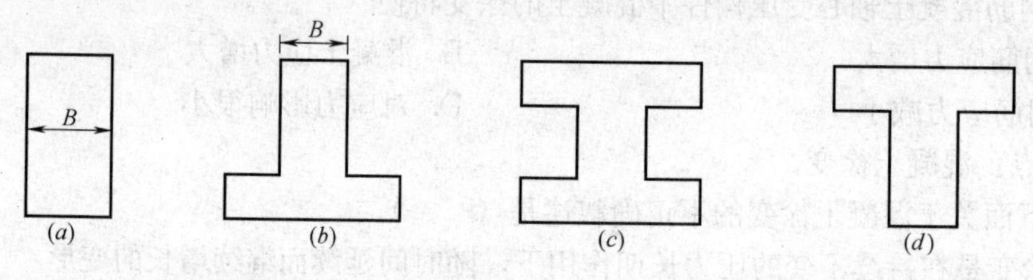

A. $(a)=(b)=(c)=(d)$　　B. $(a)=(b)>(c)=(d)$

C. $(a)>(b)>(c)>(d)$　　D. $(a)=(b)<(c)=(d)$

知识点：整晚据计算。

21. 从受弯构件正截面受弯承载力的观点来看，确定是矩形截面还是 T 型截面的根据是（　）。

A. 截面的受压区形状　　B. 截面的受拉区形状

C. 整个截面的实际形状　　D. 梁的受力位置

知识点：确定截面的依据。

22. 受弯构件 $\rho \geqslant \rho_{min}$ 是为了防止（　　）。

A. 少筋梁　　B. 适筋梁　　C. 超筋梁　　D. 剪压破坏

知识点：少筋梁的防止。

23. 钢筋混凝土梁斜截面可能发生（　　）。

A. 斜压破坏、剪压破坏和斜拉破坏

B. 斜截面受剪破坏、斜截面受弯破坏

C. 少筋破坏、适筋破坏和超筋破坏

D. 受拉破坏、受压破坏

知识点：钢筋混凝土梁斜截面可能发生的破坏。

24. 受弯构件斜截面受剪承载力计算公式，要求其截面限制条件 $V<0.25\beta_c f_c bh_0$ 的目的是为了防止发生（　　）。

A. 斜拉破坏　　B. 剪切破坏　　C. 斜压破坏　　D. 剪压破坏

知识点：斜压破坏的防止。

25. 对于仅配箍筋的梁，在荷载形式及配筋率 ρ_{sv} 不变时，提高受剪承载力的最有效措施是（　　）。

A. 增大截面高度　　B. 增大箍筋强度

C. 增大截面宽度　　D. 增大混凝土强度的等级

知识点：提高受剪承载力的最有效措施。

26. 有一单筋矩形截面梁，截面尺寸为 $b\times h=200\text{mm}\times 500\text{mm}$，承受弯矩设计值为 $M=114.93\text{kN}\cdot\text{m}$，剪力设计值 $V=280\text{kN}$，采用混凝土的强度等级为 C20，纵筋放置 1 排，采用 HRB335 级钢筋，则该梁截面尺寸是否满足要求？（　　）

A. 条件不足，无法判断

B. 不满足正截面抗弯要求

C. 能满足斜截面抗剪要求

D. 能满足正截面抗弯要求，不能满足斜截面抗剪要求

知识点：单筋矩形截面梁梁截面尺寸的计算。

27. 当受弯构件剪力设计值 $V<0.7f_t bh_0$ 时（　　）。

A. 可直接按最小配筋率 $\rho_{sv,min}$ 配箍筋

B. 可直接按构造要求的箍筋最小直径及最大间距配箍筋

C. 按构造要求的箍筋最小直径及最大间距配筋，并验算最小配箍率

D. 按受剪承载力公式计算配箍筋

知识点：受弯构件剪力。

28. 梁支座处设置多排弯起筋抗剪时，若满足了正截面抗弯和斜截面抗弯，却不满足斜截面抗剪，此时应在该支座处设置（　　）。

A. 浮筋　　B. 鸭筋　　C. 吊筋　　D. 支座负弯矩筋

知识点：支座鸭筋的设置。

29. 钢筋混凝土板不需要进行抗剪计算的原因是（　　）。

A. 板上仅作用弯矩不作用剪力

B. 板的截面高度太小无法配置箍筋

C. 板内的受弯纵筋足以抗剪

D. 板的计算截面剪力值较小，满足 $V \leqslant V_c$

知识点：抗剪计算的适用。

30. 大小偏心受压破坏特征的根本区别在于构件破坏时，（　　）。

A. 受压混凝土是否破坏

B. 受压钢筋是否屈服

C. 混凝土是否全截面受压

D. 远离作用力 N 一侧钢筋是否屈服

知识点：大小偏心受压破坏特征的根本区别。

31. 小偏心受压破坏的特征是（　　）。

A. 靠近纵向力钢筋屈服而远离纵向力钢筋受拉

B. 靠近纵向力钢筋屈服而远离纵向力钢筋也屈服

C. 靠近纵向力钢筋屈服而远离纵向力钢筋受压

D. 靠近纵向力钢筋屈服而远离纵向力钢筋不屈服

知识点：小偏心受压破坏的特征。

32. 轴向压力对偏心受压构件的受剪承载力的影响是（　　）。

A. 轴向压力对受剪承载力没有影响

B. 轴向压力可使受剪承载力提高

C. 当压力在一定范围内时，可提高受剪承载力，但当轴力过大时，却反而降低受剪承载力

D. 无法确定

知识点：轴向压力对偏心受压构件的受剪承载力的影响。

33. 当受压构件处于（　　）时，受拉区混凝土开裂，受拉钢筋达到屈服强度；受压区混凝土达到极限压应变被压碎，受压钢筋也达到其屈服强度。

A. 大偏心受压　　B. 小偏心受压

C. 界限破坏　　D. 轴心受压

知识点：受压构件的界限破坏。

34. 25～30 层的住宅、旅馆高层建筑常采用（　　）结构体系。

A. 框架　　B. 剪力墙

C. 框架—剪力墙　　D. 筒体

知识点：高层住宅的结构体系。

35. 当建筑物的功能变化较多，开间布置比较灵活，如教学楼、办公楼、医院等建筑，若采用砌体结构，常采用（　　）。

A. 横墙承重体系　　B. 纵墙承重体系

C. 横墙刚性承重体系　　D. 纵横墙承重体系

知识点：砌体结构的承重体系。

36. 单筋矩形截面受弯构件 $\xi \leqslant \xi_b$ 是为了防止（　　）。

A. 少筋破坏　　B. 适筋破坏

C. 超筋破坏　　D. 剪压破坏

知识点：超筋破坏的防止。

37. 用于地面以下或防潮层以下的砌体砂浆最好采用（　　）。

A. 混合砂浆　　B. 水泥砂浆

C. 石灰砂浆　　D. 黏土砂浆

知识点：砌体砂浆的取用。

38. 梁端支承处砌体局部受压计算中，应考虑局部受压面积上由上部荷载产生的轴向力，由于支座下砌体被压缩，形成内拱作用，故计算时上部传下的荷载可（　　）。

A. 适当增大　B. 适当折减　C. 不需考虑　D. 适当提高抗力

知识点：梁端支承处砌体局部受压计算。

39. 钢筋混凝土梁的支点处，应至少有（　　）根且不少于总数（　　）的下层受拉主钢筋通过。

A. 2，10%　　B. 2，20%

C. 4，10%　　D. 4，20%

知识点：钢筋混凝土梁的支点处钢筋要求。

40. 对砌体结构为刚性方案、刚弹性方案以及弹性方案的判别因素是（　　）。

A. 砌体的材料和强度

B. 砌体的高厚比

C. 屋盖、楼盖的类别与横墙的刚度及间距

D. 屋盖、楼盖的类别与横墙的间距，和横墙本身条件无关

知识点：砌体结构的判别。

41.（　　）是门窗洞口上用以承受上部墙体和楼盖传来的荷载的常用构件。

A. 地梁　B. 圈梁　C. 拱梁　D. 过梁

知识点：过梁的应用。

42. 表示一次地震释放能量的多少应采用（　　）。

A. 地震烈度　B. 设防烈度　C. 震级　D. 抗震设防目标

知识点：震级的表示。

43. 为保护钢筋免于锈蚀，Ⅱ类环境主钢筋的最小保护层厚度为（　　）。

A. 25mm　B. 30mm　C. 40mm　D. 45mm

知识点：钢筋的保护层厚度。

44. 双筋矩形截面受弯构件中，受压区高度 $x \leqslant \xi_b h_0$ 是为了防止出现（　　）。

A. 少筋梁　　B. 适筋梁

C. 超筋梁　　D. 剪压破坏

知识点：双筋矩形截面受弯构件中超筋梁的防止。

45. 下列关于地基的说法正确的是（　　）。

A. 是房屋建筑的一部分

B. 不是房屋建筑的一部分

C. 有可能是房屋建筑的一部分，但也可能不是

D. 和基础一起成为下部结构

知识点：地基。

46. 一般将（　　）称为埋置深度，简称基础埋深。

A. 基础顶面到±0.000 的距离

B. 基础顶面到室外设计地面的距离

C. 基础底面到±0.000 的距离

D. 基础底面到室外设计地面的距离

知识点：埋置深度的定义。

47. 通常把埋置深度在3～5m以内，只需经过挖槽、排水等普通施工程序就可以建造起来的基础称作（　　）。

A. 浅基础　　B. 砖基础　　C. 深基础　　D. 毛石基础

知识点：浅基础的定义。

48. 三合土是用（　　）加水混合而成的。

A. 石灰和混凝土　　B. 石灰和土料

C. 石灰、砂和骨料　　D. 石灰、糯米和骨料

知识点：三合土的组成。

49. 进行基础选型时，一般遵循（　　）的顺序来选择基础形式，尽量做到经济、合理。

A. 条形基础→独立基础→十字形基础→筏形基础→箱形基础

B. 独立基础→条形基础→十字形基础→筏形基础→箱形基础

C. 独立基础→条形基础→筏形基础→十字形基础→箱形基础

D. 独立基础→条形基础→十字形基础→箱形基础→筏形基础

知识点：基础选型的顺序。

50.（　　）是基坑开挖时，防止地下水渗流入基坑，支挡侧壁土体坍塌的一种基坑支护形式或直接承受上部结构荷载的深基础形式。

A. 止水帷幕　　B. 地下连续墙

C. 深基坑支护　　D. 排桩

知识点：地下连续墙的含义。

51. 框架—剪力墙结构侧移曲线为（　　）。

A. 弯曲型　　B. 剪切型

C. 弯剪型　　D. 复合型

知识点：框架—剪力墙结构侧移曲线类型。

52. 震级每差一级，地震释放的能量将相差（　　）。

A. 2 倍　　B. 8 倍　　C. 16 倍　　D. 32 倍

知识点：地震能量。

53. 影响砌体强度的最主要因素是（　　）。

A. 块材的尺寸和形状　　B. 块材的强度

C. 砂浆铺砌时的流动性　　D. 砂浆的强度

知识点：影响砌体强度的最主要因素。

54. 砌体出现裂缝后，荷载如不增加，裂缝不会继续扩展或增加，这个阶段是(　　)。

A. 第Ⅰ阶段　　B. 第Ⅱ阶段　　C. 第Ⅲ阶段　　D. 第Ⅳ阶段

知识点：砌体裂缝的阶段。

55. 抗震性能最差的剪力墙结构体系是（　　）。

A. 框支剪力墙　　B. 整体墙和小开口整体墙

C. 联肢剪力墙　　D. 短肢剪力墙

知识点：剪力墙结构体系的类型。

56. 屋架的拉杆应进行（　　）验算。

A. 正截面受弯　　B. 斜截面受弯

C. 受压　　D. 受拉

知识点：受拉计算的应用。

57. 受拉钢筋截断后，由于钢筋截面的突然变化，易引起过宽的裂缝，因此规范规定纵向钢筋（　　）。

A. 不宜在受压区截断　　B. 不宜在受拉区截断

C. 不宜在同一截面截断　　D. 应在距梁端 1/3 跨度范围内截断

知识点：纵向钢筋的规定。

58. 对跨度较大或有较大振动的房屋及可能产生不均匀沉降的房屋，过梁宜采用(　　)。

A. 钢筋砖过梁　　B. 钢筋混凝土过梁

C. 砖砌平拱　　D. 砖砌弧拱

知识点：不均匀沉降的房屋过梁类型。

59. 梁中受力纵筋的保护层厚度主要由（　　）决定。

A. 纵筋级别　　B. 纵筋的直径大小

C. 周围环境和混凝土的强度等级　　D. 箍筋的直径大小

知识点：梁中受力纵筋的保护层厚度。

60. 矩形截面梁，$b \times h = 200\ mm \times 500mm$，采用 C20 混凝土，HRB335 钢筋，结构安全等级为二级，$\gamma_0 = 1.0$，配置 4ϕ20（$A_s = 1256mm^2$）钢筋。当结构发生破坏时，属于（　　）的情况。(提示：$f_c = 9.6N/mm^2$，$f_y = 300kN/mm^2$，$f_t = 1.1N/mm^2$，$\xi_b = 0.550$)

A. 界限破坏　　B. 适筋梁破坏

C. 少筋梁破坏　　D. 超筋梁破坏

知识点：适筋梁破坏。

61. 一般说结构的可靠性是指结构的（　　）。

A. 安全性　　B. 适用性

C. 耐久性　　D. 安全性、适用性、耐久性

知识点：结果可靠性含义。

62. （　　）属于超出承载能力极限状态。

A. 裂缝宽度超过规定限值

B. 挠度超过规范限值

C. 结构或构件作为刚体失去平衡

D. 预应力构件中混凝土的拉应力超过规范限值

知识点：超出承载能力极限状态情形。

63. 建筑工地和预制构件厂经常检验钢筋的力学性能指标，下列4个指标中，（　　）不能通过钢筋拉伸实验来检验。

A. 屈服强度　　B. 极限强度　　C. 冷弯特性　　D. 伸长率

知识点：冷弯特性的确定实验。

64. 以下关于混凝土收缩的论述，（　　）不正确。

A. 混凝土水泥用量越多，水灰比越大，收缩越大

B. 骨料所占体积越大，级配越好，收缩越大

C. 在高温高湿条件下，养护越好，收缩越小

D. 在高温、干燥的使用环境下，收缩变大

知识点：混凝土收缩。

65. 轴心受压构件的稳定系数φ主要与（　　）有关。

A. 混凝土强度等级　　B. 构件的长细比

C. 配筋率ρ　　D. 钢筋截面面积

知识点：稳定系数的影响因素。

二、多选题

1. 混凝土结构主要优点有（　）等。

A. 就地取材、用材合理　　B. 耐久性、耐火性好

C. 可模性好　　D. 整体性好

E. 自重较大

知识点：混凝土结构的优点。

2. 钢筋混凝土结构由很多受力构件组合而成，主要受力构件有（　　）、柱、墙等。

A. 楼板　　B. 梁　　C. 分隔墙

D. 基础　　E. 挡土墙

知识点：钢筋混凝土结构的受力构件。

3. 光圆钢筋与混凝土的粘结作用主要由（　　）所组成。

A. 钢筋与混凝土接触面上的化学吸附作用力

B. 混凝土收缩握裹钢筋而产生摩阻力

C. 钢筋表面凹凸不平与混凝土之间产生的机械咬合作用力

D. 钢筋的横肋与混凝土的机械咬合作用力

E. 钢筋的横肋与破碎混凝土之间的楔合力

知识点：光圆钢筋和混凝土粘结的作用力。

4. 混凝土结构的耐久性设计主要根据有（　　）。

A. 结构的环境类别　　B. 设计使用年限

C. 建筑物的使用用途　　D. 混凝土材料的基本性能指标

E. 房屋的重要性类别

知识点：混凝土结构耐久性的设计依据。

5. 影响混凝土碳化的因素很多，可归结为（　）两大类。

A. 环境因素　　　　　　　　　　B. 设计使用年限
C. 材料本身的性质　　　　　　　D. 建筑物的功能用途
E. 房屋的重要性类别
知识点：混凝土碳化的原因。

6. 在确定保护层厚度时，不能一味增大厚度，因为增大厚度一方面不经济，另一方面使裂缝宽度较大，效果不好。较好的方法是（　　）。
A. 减小钢筋直径　　　　　　　　B. 规定设计基准期
C. 采用防护覆盖层　　　　　　　D. 规定维修年限
E. 合理设计混凝土配合比
知识点：保护层厚度的确定。

7. 当结构或结构构件出现（　　）时，可认为超过了承载能力极限状态。
A. 整个结构或结构的一部分作为刚体失去平衡
B. 结构构件或连接部位因过度的塑性变形而不适于继续承载
C. 影响正常使用的振动
D. 结构转变为机动体系
E. 影响耐久性能的局部损坏
知识点：承载极限状态的表现。

8. 下列（　　）属于建筑结构应满足的结构功能要求。
A. 安全性　　　B. 适用性　　　C. 美观性
D. 耐火性　　　E. 耐久性
知识点：建筑结构的结构功能要求。

9. 结构重要性系数 γ_0 应根据（　　）考虑确定。
A. 建筑物的环境类别　　　　　　B. 结构构件的安全等级
C. 设计使用年限　　　　　　　　D. 结构的设计基准期
E. 工程经验
知识点：结构重要性系数的确定。

10. 钢筋和混凝土是两种性质不同的材料，两者能有效地共同工作是由于（　　）。
A. 钢筋和混凝土之间有着可靠的粘结力，受力后变形一致，不产生相对滑移
B. 混凝土提供足够的锚固力
C. 温度线膨胀系数大致相同
D. 钢筋和混凝土的互楔作用
E. 混凝土保护层防止钢筋锈蚀，保证耐久性
知识点：钢筋和混凝土共同作用的原因。

11. 预应力钢筋宜采用（　　）。
A. 碳素钢丝　　　　　　　　　　B. 刻痕钢丝
C. 钢绞线　　　　　　　　　　　D. 热轧钢筋 HRB400（Ⅲ级纲）
E. 热处理钢筋
知识点：预应力钢筋的选用。

12. 关于减少混凝土徐变对结构的影响，以下说法错误的是（　　）。

A. 提早对结构进行加载
B. 采用强度等级高的水泥，增加水泥的用量
C. 加大水灰比，并选用弹性模量小的骨料
D. 减少水泥用量，提高混凝土的密实度和养护温度
E. 养护时提高湿度并降低温度
知识点：减少混凝土徐变的方法。
13. 受弯构件正截面承载力计算采用等效矩形应力图形，其确定原则为（　）。
A. 保证压应力合力的大小和作用点位置不变
B. 矩形面积等于曲线围成的面积
C. 由平截面假定确定 $x=0.8x_0$
D. 两种应力图形的重心重合
E. 不考虑受拉区混凝土参加工作
知识点：等效矩形应力图形的确定原则。
14. 界限相对受压区高度，（　　）。
A. 当混凝土强度等级大于等于 C50 时，混凝土强度等级越高，ξ_b越大
B. 当混凝土强度等级大于等于 C50 时，混凝土强度等级越高，ξ_b越小
C. 钢筋强度等级越高，ξ_b越大
D. 钢筋强度等级越低，ξ_b越大
E. 仅与钢筋强度等级相关，与混凝土强度等级无关
知识点：ξ_b大小的确定。
15. 下列影响混凝土梁斜面截面受剪承载力的主要因素有（　　）
A. 剪跨比　　B. 混凝土强度
C. 箍筋配筋率　　D. 箍筋抗拉强度
E. 纵筋配筋率和纵筋抗拉强度
知识点：受剪承载力的影响因素。
16. 受弯构件中配置一定量的箍筋，其箍筋的作用为（　　）。
A. 提高斜截面抗剪承载力　　B. 形成稳定的钢筋骨架
C. 固定纵筋的位置　　D. 防止发生斜截面抗弯不足
E. 抑制斜裂缝的发展
知识点：受弯构件箍筋的作用。
17. 受压构件中应配有纵向受力钢筋和箍筋，要求（　）。
A. 纵向受力钢筋应由计算确定
B. 箍筋由抗剪计算确定，并满足构造要求
C. 箍筋不进行计算，其间距和直径按构造要求确定
D. 为了施工方便，不设弯起钢筋
E. 纵向钢筋直径不宜小于 12mm，全部纵向钢筋配筋率不宜超过 5%
知识点：纵向受力钢筋及箍筋的要求。
18. 柱中纵向受力钢筋应符合下列规定（　　）。
A. 纵向受力钢筋直径不宜小于 12mm，全部纵向钢筋配筋率不宜超过 5%。

B. 当偏心受压柱的截面高度 λ≥600mm 时，在侧面应设置直径为 10～16mm 的纵向构造钢筋，并相应地设置复合箍筋或拉筋

C. 柱内纵向钢筋的净距不应小于 50mm

D. 在偏心受压柱中，垂直于弯矩作用平面的纵向受力钢筋及轴心受压柱中各边的纵向受力钢筋，其间距不应大于 400mm

E. 全部纵向钢筋配筋率不宜小于 2%

知识点：柱中纵向受力钢筋的要求。

19. 常用的多、高层建筑结构体系有（　　）。

A. 框架结构体系　　B. 剪力墙结构体系

C. 框架—剪力墙结构体系　　D. 筒体结构体系

E. 框架——板柱结构体系

知识点：多、高层建筑结构体系类型。

20. 按结构的承重体系和竖向传递荷载的路线不同，砌体结构房屋的布置方案有（　　）。

A. 横墙承重体系　　B. 纵墙承重体系

C. 横墙刚性承重体系　　D. 纵横墙承重体系

E. 空间承重体系

知识点：砌体结构房屋的布置方案。

21. 横墙承重体系的特点是（　　）。

A. 门、窗洞口的开设不太灵活

B. 大面积开窗，门窗布置灵活

C. 抗震性能与抵抗地基不均匀变形的能力较差

D. 墙体材料用量较大

E. 抗侧刚度大

知识点：横墙承重体系的特点。

22. 高层建筑可能采用的结构形式是（　　）。

A. 砌体结构体系　　B. 剪力墙结构体系

C. 框架—剪力墙结构体系　　D. 筒体结构体系

E. 框支剪力墙体系

知识点：高层建筑的结构形式。

23. 下列中（　　）不是砌块的强度等级。

A. MU30　　B. MU20　　C. M10

D. MU5　　E. MU35

知识点：砌块的强度等级。

24. 砌体中采用的砂浆主要有（　　）。

A. 混合砂浆　　B. 水泥砂浆　　C. 石灰砂浆

D. 黏土砂浆　　E. 石膏砂浆

知识点：砌体中砂浆的类型。

25. 轴心受压砌体在总体上虽然是均匀受压状态，但砖在砌体内则不仅受压，同时还

受弯、受剪和受拉，处于复杂的受力状态。产生这种现象的原因是（ ）。

A. 砂浆铺砌不匀，有薄有厚

B. 砂浆层本身不均匀，砂子较多的部位收缩小，凝固后的砂浆层就会出现突起点

C. 砖表面不平整，砖与砂浆层不能全面接触

D. 因砂浆的横向变形比砖大，受粘结力和摩擦力的影响

E. 砖的弹性模量远大于砂浆的弹性模量

知识点：轴心受压砌体复杂受力原因。

26. 砌体的局部抗压强度提高系数 γ 与（ ）有关。

A. 影响砌体局部抗压强度的计算面积

B. 全受压面积 A_0

C. 墙厚

D. 局部受压面积

E. 块体的强度等级

知识点：砌体局部抗压强度提高系数的影响因素。

27. 刚性和刚弹性方案房屋的横墙应符合下列哪几项要求？（ ）

A. 墙的厚度不宜小于 180mm

B. 横墙中开有洞口时，洞口的水平截面面积不应超过横墙截面面积 25%

C. 单层房屋的横墙长度不宜小于其高度

D. 多层房屋的横墙长度不小于横墙总高度的 1/2

E. 横墙的最大水平位移不能超过横墙高度的 1/3 000

知识点：刚性和刚弹性方案房屋横墙的要求。

28. 经验算，砌体房屋墙体的高厚比不满足要求，可采用（ ）措施。

A. 提高块体的强度等级

B. 提高砂浆的强度等级

C. 增加墙体的厚度

D. 减小洞口的面积

E. 增大圈梁高度

知识点：使砌体房屋墙体高厚比满足条件的措施。

29. “结构延性”这个术语有（ ）等含义。

A. 结构总体延性

B. 结构楼层延性

C. 构件延性

D. 杆件延性

E. 等效延性

知识点：结构延性的含义。

30. 构造柱的作用是（ ）。

A. 明显提高墙体的初裂荷载

B. 对砌体起约束作用

C. 提高变形能力

D. 增加砌体的受力均匀性

E. 减小地基不均匀沉降

知识点：结构柱的作用。

31. 基础应具有（ ）的能力。

A. 承受荷载

B. 抵抗变形

C. 适应环境影响

D. 与地基受力协调

E. 提高抗震承载力

知识点：基础的能力。

32. 影响砌体抗压强度的因素主要有（　　）等。

A. 块材和砂浆的强度　　B. 块材的尺寸和形状

C. 砂浆铺砌时的流动性　　D. 箱砌筑质量

E. 箱砌筑体积

知识点：影响砌体抗压强度的因素。

三、判断题

1. 光圆钢筋和变形钢筋的粘结机理的主要差别是：光面钢筋粘结力主要来自胶结力和摩阻力，而变形钢筋的粘结力主要来自机械咬合作用。（　　）

知识点：光圆钢筋与变形钢筋粘结机理的差别。

2. 在浇筑大深度混凝土时，为防止在钢筋底面出现沉淀收缩和泌水，形成疏松空隙层，削弱粘结，对高度较大的混凝土构件应分层浇筑或二次浇捣。（　　）

知识点：钢筋底面出现收缩和泌水的防止措施。

3. 横向钢筋（如梁中的箍筋）的设置不仅有助于提高抗剪性能，还可以限制混凝土内部裂缝的发展，提高粘结强度。（　　）

知识点：横向钢筋的作用。

4. 混凝土结构的耐久性是指在设计基准期内，在正常维护下，必须保持适合于使用，而不需进行维修加固。（　　）

知识点：混凝土结构耐久性定义。

5. 对于暴露在侵蚀性环境中的结构构件，其受力钢筋可采用带肋环氧涂层钢筋，预应力筋应有防护措施。在此情况下宜采用高强度等级的混凝土。（　　）

知识点：侵蚀环境中结构构件的防护。

6. 当验算结构构件的变形和裂缝时，要考虑荷载长期作用的影响。此时，永久荷载应取标准值；可变荷载因不可能以最大荷载值（即标准值）长期作用于结构构件，所以应取经常作用于结构的那部分荷载，它类似永久荷载的作用，故称准永久值。（　　）

知识点：荷载的作用。

7. 混凝土的抗压能力较强而抗拉能力很弱，钢材的抗拉和抗压能力都很强，混凝土和钢筋结合在一起共同工作，使混凝土主要承受压力，钢筋主要承受拉力，是钢筋混凝土构件的特点。（　　）

知识点：混凝土和钢材的性质。

8. 凡正截面受弯时，由于受压区边缘的压应变达到混凝土极限压应变值，使混凝土压碎而产生破坏的梁，都称为超筋梁。（　　）

知识点：超筋梁的含义。

9. 在适筋梁中，其他条件不变的情况下，ρ越大，受弯构件正截面的承载力越大。（　　）

知识点：适筋梁正截面承载力。

10. 截面承受正负交替弯矩时，需在截面上下均配有受拉钢筋。当其中一种弯矩作用

时，实际上是一边受拉而另一边受压（即在受压侧实际已存在受压钢筋），这也是双筋截面。（　）

知识点：双筋截面的含义。

11. 剪压破坏时，与斜裂缝相交的腹筋先屈服，随后剪压区的混凝土压碎，材料得到充分利用，属于塑性破坏。（　）

知识点：塑性破坏的含义。

12. 鸭筋与浮筋的区别在于其两端锚固部是否位于受压区，两锚固端都位于受压区者称为鸭筋。（　）

知识点：鸭筋与浮筋的区别。

13. 当梁支座处允许弯起的受力纵筋不满足斜截面抗剪承载力的要求时，应加大纵筋配筋率。（　）

知识点：梁支座的设置。

14. 对截面形状复杂的柱，注意不可采用具有内折角的箍筋，以免产生外向拉力而使折角处混凝土破损。（　）

知识点：截面复杂的柱的选取。

15. 普通钢筋混凝土受弯构件中不宜采用高强度钢筋，是因为采用高强度钢筋会使构件的抗裂度和裂缝宽度不容易满足，且强度得不到充分利用。（　）

知识点：普通钢筋混凝土受弯构件中不宜采用高强度钢筋的原因。

16. 配普通箍筋的轴心受压短柱通过引入稳定系数 φ 来考虑初始偏心和纵向弯曲对承载力的影响。（　）

知识点：配普通箍筋的轴心受压短柱引入稳定系数 φ 的作用。

17. 框架是由梁和柱刚性连接而成的骨架结构，其节点应为刚性节点，不能做成铰接节点。（　）

知识点：框架节点的设置。

18. 为防止地基的不均匀沉降，以设置在基础顶面和檐口部位的圈梁最为有效。当房屋中部沉降较两端为大时，位于檐口部位的圈梁作用较大。（　）

知识点：不均匀沉降的防止。

19. 后砌的非承重砌体隔墙，应沿墙高每隔 500mm 配置 $2\varphi6$ 钢筋与承重墙或柱拉结，并每边伸入墙内不宜小于 1m。（　）

知识点：后砌的非承重砌体隔墙的设置。

20. 在工程中，独立基础一般用于上部荷载较大处，而且地基承载力较高的情况。（　）

知识点：独立基础的应用范围。

21. 自振周期过短，即结构过柔，则结构会发生过大变形，增加结构自重及造价；若自振周期过长，即刚度过大，会导致地震作用增大。（　）

知识点：自振周期与地震。

22. 单一结构体系只有一道防线，一旦破坏就会造成建筑物倒塌，故框架—剪力墙结构体系需加强构造设计。（　）

知识点：单一结构体系。

23. 结构布置时，应特别注意将具有很大抗推刚度的钢筋混凝土墙体和钢筋混凝土芯筒布置在中间位置，力求在平面上要居中和对称。（ ）

知识点：结构布置。

24. 根据试验研究，房屋的空间工作性能，主要取决于屋盖水平刚度和横墙间距的大小。（ ）

知识点：房屋空间工作性能的决定因素。

25. 梁内的纵向受力钢筋，是根据梁的最大弯矩确定的，如果纵向受力钢筋沿梁全长不变，则梁的每一截面抗弯承载力都有充分的保证。（ ）

知识点：梁内的纵向受力钢筋的确定。

26. 砌体结构分为石结构、砖结构和砌块结构三类。（ ）

知识点：砌体结构的类型。

27. 梁内主钢筋可选择的钢筋直径一般为14～32mm，通常不得超过40mm，以满足抗裂要求。（ ）

知识点：梁内主钢筋的选择。

28. 适筋梁破坏始自受拉钢筋；超筋梁则始自受压区混凝土。（ ）

知识点：适筋梁和超筋梁的破坏。

第6章　市政工程造价

一、单选题

1. 下列不属于按定额反映的生产要素消耗内容分类的定额是（ ）。

A. 劳动消耗定额　　B. 时间消耗定额

C. 机械消耗定额　　D. 材料消耗定额

知识点：定额的分类。

2. 机械操作人员的工资包括在市政工程（ ）之中。

A. 人工费　　B. 其他直接费

C. 施工管理费　　D. 机械费

知识点：定额的分类。

3. 下列不属于按定额的编制程序和用途来分类的定额是（ ）。

A. 施工定额　　B. 劳动定额

C. 预算定额　　D. 概算定额

知识点：定额的分类。

4. 确定人工、材料、机械消耗数量标准的基础依据是（ ）。

A. 施工定额　　B. 劳动定额

C. 预算定额　　D. 概算定额

知识点：定额的分类。

5. 在编制施工图预算时，计算工程造价和计算单位工程中劳动力、材料、机械台班需要量时使用定额是（ ）。

A. 施工定额 B. 劳动定额
C. 预算定额 D. 概算定额
知识点：定额的分类。
6. 下列工作属于施工企业内部的定额管理的是（ ）。
A. 定额的测定、编制、试点
B. 定额批准后的贯彻、执行、补充与修订
C. 组织与检查定额的贯彻落实与执行情况
D. 解释定额
知识点：定额的管理。
7. 定额编制时使用平均先进水平的是（ ）。
A. 施工定额 B. 预算定额
C. 概算定额 D. 概算指标
知识点：定额的编制。
8. 预算定额人工工日消耗量应包括（ ）。
A. 基本用工和人工幅度差用工 B. 辅助用工和基本用工
C. 基本用工和其他用工 D. 基本用工、其他用工和人工幅度差用工
知识点：预算定额的内容。
9. 在项目建设的各阶段，需要分别编制投资估算、设计概算、施工图预算及竣工决算等，这体现了工程造价的（ ）计价特征。
A. 单体性 B. 分部组合
C. 多次性 D. 复杂性
知识点：工程造价的多次性。
10. 现行建设工程费用由（ ）构成。
A. 分部分项工程费、措施项目费、其他项目费
B. 分部分项工程费、措施项目费、其他项目费、规费
C. 分部分项工程费、措施项目费、其他项目费、税金
D. 分部分项工程费、措施项目费、其他项目费、规费和税金
知识点：建设工程费用的组成。
11. 确定人工定额消耗的过程中，不属于技术测定法的是（ ）。
A. 测时法 B. 写实记录法
C. 工作日写实法 D. 统计分析法
知识点：人工定额消耗的测定。
12. 不属于人工预算单价内容的是（ ）。
A. 生产工具用具使用费 B. 生产工人基本工资
C. 生产工人工资性补贴 D. 生产工人辅助工资
知识点：人工预算单价的组成。
13. 土方开挖计算一律以（ ）标高为准。
A. 室外设计地坪 B. 室内设计地坪
C. 室外自然地坪 D. 基础表面

知识点：土方的计量。

14. 具有独立的设计文件，竣工后可以独立发挥生产能力或效益的工程称为（　　）。

A. 单项工程　　B. 单位工程

C. 分部工程　　D. 分项工程

知识点：单项工程的定义。

15. 下列属于按定额的编制程序和用途分类的是（　　）。

A. 预算定额　　B. 建筑工程定额

C. 全国统一定额　　D. 行业统一定额

知识点：定额的分类。

16. 下列不属于计算材料摊销量参数的是（　　）。

A. 一次使用量　　B. 摊销系数

C. 周转使用系数　　D. 工作班延续时间

知识点：材料摊销量参数的计算。

17.（　　）是预算定额的制定基础。

A. 施工定额　　B. 估算定额

C. 机械定额　　D. 材料定额

知识点：预算定额的制定基础。

18. 预算定额人工消耗量的人工幅度差主要指预算定额人工工日消耗量与（　　）之差。

A. 施工定额中劳动定额人工工日消耗量

B. 概算定额人工工日消耗量

C. 测时资料中人工工日消耗量

D. 实际人工工日消耗量

知识点：预算定额人工消耗量的人工幅度差的含义。

19. 机械的场外运费是指施工机械由（　　）运至施工现场或由一个工地运至另一个工地的运输、装卸、辅助材料及架线等费用。

A. 存放地　　B. 发货地点

C. 某一工地　　D. 现场

知识点：机械场外运费的内容。

20. 下列不属于工程量计算依据的是（　　）。

A. 工程量计算规则　　B. 施工设计图纸及其说明

C. 施工组织设计或施工方案　　D. 施工定额

知识点：工程量计算依据。

21.（　　）是建设过程的最后一环，是投资转入生产或使用成果的标志。

A. 竣工验收　　B. 生产准备

C. 建设准备　　D. 后评价阶段

知识点：建设工程程序。

22. 下列关于时间定额和产量定额的说法中，正确的是（　　）。

A. 施工定额可以用时间定额来表示

B. 时间定额和产量定额是互为倒数的

C. 时间定额和产量定额都是材料定额的表现形式

D. 劳动定额的表现形式是产量定额

知识点：时间定额和产量定额的联系。

23. 施工定额的编制是以（　　）为对象。

A. 工序　　B. 工作过程　　C. 分项工程　　D. 综合工作过程

知识点：施工定额的编制。

24. 下列计算公式中不属于其他用工中相关计算公式的是（　　）。

A. 超运距＝预算定额取定运距－劳动定额已包括的运距

B. 辅助用工＝$\sum$（材料加工数量×相应的加工劳动定额）

C. 人工幅度差＝(基本用工＋辅助用工＋超运距用工）×人工幅度差系数

D. 人工幅度差＝(基本用工＋辅助用工）×人工幅度差系数

知识点：其他用工相关计算公式。

25. 材料的运输费是指（　　）。

A. 材料的运费

B. 运输过程的装卸费

C. 调车费或驳船费

D. 材料的运费、运输过程的装卸费和调车费或驳船费之和

知识点：材料的运输费。

26. 费用定额是确定建筑安装工程中除（　　）之外的其他各项费用的数量标准。

A. 直接费　　B. 间接费

C. 计划利润和税金　　D. 其他直接费

知识点：费用定额。

27. 企业内使用的定额是（　　）。

A. 施工定额　　B. 预算定额

C. 概算定额　　D. 概算指标

知识点：施工定额的适用场合。

28. 某抹灰班 13 名工人，抹某住宅楼白灰砂浆墙面，施工 25 天完成抹灰任务，个人产量定额为 $10.2m^2$/工日，则该抹灰班应完成的抹灰面积为（　　）。

A. $255m^2$　　B. $19.6m^2$　　C. $3315m^2$　　D. $133m^2$

知识点：工作量计算。

29. 预算定额是编制（　　），确定工程造价的依据。

A. 施工预算　　B. 施工图预算

C. 设计概算　　D. 竣工结算

知识点：预算定额的作用。

30. 预算文件的编制工作是从（　　）开始的。

A. 分部工程　　B. 分项工程

C. 单位工程　　D. 单项工程

知识点：预算文件的编制程序。

31.（　　）是指具有独立设计文件，可以独立施工，但建成后不能产生经济效益的工程。

A. 分部工程　　B. 分项工程

C. 单位工程　　D. 单项工程

知识点：单位工程的定义。

32. 建筑生产工人6个月以上的病假期间的工资应计入（　　）。

A. 人工费　　B. 劳动保险费

C. 企业管理费　　D. 建筑管理费

知识点：劳动保险费的内容。

33. 在建筑安装工程施工中，模板制作、安装、拆除等费用应计入（　　）。

A. 工具用具使用费　　B. 措施费

C. 现场管理费　　D. 材料费

知识点：措施费的内容。

34. 建筑安装工程造价中土建工程的利润计算基础为（　　）。

A. 材料费+机械费　　B. 人工费+材料费

C. 人工费+机械费　　D. 人工费+材料费+机械费

知识点：土建工程的利润计算基础。

35. 工程类别标准中，由三个指标控制的，必须满足（　　）个指标才可按该指标确定工程类别。

A. 一　　B. 二　　C. 三　　D. B和C

知识点：工程类别的确定。

36. 结算工程价款=（　　）×(1+包干系数)。

A. 施工预算　　B. 施工图预算

C. 设计概算　　D. 竣工结算

知识点：结算工程价款的计算。

37. 以下关于工程量清单说法不正确的是（　　）。

A. 工程量清单是招标文件的组成部分

B. 工程量清单应采用工料单价计价

C. 工程量清单可由招标人编制

D. 工程量清单是由招标人提供的文件

知识点：工程量清单。

38. 在编制分部分项工程量清单中，（　　）不一定按照全国统一的工程量清单项目设置规则和计量规则要求填写。

A. 项目编号　　B. 项目名称

C. 工程数量　　D. 项目工作内容

知识点：分部分项工程量清单编制。

39. 工程量清单主要由（　　）等组成。

A. 分部分项工程量清单、措施项目清单

B. 分部分项工程量清单、措施项目清单和其他项目清单

C. 分部分项工程量清单、措施项目清单、其他项目清单、施工组织设计

D. 分部分项工程量清单、措施项目清单、其他项目清单、规费项目清单和税金项目清单

知识点：工程量清单的组成。

二、多选题

1. 建筑工程定额就是在正常的施工条件下，为完成单位合格产品所规定的消耗标准。即建筑产品生产中所消耗的人工、材料、机械台班及其资金的数量标准。市政工程定额具有（　　）。

A. 科学性　　B. 指导性　　C. 统一性

D. 稳定性　　E. 不变性

知识点：定额的特点。

2. 市政工程定额种类很多，按定额编制程序和用途分类的有（　　）。

A. 施工定额　　B. 建筑工程定额

C. 概算定额　　D. 预算定额

E. 安装工程定额

知识点：定额的分类。

3. 施工定额是建筑企业用于工程施工管理的定额，它由（　　）组成。

A. 时间定额　　B. 劳动定额

C. 产量定额　　D. 材料消耗定额

E. 机械台班使用定额

知识点：定额的组成。

4. 工程定额具有以下几方面的作用（　　）。

A. 编制招标工程标底及投标报价的依据

B. 确定建筑工程造价、编制竣工结算的依据

C. 编制工程计划、组织和管理施工的重要依据

D. 按生产要素分配及经济核算的依据

E. 总结、分析和改进生产方法的手段

知识点：定额的作用。

5. 预算定额具有以下几方面的作用（　　）。

A. 编制施工图预算，确定工程造价的依据

B. 编制施工定额与概算指标的基础

C. 施工企业编制人工、材料、机械台班需要量计划，考核工程成本，实行经济核算的依据

D. 建设工程招标投标中确定标底、投标报价及签订工程合同的依据

E. 建设单位和建设银行拨付工程价款和编制工程结算的依据

知识点：预算定额的作用。

6. 以下关于概算定额与预算定额联系与区别的说法正确的是（　　）。

A. 概算定额是在预算定额基础上，经适当地合并、综合和扩大后编制的

B. 概算定额是编制设计概算的依据，而预算定额是编制施工图预算的依据
C. 概算定额是以工程形象部位为对象，而预算定额是以分项工程为对象
D. 概算不大于预算
E. 概算定额在使用上比预算定额简便，但精度相对要低
知识点：概算定额与预算定额联系与区别。
7. 建设项目管理的三大目标是（　　）。
A. 工程效益　　　　　　　　B. 工程造价
C. 工程质量　　　　　　　　D. 建设工期
E. 安全事故
知识点：建设项目管理目标。
8. 下列工作属于定额主管部门管理的是（　　）。
A. 定额的测定、编制、试点
B. 分析定额完成情况和存在的问题
C. 组织与检查定额的贯彻落实与执行情况
D. 解释定额
E. 施工定额
知识点：定额的管理。
9. 施工图预算编制的依据有（　　）。
A. 初步设计或扩大初步设计图纸 B. 施工组织设计
C. 现行的预算定额　　　　　D. 基本建设材料预算价格
E. 费用定额
知识点：施工图预算编制依据。
10. 下列属于措施项目费的有（　　）。
A. 环境保护费　　　　　　　B. 安全生产监督费
C. 临时设施费　　　　　　　D. 夜间施工增加费
E. 二次搬运费
知识点：措施项目费的组成。
11. 施工图预算的作用主要表现在以下几个方面（　　）。
A. 是建设单位与施工企业进行“招标”、“投标”签订承包合同的依据
B. 是支付工程价款及工程结算的依据
C. 是施工企业编制施工计划、统计工作量和实物量、考核工程成本、进行经济核算的依据
D. 按生产要素分配及经济核算的依据
E. 是确定工程造价的依据
知识点：施工图预算的作用。
12. 工程量计算是施工图预算编制的重要环节，一个单位工程预算造价是否正确，主要取决于（　　）等因素。
A. 工程量　　　　　　　　　B. 设计图纸
C. 措施项目清单费用　　　　D. 分部分项工程量清单费用

E. 施工方案

知识点：工程预算造价的决定因素。

13. 施工图预算中工程量计算步骤主要有（　　）。

A. 熟悉图纸　　B. 列出分项工程项目名称

C. 列出分部工程项目名称　　D. 列出工程量计算式

E. 调整计量单位

知识点：施工图预算中工程量计算步骤。

14. 关于工料分析的重要意义的说法正确的有（　　）。

A. 是调配人工、准备材料、开展班组经济核算的基础

B. 是下达施工任务单和考核人工、材料节约情况、进行两算对比的依据

C. 是工程结算、调整材料差价的依据

D. 主要材料指标还是投标书的重要内容之一

E. 是工程招标的依据

知识点：工料分析的重要意义。

15. 施工图预算编制完以后，需要进行认真的审查，审查施工图预算的内容有（　　）。

A. 计算项目数　　B. 工程量

C. 综合单价的套用　　D. 其他有关费用

E. 工程利润

知识点：施工图预算审查。

16. 审查施工图预算的方法很多，主要有（　　）。

A. 抽查审查法　　B. 全面审查法

C. 对比审查法　　D. 分组计算审查法

E. 利用手册审查法

知识点：审查施工图预算的方法。

17. 以下关于竣工结算编制的说法正确的有（　　）。

A. 编制工程竣工结算要做到正确地反映建筑安装工人创造的工程价值

B. 编制工程竣工结算要正确地贯彻执行国家有关部门的各项规定

C. 对未完工程在某些特殊情况下可以办理竣工结算

D. 工程质量不合格的，应返工，质量合格后才能结算

E. 返工消耗的工料费用，应该列入竣工结算

知识点：竣工结算的编制。

18. 编制竣工结算时，属于可以调整的工程量差有（　　）。

A. 建设单位提出的设计变更

B. 由于某种建筑材料一时供应不上，需要改用其他材料代替

C. 施工中遇到需要处理的问题而引起的设计变更

D. 施工中返工造成的工程量差

E. 施工图预算分项工程量不准确

知识点：竣工结算的编制。

19. 材料预算价格的组成内容有（　　）。

A. 材料原价　　　　　　　　　B. 供销部门的手续费
C. 包装费　　　　　　　　　　D. 场内运输费
E. 采购费及保管费
知识点：材料预算价格的组成。
20. 下列费用中属于建筑安装工程其他直接费范围的有（　）。
A. 生产工具、用具使用费　　　B. 构成工程实体的材料费
C. 材料二次搬运费　　　　　　D. 场地清理费
E. 施工现场办公费
知识点：建筑安装工程其他直接费。
21. 工程量清单计价应包括招标文件规定的完成工程量清单所列项目的全部费用，含（　　）几种。
A. 分部分项工程费　　　　　　B. 措施项目费
C. 其他项目费和规费　　　　　D. 税金
E. 利润
知识点：工程量清单计价包括的费用。
22. 目前，承包工程的结算方式通常有（　　）几种。
A. 工程量清单结算方式　　　　B. 施工图预算加签证结算方式
C. 平方米造价包干结算方式　　D. 总造价包干结算方式
E. 预算包干结算方式
知识点：承包工程的结算方式。
23. 在下列施工机械工作时间中，不应计入定额时间的有（　　）。
A. 不可避免的中断时间　　　　B. 不可避免的无负荷工作时间
C. 非施工本身造成的停工时间　D. 工人休息时间
E. 施工本身造成的停工时间
知识点：定额时间的内容。
24. 工程量清单计价的特点有（　　）几种。
A. 强制性　　　B. 全面性　　　C. 竞争性
D. 通用性　　　E. 并存性
知识点：工程量清单计价的特点。

三、判断题

1. 管理科学的创立从定额开始，定额是科学管理的基础。（　　）
知识点：定额的产生与形成。
2. 施工机械使用费中含机上人工费。（　　）
知识点：定额的分类。
3. 市政工程费由直接工程费、间接费、利润和税金组成。（　　）
知识点：市政工程费的组成。
4. 预算定额是确定人工、材料、机械消耗数量标准的基础依据。（　　）
知识点：定额的分类。

5. 施工定额是指在正常合理的施工条件下，规定完成一定计量单位的分项工程或结构构件所必需的人工（工日）、材料、机械（台班）以及货币形式表现的消耗数量标准。（　）

知识点：定额的分类。

6. 建设工期是建设项目管理的三大目标之一。（　）

知识点：建设工程项目管理。

7. 劳动生产率高，则定额水平就高。（　）

知识点：定额水平。

8. 定额步距大，则精确度就会提高。（　）

知识点：步距的概念。

9. 脚手架费属于措施费。（　）

知识点：措施费包括的内容。

10. 工程类别划分是确定工程施工难易程度、计取有关费用的依据。（　）

知识点：工程类比划分的意义。

11. 利润率的确定应根据工程性质和工程类别，与企业资质没关系。（　）

知识点：利润率的确定依据。

12. 工程结算是指在竣工验收阶段，建设单位编制的从筹建到竣工验收、交付使用全过程实际支付的建设费用的经济文件。（　）

知识点：工程结算的定义。

13. 在多层建筑物各层的建筑面积计算中，如外墙设有保温层时，按保温层外表面计算。（　）

知识点：建筑面积的计算。

14. 税金是指国家税法规定的计入建筑与装饰工程造价内的营业税、城市建设维护税及教育费附加。（　）

知识点：税金的定义。

15. 按工程量清单结算方式进行结算，由建设方承担“涨价”的风险，而施工方则承担“降价”的风险。（　）

知识点：按工程量清单结算的特点。

16. 工程量清单计价包括招标文件规定的完成工程量清单所列项目的全部费用。（　）

知识点：工程量清单计价包括的费用。

17. 工程量清单具有科学性、强制性、实用性的特点。（　）

知识点：工程量清单的特点。

18. 施工定额低于先进水平，略高于平均水平。（　）

知识点：施工定额的水平。

19. 直接费与直接工程费是一回事。（　）

知识点：直接费与直接工程费的区别。

20. 材料二次搬运费属于现场经费。（　）

知识点：材料二次搬运费的归属。

21. 企业管理费属于其他直接费。 （ ）

知识点：企业管理费的归属。

22. 临时设施费属于其他直接费。 （ ）

知识点：临时设施费的归属。

23. 土建工程施工图预算的编制方法常采用单价法。 （ ）

知识点：土建工程施工图预算的编制方法。

24. 企业职工午餐补助费、探亲路费都属于企业管理费。 （ ）

知识点：午餐补助费、探亲路费的归属。

25. 市政工程中轨道交通工程路桥费属于工程措施项目费。 （ ）

知识点：轨道交通工程路桥费的归属。

第7章 计算机常用软件基础

一、单选题

1. word2010中新建文档可以按照以下步骤（ ）。

A. 首先打开word2010，在“文件”菜单下选择“新建”项，在左侧点击“空白文档”按钮，就可以成功创建一个空白文档。

B. 首先打开word2010，在“开始”菜单下选择“新建”项，在右侧点击“空白文档”按钮，就可以成功创建一个空白文档。

C. 首先打开word2010，在“文件”菜单下选择“新建”项，在左侧点击“空白文档”按钮，就可以成功创建一个空白文档。

D. 首先打开word2010，在“开始”菜单下选择“新建”项，在右侧点击“空白文档”按钮，就可以成功创建一个空白文档。

知识点：word2010中新建文档。

2. word2010中，基本命令（如“新建”、“打开”、“关闭”、“另存为……”和“打印”）位于（ ）处。

A. 标题栏　　B.“文件”选项卡

C. 功能区　　D.“显示”按钮

知识点：word2010“文件”选项卡内容。

3. word2010中，保存文档可以直接按（ ）快捷键。

A. ctrl＋x　　B. ctrl＋t

C. ctrl＋v　　D. ctrl＋s

知识点：word2010保存文档快捷键。

4. word2010中，默认情况下每隔（ ）自动保存一次文件。

A. 1分钟　　B. 5分钟

C. 10分钟　　D. 30分钟

知识点：word2010文件自动保存。

5. word2010中，下列（ ）与其他软件中的“菜单”或“工具栏”相同。

A. 标题栏　　　　　　　　　　B. “文件”选项卡

C. “编辑”窗口　　　　　　　　D. 功能区

知识点：word2010 中功能区用途。

6. 在 Excel 2010 中，排序条件最多可以支持列（　　）个关键字。

A. 16　　　　　　　　　　　　B. 24

C. 48　　　　　　　　　　　　D. 64

知识点：Excel 2010 中 排序关键字。

7. 下列哪个软件服务商是建设部制定清单计价软件的提供商（　　）。

A. 广联达　　　　　　　　　　B. PKPM

C. 鲁班软件　　　　　　　　　D. 清华斯维尔

知识点：造价软件比较。

8. 下列哪个软件是唯一一家提供工程全过程、全方位、多层次、多领域软件产品的公司软件（　　）。

A. 广联达　　　　　　　　　　B. PKPM

C. 鲁班软件　　　　　　　　　D. 清华斯维尔

知识点：造价软件比较。

9. 下列哪个软件由美国国际风险基金支持（　　）。

A. 广联达　　　　　　　　　　B. PKPM

C. 鲁班软件　　　　　　　　　D. 清华斯维尔

知识点：造价软件比较。

10. 广联达定额计价软件中，在补充子目编号栏中输入“（　　）：2—2”，表示补充一条子目 2—2。

A. B　　　　　　　　　　　　B. R

C. E　　　　　　　　　　　　D. Q

知识点：广联达定额计价软件。

11. 广联达定额计价软件中，自动添加分部时选择“☑ 自动添加章节标题”，单击“确定”，系统将按（　　）生成分部序号。

A. 定额号　　　　　　　　　　B. 定额大小

C. 定额时间　　　　　　　　　D. 定额的章节号

知识点：广联达定额计价软件。

12. 广联达定额计价软件中，“[图标]”代表（　　）。

A. 分部整理图标　　　　　　　B. 排序整理图标

C. 预算合并图标　　　　　　　D. 条件查询图标

知识点：广联达定额计价软件。

13. 广联达定额计价软件中，“[图标]”代表（　　）。

A. 分部整理图标　　　　　　　B. 排序整理图标

C. 预算合并图标　　　　　　　D. 条件查询图标

知识点：广联达定额计价软件。

14. 广联达定额计价软件中，“[icon]”代表（　　）。

A. 分部整理图标　　B. 排序整理图标

C. 预算合并图标　　D. 工具栏载入图标

知识点：广联达定额计价软件。

15. 广联达工程量清单编制软件中，土建工程量清单编号 011001003 可输入（　　）。

A. 1-1-0　　B. 0-1-3

C. 0-1-0　　D. 1-0-3

知识点：广联达工程量清单编制软件。

16. 广联达工程量清单编制软件中，分部分项工程量清单存档时清单编码可修改（　　）。

A. 前 8 位　　B. 后 4 位

C. 前 9 位　　D. 后 3 位

知识点：广联达工程量清单编制软件。

二、多选题

1. word2010 中，下列哪些基本命令位于“文件”选项卡处（　　）。

A. 新建　　B. 保存

C. 撤销　　D. 打开

E. 打印

知识点：word2010“文件”选项卡内容。

2. 在 Excel 2010 中的数据筛选包括（　　）。

A. 自动筛选　　B. 条件筛选

C. 高级筛选　　D. 自定义筛选

E. 默认筛选

知识点：Excel 2010 数据筛选类型。

3. 在 Excel 2010 中关于数据排序，下列说法正确的是（　　）。

A. 当用户按行进行排序时，数据列表中的列将被重新排列，但行保持不变

B. 用户可以根据需要按行或列使用自定义排序命令

C. 排序时可单击数据列表中的任意一个单元格，然后单击数据标签中的排序按钮，此时会出现排序的对话框

D. 在 Excel 2010 中，排序条件最多可以支持 48 个关键字

E. 用户可以根据需要按升序或降序使用自定义排序命令

知识点：Excel 2010 数据排序。

4. 在 Excel 2010 中关于选择性粘贴，下列说法正确的是（　　）。

A. 使用选择性粘贴时要单击鼠标右键，单击“选择性粘贴”命令，打开“选择性粘贴”对话框

B. 在同一个工作表中进行复制时不可使用选择性粘贴

C. 选择性粘贴的转置功能是将一个横排的表变成竖排的

D. 一些简单的计算可以用选择性粘贴来完成

E. 用户可以可以粘贴全部格式或部分格式

知识点：Excel 2010 选择性粘贴。

5. 在 Excel 2010 中关于选择性粘贴，下列说法正确的是（　　）。

A. 使用选择性粘贴时要单击鼠标右键，单击“选择性粘贴”命令，打开“选择性粘贴”对话框

B. 在同一个工作表中进行复制时不可使用选择性粘贴

C. 选择性粘贴的转置功能是将一个横排的表变成竖排的

D. 一些简单的计算可以用选择性粘贴来完成

E. 用户可以可以粘贴全部格式或部分格式

知识点：Excel 2010 选择性粘贴。

6. 下列软件使用 CAD 作为开发平台的是（　　）。

A. 广联达　　B. PKPM

C. 鲁班软件　　D. 清华斯维尔

E. 神机软件

知识点：造价软件比较。

7. 广联达定额计价软件中，定额子目输入的查询输入包括（　　）。

A. 定额查询　　B. 人材机查询

C. 预算查询　　D. 条件查询

E. 概算查询

知识点：广联达定额计价软件。

8. 广联达定额计价软件中，工程概况包括（　　）。

A. 预算信息　　B. 工程信息

C. 工程特征　　D. 计算信息

E. 材料信息

知识点：广联达定额计价软件。

9. 广联达定额计价软件中，工程量输入包括下列哪几种方式（　　）。

A. 直接输入工程量　　B. 表达式输入

C. 工程信息输入　　D. 图元公式输入

E. 间接输入工程量

知识点：广联达定额计价软件。

10. 广联达定额计价软件中，计价程序的费用模板包括（　　）。

A. 人材机费用模板　　B. 工料单价法费用模板

C. 综合单价法费用模板　　D. 各专业费用模板

E. 工程量模板

知识点：广联达定额计价软件。

11. 广联达工程量清单编制软件中，分部分项工程量清单编号的查询方式有（　　）。

A. 按名称查询　　B. 按特征查询

C. 按章节查询　　D. 按条件查询

E. 按价格查询

知识点：广联达工程量清单编制软件。

12. 广联达工程量清单编制软件中，分部分项工程量输入包括下列哪几种方式(　　)。

A. 直接输入工程量　　B. 表达式输入

C. 工程信息输入　　D. 图元公式输入

E. 间接输入工程量

知识点：广联达工程量清单编制软件。

13. 广联达工程量清单计价软件中，分部分项工程量清单计价子目的输入方式有(　　)。

A. 子目直接输入　　B. 子目指引输入

C. 子目查询输入　　D. 子目表达式输入

E. 子目间接输入

知识点：广联达工程量清单计价软件。

14. 广联达工程量清单计价软件中，分部分项工程量清单计价包括（　　）。

A. 子目输入　　B. 定额工程量输入

C. 工程信息输入　　D. 图元公式输入

E. 间接输入工程量

知识点：广联达工程量清单计价软件。

15. 广联达工程量清单计价软件中，分部分项工程量清单计价子目查询中，要将定额查询的窗口显示出来，需进行怎样的操作（　　）。

A. 用鼠标单击需要的定额　　B. 用鼠标双击需要的定额

C. 用鼠标右击需要的定额　　D. 按回车键

E. 按返回键

知识点：广联达工程量清单计价软件。

三、判断题

1. Word 2010 快速访问工具栏中不可以添加个人常用命令。（　　）

知识点：Word 2010 界面。

2. Word 2010 中，默认情况下每隔 5 分钟自动保存一次文件。（　　）

知识点：word 2010 中文件自动保存。

3. Word 2010 中，doc 和 doxc 可相互转换。（　　）

知识点：word 2010 中 doc 和 doxc 的转换。

4. Excel 2010 中可以对数据进行升序、降序或自定义排序。（　　）

知识点：Excel 2010 中数据的排序。

5. Excel 2010 中筛选数据列表的意思就是将不符合用户特定条件的行隐藏起来。（　　）

知识点：Excel 2010 中数据的筛选。

6. Excel 2010 中自动更正内容可以自己设置。（　　）

知识点：Excel 2010 中自动更正功能。

7. Excel 2010 中将分离的圆饼合并应先单击图表的空白区域，取消对圆饼的选取，单击选中分离的一部分，按下右键向里拖动鼠标，就可以把这个圆饼合并到一起了。（　　）

知识点：Excel 2010 圆饼的合并。

8. Excel 2010 中随着公式的位置变化，所引用单元格位置也是在变化的是绝对引用。（　　）

知识点：Excel 2010 中绝对引用定义。

9. Excel 2010 中希望在连续的区域中使用相同算法的公式，只可通过“拖动”单元格右下角的填充柄进行公式的复制。（　　）

知识点：Excel 2010 中公式的复制。

10. Excel 2010 中构成公式的元素通常包括常量、引用和运算符。（　　）

知识点：Excel 2010 中公式的构成。

11. PKPM 软件具有全国定额库。（　　）

知识点：造价软件比较。

12. 神机软件具有一些特殊功能，如可视化检验功能具有预防多算、少扣、纠正异常错误、排除统计出错等用途。（　　）

知识点：造价软件比较。

13. 广联达定额计价软件中工程概况项，除了系统提供的常规工程信息之外，还可以根据工程的具体特点增加信息项。（　　）

知识点：广联达定额计价软件。

14. 广联达定额计价软件中若字符长度超过列宽，选择折行，可折断到另一行显示。（　　）

知识点：广联达定额计价软件。

15. 广联达定额计价软件中人材机查询窗口中左边为人材机类别树形图，右边是具体材料。（　　）

知识点：广联达定额计价软件。

16. 广联达定额计价软件中补充子目时直接输入单价参与取费。（　　）

知识点：广联达定额计价软件。

17. 广联达定额计价软件中，可输入多个相关联的表达式来计算工程量。（　　）

知识点：广联达定额计价软件。

18. 广联达定额计价软件中，7－23□C-16.8，“□”前表示换算信息，“□”后表示子目。（　　）

知识点：广联达定额计价软件。

19. 广联达定额计价软件中，取消换算的方法：选择子目→单击左键→取消换算。（　　）

知识点：广联达定额计价软件。

20. 广联达定额计价软件中，预算书中子目排序按定额中编排的顺序由小至大排列。（　　）

知识点：广联达定额计价软件。

21. 广联达工程量清单编制软件中，分部分项工程量清单存档时清单编码可修改。（　　）

知识点：广联达工程量清单编制软件。

22. 广联达工程量清单计价软件中，不可将清单文件转换为清单计价文件。（　　）

知识点：广联达工程量清单计价软件。

23. 广联达工程量清单计价软件中，定额子目输入可以直接输入，也可通过“定额查询”功能输入。（ ）

知识点：广联达工程量清单计价软件。

24. 广联达工程量清单计价软件中，计价程序算出的费用不含税。（ ）

知识点：广联达工程量清单计价软件。

25. 广联达工程量清单计价软件中，措施项目清单计价的编制，除工程本身的因素外，还涉及水文、气象、环境保护、安全以及施工企业的实际情况。（ ）

知识点：广联达工程量清单计价软件。

第8章　工程建设相关法律法规基础

一、单选题

1. 建筑工程总承包单位按照总承包合同的约定对（ ）负责。

A. 建设单位　　B. 施工单位

C. 发包单位　　D. 业主

知识点：《中华人民共和国建筑法》简介。

2. 施工单位未对建筑材料、建筑构配件、设备和商品混凝土进行检验，或者未对涉及结构安全的试块、试件以及有关材料取样检测的，责令改正，并处（ ）的罚款。

A. 10万元以上20万元以下　　B. 20万元以上50万元以下

C. 50万元以上100万元以下　　D. 100万元以上

知识点：《建设工程质量管理条例》罚则。

3. 专职安全生产管理人员由（ ）配备。

A. 建设单位　　B. 施工单位

C. 监理单位　　D. 发包单位

知识点：施工单位的安全责任。

4. 施工单位在使用施工起重机械和整体提升脚手架、模板等自升式架设设施前，应当组织有关单位进行验收，也可以委托具有相应资质的检验检测机构进行验收；使用承租的机械设备和施工机具及配件的，由（ ）共同进行验收。

A. 施工总承包单位、分包单位和安装单位

B. 施工总承包单位和安装单位

C. 出租单位和安装单位

D. 施工总承包单位、分包单位、出租单位和安装单位

知识点：《建设工程安全生产管理条例》。

5. 施工单位施工前未对有关安全施工的技术要求作出详细说明的，责令限期改正；逾期未改正的，责令停业整顿，并处（ ）的罚款。

A. 1万元以上2万元以下　　B. 2万元以上5万元以下

C. 5万元以上10万元以下　　D. 10万元以上20万元以下

知识点：《建设工程质量管理条例》罚则。

6. 建设工程施工合同无效，且建设工程经竣工验收不合格的，修复后的建设工程经竣工验收不合格，承包人请求支付工程价款的，（　　）。

A. 应予支持　　　　　　　　B. 不予支持

C. 协商解决　　　　　　　　D. 采用除 A、B、C 外的其他解决方式

知识点：建设工程施工合同无效，且建设工程经竣工验收不合格的处理。

7. 在生产、作业中违反有关安全管理的规定，强令他人违章冒险作业，因而发生重大伤亡事故或者造成其他严重后果的，处（　　）。

A. 3 年以下有期徒刑或者拘役　　B. 3 年以上 7 年以下有期徒刑

C. 5 年以下有期徒刑或者拘役　　D. 5 年以上有期徒刑

知识点：违反有关安全管理的法律规定。

8. （　　）应当建立健全安全生产责任制度和安全生产教育培训制度，制定安全生产规章制度和操作规程，保证本单位安全生产条件所需资金的投入，对所承担的建设工程进行定期和专项安全检查，并做好安全检查记录。

A. 建设单位　　　　　　　　B. 施工单位

C. 监理单位　　　　　　　　D. 总承包单位

知识点：施工单位的安全责任。

9. 分包单位按照分包合同的约定对（　　）负责。

A. 建设单位　　　　　　　　B. 施工单位

C. 发包单位　　　　　　　　D. 总承包单位

知识点：《中华人民共和国建筑法》简介。

10. 施工单位不履行保修义务或者拖延履行保修义务的，责令改正，处（　　）的罚款，并对在保修期内因质量缺陷造成的损失承担赔偿责任。

A. 10 万元以上 20 万元以下　　B. 20 万元以上 50 万元以下

C. 50 万元以上 100 万元以下　　D. 100 万元以上

知识点：《建设工程质量管理条例》罚则。

11. 分包单位应当服从总承包单位的安全生产管理，分包单位不服从管理导致生产安全事故的，由分包单位承担（　　）责任。

A. 全部　　　　　　　　　　B. 主要

C. 一半　　　　　　　　　　D. 次要

知识点：施工单位的安全责任。

12. 施工单位应当自施工起重机械和整体提升脚手架、模板等自升式架设设施验收合格之日起（　　）日内，向建设行政主管部门或者其他有关部门登记。

A. 10　　　　　　　　　　　B. 15

C. 20　　　　　　　　　　　D. 30

知识点：施工单位的安全责任。

13. 施工单位在安全防护用具、机械设备、施工机具及配件在进入施工现场前未经查验或者查验不合格即投入使用的，责令限期改正；逾期未改正的，责令停业整顿，并处（　　）的罚款。

A. 10万元以上30万元以下　　B. 30万元以上50万元以下
C. 50万元以上80万元以下　　D. 80万元以上100万元以下
知识点：施工单位的安全责任。

14. 承包人非法转包、违法分包建设工程或者没有资质的实际施工人借用有资质的建筑施工企业名义与他人签订建设工程施工合同的行为无效。人民法院可以根据民法通则第一百三十四条规定，收缴当事人已经取得的（　　）。

A. 合法所得　　B. 非法所得
C. 所有所得　　D. 其他所得
知识点：承包人的法律责任。

15. 在生产、作业中违反有关安全管理的规定，强令他人违章冒险作业，因而发生重大伤亡事故或者造成其他严重后果，情节特别恶劣的，处（　　）。

A. 3年以下有期徒刑或者拘役　　B. 3年以上7年以下有期徒刑
C. 5年以下有期徒刑或者拘役　　D. 5年以上有期徒刑
知识点：违反有关安全管理的法律规定。

16. 专职安全生产管理人员负责对安全生产进行现场监督检查。发现安全事故隐患，应当及时向项目负责人和安全生产管理机构报告；对违章指挥、违章操作的，应当(　　)。

A. 及时上报　　B. 立即制止
C. 协商处理　　D. 马上处罚
知识点：安全隐患的处理。

17. 在正常使用条件下，屋面防水工程、有防水要求的卫生间、房间和外墙面的防渗漏，最低保修期限为（　　）年。

A. 1　　B. 3
C. 5　　D. 10
知识点：建设工程的最低保修期限。

18. 工程监理单位与被监理工程的施工承包单位以及建筑材料、建筑构配件和设备供应单位有隶属关系或者其他利害关系承担该项建设工程的监理业务的，责令改正，处(　　)的罚款，降低资质等级或者吊销资质证书；有违法所得的，予以没收。

A. 5万元以上10万元以下　　B. 10万元以上20万元以下
C. 20万元以上50万元以下　　D. 50万元以上100万元以下
知识点：工程监理单位违反规定的罚则。

19. 建设工程施工前，施工单位负责项目管理的技术人员应当对有关安全施工的技术要求向（　　）作出详细说明，并由双方签字确认。

A. 专职安全生产管理员　　B. 施工单位技术负责人
C. 总监理工程师　　D. 作业人员
知识点：施工单位的职责。

20. 施工单位的（　　）应当经建设行政主管部门或者其他有关部门考核合格后方可任职。

A. 主要负责人　　B. 项目负责人

C. 专职安全生产管理人员　　　　D. ABC

知识点：施工单位相关人员的任职资格。

21. 施工单位的主要负责人、项目负责人有违法行为，尚不够刑事处罚的，处（　　）的罚款或者按照管理权限给予撤职处分。

A. 1万元以上2万元以下　　　　B. 2万元以上20万元以下

C. 20万元以上50万元以下　　　　D. 50万元以上100万元以下

知识点：施工单位违法行为的处罚。

22. 承包人超越资质等级许可的业务范围签订建设工程施工合同，在建设工程竣工前取得相应资质等级，当事人请求按照无效合同处理的，（　　）。

A. 应予支持　　　　B. 不予支持

C. 协商解决　　　　D. 采用除A、B、C外的其他解决方式

知识点：承包人的资质。

23. 安全生产设施或者安全生产条件不符合国家规定，因而发生重大伤亡事故或者造成其他严重后果的，对直接负责的主管人员和其他直接责任人员，处（　　）。

A. 3年以下有期徒刑或者拘役　　　　B. 3年以上7年以下有期徒刑

C. 5年以下有期徒刑或者拘役　　　　D. 5年以上有期徒刑

知识点：违反安全生产的处罚。

24. 专职安全生产管理人员的配备办法由（　　）制定。

A. 建设单位

B. 施工单位

C. 省建设厅

D. 国务院建设行政主管部门会同国务院其他有关部门

知识点：专职安全生产管理人员的配备办法的制定。

25. 在正常使用条件下，供热与供冷系统，为（　　）个采暖期、供冷期。

A. 1　　　　B. 2

C. 3　　　　D. 4

知识点：建设工程的最低保修期限。

26. 涉及建筑主体或者承重结构变动的装修工程，没有设计方案擅自施工的，责令改正，并处（　　）的罚款。

A. 5万元以上10万元以下　　　　B. 10万元以上20万元以下

C. 20万元以上50万元以下　　　　D. 50万元以上100万元以下

知识点：施工单位违反规定的处罚。

27. 施工单位对因建设工程施工可能造成损害的毗邻（　　），应当采取专项防护措施。

A. 建筑物　　　　B. 构筑物

C. 地下管线　　　　D. ABC

知识点：施工单位的职责。

28. 施工单位应当对管理人员和作业人员每年至少进行（　　）次安全生产教育培训，其教育培训情况记入个人工作档案。

A. 1　　B. 2　　C. 3　　D. 4

知识点：施工单位人员的培训。

29. 施工单位的主要负责人、项目负责人有违法行为，自刑罚执行完毕或者受处分之日起，（　　）年内不得担任任何施工单位的主要负责人、项目负责人。

A. 1　　B. 2　　C. 3　　D. 5

知识点：施工单位违法行为的处罚。

30. 当事人对垫资利息没有约定，承包人请求支付利息的，（　　）。

A. 应予支持　　B. 不予支持

C. 协商解决　　D. 采用除 A、B、C 外的其他解决方式

知识点：垫付利息的规定。

31. 安全生产设施或者安全生产条件不符合国家规定，因而发生重大伤亡事故或者造成其他严重后果，情节特别恶劣的，对直接负责的主管人员和其他直接责任人员，处（　　）。

A. 3 年以下有期徒刑或者拘役　　B. 3 年以上 7 年以下有期徒刑

C. 5 年以下有期徒刑或者拘役　　D. 5 年以上有期徒刑

知识点：安全生产的规定。

32. 施工单位应当根据（　　），在施工现场采取相应的安全施工措施。

A. 不同施工阶段　　B. 周围环境的变化

C. 季节和气候的变化　　D. ABC

知识点：施工单位的安全施工措施。

33. 在正常使用条件下，电气管线、给排水管道、设备安装和装修工程，最低保修期限为（　　）年。

A. 1　　B. 2　　C. 3　　D. 5

知识点：建设工程的最低保修期限。

34. 房屋建筑使用者在装修过程中擅自变动房屋建筑主体和承重结构的，责令改正，并处（　　）的罚款。

A. 5 万元以上 10 万元以下　　B. 10 万元以上 20 万元以下

C. 20 万元以上 50 万元以下　　D. 50 万元以上 100 万元以下

知识点：房屋建筑使用者的违法处罚。

35. 在（　　）的建设工程，施工单位应当对施工现场实行封闭围挡。

A. 野外地区　　B. 城市市区

C. 郊区　　D. 所有地区

知识点：施工单位的职责。

36. 施工单位应当为施工现场从事危险作业的人员办理意外伤害保险，意外伤害保险费由（　　）支付。

A. 建设单位　　B. 施工单位

C. 分包单位　　D. 总承包单位

知识点：施工单位的职责。

37. 下列属于企业取得安全生产许可证，应当具备的安全生产条件有（　　）。

A. 建立、健全安全生产责任制，制定完备的安全生产规章制度和操作规程

B. 安全投入符合安全生产要求

C. 设置安全生产管理机构，配备专职安全生产管理人员

D. ABC

知识点：企业的安全生产条件。

38. 下列应予支持的是（　　）。

A. 当事人对垫资和垫资利息有约定，承包人请求按照约定返还垫资及其利息

B. 当事人对垫资和垫资利息有约定，约定的利息计算标准高于中国人民银行发布的同期同类贷款利率的部分

C. 当事人对垫资利息没有约定，承包人请求支付利息

D. ABC

知识点：垫付利息的约定。

39. 在安全事故发生后，负有报告职责的人员不报或者谎报事故情况，贻误事故抢救，情节严重的，处（　　）。

A. 3年以下有期徒刑或者拘役　　B. 3年以上7年以下有期徒刑

C. 5年以下有期徒刑或者拘役　　D. 5年以上有期徒刑

知识点：相关人员的事故报告职责。

40. 施工现场暂时停止施工的，施工单位应当做好现场防护，所需费用由（　　）承担，或者按照合同约定执行。

A. 建设单位　　B. 施工单位

C. 总承包单位　　D. 责任方

知识点：暂时停止施工所需费用的承担。

41. 建设工程的保修期，自（　　）之日起计算。

A. 竣工验收合格　　B. 按合同规定

C. 使用　　D. 工程结束

知识点：工程保修期的规定。

42. 注册建筑师、注册结构工程师、监理工程师等注册执业人员因过错造成质量事故的，责令停止执业（　　）年。

A. 1　　B. 2　　C. 3　　D. 5

知识点：注册执业人员停止执业的规定。

43.（　　）应当向作业人员提供安全防护用具和安全防护服装，并书面告知危险岗位的操作规程和违章操作的危害。

A. 建设单位　　B. 施工单位

C. 监理单位　　D. 消防单位

知识点：施工单位的职责。

44. 施工单位应当为施工现场从事危险作业的人员办理意外伤害保险，意外伤害保险期限自建设工程开工之日起至（　　）之日止。

A. 竣工验收合格　　B. 按合同规定

C. 交付使用　　D. 工程结束

知识点：施工单位的职责。

45. 建设工程施工合同具有（　　）情形，认定无效。

A. 承包人未取得建筑施工企业资质或者超越资质等级的？

B. 没有资质的实际施工人借用有资质的建筑施工企业名义的

C. 建设工程必须进行招标而未招标或者中标无效的

D. ABC

知识点：无效合同的情形。

46. 下列说法不正确的是（　　）。

A. 当事人对垫资和垫资利息有约定，承包人请求按照约定返还垫资及其利息的应予支持

B. 当事人对垫资和垫资利息有约定，约定的利息计算标准高于中国人民银行发布的同期同类贷款利率的部分不予支持

C. 当事人对垫资利息没有约定，承包人请求支付利息的应予支持

D. 当事人对垫资没有约定的，按照工程欠款处理

知识点：垫资和垫资利息的规定。

47. 在安全事故发生后，负有报告职责的人员不报或者谎报事故情况，贻误事故抢救，情节特别严重的，处（　　）。

A. 3年以下有期徒刑或者拘役　　B. 3年以上7年以下有期徒刑

C. 5年以下有期徒刑或者拘役　　D. 5年以上有期徒刑

知识点：相关人员的事故报告职责。

48. 施工单位应当在施工现场建立消防安全责任制度，确定（　　），制定用火、用电、使用易燃易爆材料等各项消防安全管理制度和操作规程，设置消防通道、消防水源，配备消防设施和灭火器材，并在施工现场入口处设置明显标志。

A. 专职安全生产管理人员　　B. 专门作业员

C. 消防安全责任人　　D. 专门监理人员

知识点：施工单位建立消防安全责任制度的规定。

49. 建设单位将建设工程发包给不具有相应资质等级的勘察、设计、施工单位或者委托给不具有相应资质等级的工程监理单位的，责令改正，并处（　　）的罚款。

A. 10万元以上30万元以下　　B. 30万元以上50万元以下

C. 50万元以上100万元以下　　D. 100万元以上

知识点：建设单位的违法处罚。

50. 注册建筑师、注册结构工程师、监理工程师等注册执业人员因过错造成重大质量事故的，吊销执业资格证书，（　　）年以内不予注册。

A. 1　　B. 2　　C. 3　　D. 5

知识点：注册执业人员停止执业的规定。

51. 在施工中发生危及（　　）的紧急情况时，作业人员有权立即停止作业或者在采取必要的应急措施后撤离危险区域。

A. 人身安全　　B. 财产安全

C. 设备安全　　D. ABC

知识点：施工安全的规定。

52. 施工起重机械和整体提升脚手架、模板等自升式架设设施安装，未由专业技术人员现场监督的，责令限期改正，处（　　）的罚款。

A. 1万元以上2万元以下　　B. 2万元以上5万元以下

C. 5万元以上10万元以下　　D. 10万元以上20万元以下

知识点：自升式架设设施安装。

53. 建设工程施工合同无效，但建设工程经竣工验收合格，承包人请求参照合同约定支付工程价款的，（　　）。

A. 应予支持　　B. 不予支持

C. 协商解决　　D. 采用除A、B、C外的其他解决方式

知识点：建设工程施工合同无效的有关规定。

54. 在生产、作业中违反有关安全管理的规定，因而发生重大伤亡事故或者造成其他严重后果的，处（　　）。

A. 3年以下有期徒刑或者拘役　　B. 3年以上7年以下有期徒刑

C. 5年以下有期徒刑或者拘役　　D. 5年以上有期徒刑

知识点：安全管理的规定。

55. 建设单位、设计单位、施工单位、工程监理单位违反国家规定，降低工程质量标准，造成重大安全事故的，对直接责任人员处（　　）并处罚金。

A. 3年以下有期徒刑或者拘役　　B. 3年以上7年以下有期徒刑

C. 5年以下有期徒刑或者拘役　　D. 5年以上有期徒刑

知识点：违法降低工程质量标准的处罚。

56. 施工单位应当自施工起重机械和整体提升脚手架、模板等自升式架设设施验收合格之日起30日内，向建设行政主管部门或者其他有关部门登记。登记标志应当置于或者附着于该设备的（　　）位置。

A. 显著　　B. 固定　　C. 任意　　D. 指定

知识点：自升式架设设施验收合格的登记。

57. 施工单位在施工中偷工减料的，使用不合格的建筑材料、建筑构配件和设备的，或者有不按照工程设计图纸或者施工技术标准施工的其他行为的，责令改正，并处工程合同价款（　　）的罚款。

A. 1%以上3%以下　　B. 2%以上4%以下

C. 3%以上5%以下　　D. 4%以上6%以下

知识点：施工单位的违法处罚。

58. 施工单位（　　）依法对本单位的安全生产工作全面负责。

A. 法人　　B. 主要负责人

C. 总工程师　　D. 经理

知识点：施工单位安全生产的主要负责人。

59. 关于施工单位采购、租赁的安全防护用具、机械设备、施工机具及配件，下列说法不正确的有（　　）。

A. 应当具有生产（制造）许可证

B. 应当产品合格证

C. 进入施工现场后进行查验

D. ABC

知识点：施工单位相关用具的规定。

60. 施工单位挪用列入建设工程概算的安全生产作业环境及安全施工措施所需费用的，责令限期改正，并处挪用费用（　　）的罚款；造成损失的，依法承担赔偿责任。

A. 10%以上20%以下　　B. 20%以上50%以下

C. 50%以上80%以下　　D. 80%以上100%以下

知识点：施工单位挪用相关费用的处罚。

61. 建设工程施工合同无效，且建设工程经竣工验收不合格的，修复后的建设工程经竣工验收合格，发包人请求承包人承担修复费用的，（　　）。

A. 应予支持　　B. 不予支持

C. 协商解决　　D. 采用除A、B、C外的其他解决方式

知识点：施工单位合同无效的有关规定。

62. 建设单位、设计单位、施工单位、工程监理单位违反国家规定，降低工程质量标准，造成重大安全事故的，后果特别严重的，对直接责任人员处（　　），并处罚金。

A. 3年以下有期徒刑或者拘役　　B. 3年以上7年以下有期徒刑

C. 5年以下有期徒刑或者拘役　　D. 5年以上10年以下有期徒刑

知识点：重大安全事故的处罚。

63. 施工单位应当对（　　）每年至少进行一次安全生产教育培训，其教育培训情况记入个人工作档案。

A. 管理人员　　B. 作业人员

C. 管理人员和作业人员　　D. 所有人员

知识点：施工单位的安全生产教育培训。

64. 三级安全教育是指（　　）。

A. 公司、项目经理部、专职安全员三个层次的安全教育

B. 项目经理部、施工班、专职安全员组三个层次的安全教育

C. 公司、项目经理部、施工班组三个层次的安全教育

D. 公司、施工班组、专职安全员三个层次的安全教育

E. 安全管理部门组织的安全教育培训

知识点：三级安全教育的层次。

65. 依据证据与案件事实的关系证据可分为（　　）。

A. 本证与反证　　B. 直接证据和间接证据

C. 原始证据和传来证据　　D. 物证和人证

知识点：证据的分类。

66. 在建设工程施工合同履行中，建筑施工企业遇到因设计变更或其他原因导致工程量发生变化，应当以书面形式向（　　）提出确认因设计变更或其他原因导致工程量变化而需要增加的工程量。

A. 建设单位　　B. 监理单位

C. 发包单位　　　　　　　　　　D. 业主

知识点：工程量增加的确认。

67. 建筑施工企业已经提交竣工验收报告，发包方拖延验收的，以（　　）为竣工日期。

A. 竣工验收合格之日

B. 业主接收工程之日

C. 转移占有建设工程之日

D. 建筑施工企业提交验收报告之日

知识点：竣工日期的确定。

68. 以主体结构确定的建筑耐久年限规定，一般性建筑的耐久年限为（　　）。

A. 100年以上　　　　　　　　　B. 50～100年

C. 25～50年　　　　　　　　　D. 15年以下

知识点：建筑的耐久年限。

69. 定金的总额不得超过合同标的的（　　）。

A. 20％　　　　　　　　　　　B. 30％

C. 40％　　　　　　　　　　　D. 50％

知识点：定金的数额。

70. 消费者交付购买商品房的全部或者（　　）以上后，施工企业就该商品房享有的工程价款优先受偿权不得对抗买受人。

A. 40％　　　　　　　　　　　B. 50％

C. 60％　　　　　　　　　　　D. 80％

知识点：行使优先受偿权的规定。

二、多选题

1. （　　）就分包工程对建设单位承担连带责任。

A. 建设单位　　　　　　　　　B. 施工单位

C. 分包单位　　　　　　　　　D. 总承包单位

E. 监理单位

知识点：工程建设的连带责任。

2. （　　）部门或者单位明示或者暗示建设单位或者施工单位购买其指定的生产供应单位的建筑材料、建筑构配件和设备的，责令改正。

A. 供水　　　　　　　　　　　B. 供电

C. 供气　　　　　　　　　　　D. 公安消防

E. 供材

知识点：购买建筑材料、建筑构配件和设备的相关规定。

3. 下列需要设置明显的安全警示标志的是（　　）。

A. 施工现场入口处　　　　　　B. 楼梯口

C. 基坑边沿　　　　　　　　　D. 有害危险气体存放处

E. 路口

知识点：需要设置明显的安全警示标志的场所。

4. 施工单位在采用（　　）时，应当对作业人员进行相应的安全生产教育培训。

A. 新技术
B. 新设备
C. 新工艺
D. 新材料
E. 新标准

知识点：按工程量清单结算的特点。

5. 施工单位应当建立质量责任制，确定工程项目的（　　）。

A. 项目经理
B. 技术负责人
C. 施工管理负责人
D. 施工组织负责人
E. 总监理工程师

知识点：施工单位质量责任制的规定。

6.（　　）违反国家规定，降低工程质量标准，造成重大安全事故，构成犯罪的，对直接责任人员依法追究刑事责任。

A. 建设单位
B. 设计单位
C. 业主单位
D. 工程监理单位
E. 勘察单位

知识点：相关单位的违法处罚。

7. 下列说法正确是有（　　）。

A. 施工单位应当将施工现场的办公、生活区与作业区分开设置，并保持安全距离
B. 办公、生活区的选址应当符合安全性要求
C. 职工的膳食、饮水、休息场所等应当符合卫生标准
D. 施工单位可以在尚未竣工的建筑物内设置员工集体宿舍
E. 施工现场材料的堆放应当符合安全性要求

知识点：对施工单位的相关要求。

8. 施工起重机械和整体提升脚手架、模板等自升式架设设施安装、拆卸单位（　　）的行为，责令限期改正，处5万元以上10万元以下的罚款；情节严重的，责令停业整顿，降低资质等级，直至吊销资质证书；造成损失的，依法承担赔偿责任。

A. 未编制拆装方案、制定安全施工措施
B. 未由专业技术人员现场监督
C. 未出具自检合格证明
D. 未向施工单位进行安全使用说明，办理移交手续
E. 未出具证明

知识点：自升式架设设施安装、拆卸的相关规定。

9. 施工单位必须按照（　　）施工，不得擅自修改工程设计，不得偷工减料。

A. 施工队施工经验
B. 工程设计图纸
C. 施工队施工方便
D. 施工技术标准
E. 作业人员的数量

知识点：施工单位的施工要求。

10.（　　）的工作人员因调动工作、退休等原因离开该单位后，被发现在该单位工

作期间违反国家有关建设工程质量管理规定，造成重大工程质量事故的，仍应当依法追究法律责任。

A. 业主单位　　　　　　　　　　B. 设计单位

C. 施工单位　　　　　　　　　　D. 工程监理单位

E. 勘察单位

知识点：工作人员离开单位后法律责任的规定。

11. 施工单位应当在施工现场建立消防安全责任制度，措施有（　　）。

A. 确定消防安全责任人

B. 在施工现场入口处设置明显标志

C. 设置消防通道、消防水源，配备消防设施和灭火器材

D. 制定用火、用电、使用易燃易爆材料等各项消防安全管理制度和操作规程

E. 施工现场的动火作业，必须经消防部门审批。

知识点：施工单位安全责任制度的规定。

12. 施工起重机械和整体提升脚手架、模板等自升式架设设施安装、拆卸单位有（　　）行为的，经有关部门或者单位职工提出后，对事故隐患仍不采取措施，因而发生重大伤亡事故或者造成其他严重后果，构成犯罪的，对直接责任人员，依照刑法有关规定追究刑事责任。

A. 未编制拆装方案、制定安全施工措施

B. 未由专业技术人员现场监督

C. 未出具自检合格证明

D. 未向施工单位进行安全使用说明，办理移交手续

E. 出具虚假证明

知识点：自升式架设设施安装、拆卸的相关规定。

13. 施工单位必须按照（　　），对建筑材料、建筑构配件、设备和商品混凝土进行检验，检验应当有书面记录和专人签字；未经检验或者检验不合格的，不得使用。

A. 工程设计要求　　　　　　　　B. 监理要求

C. 施工技术标准　　　　　　　　D. 合同约定

E. 施工作业人员水平

知识点：施工单位对建筑材料、建筑构配件、设备和商品混凝土进行检验的相关规定。

14. 建设工程安全生产管理，坚持（　　）的方针。

A. 安全第一　　　　　　　　　　B. 预防为主

C. 违法必究　　　　　　　　　　D. 和谐建设

E. 维持稳定

知识点：安全生产管理的方针。

15. 作业人员有权（　　）。

A. 对作业程序擅自改变　　　　　B. 对安全问题提出控告

C. 拒绝违章指挥　　　　　　　　D. 拒绝强令冒险作业

E. 对设计不足之处擅自变更

知识点：作业人员的权利。

16. 下列行为应当整改的有（　　）。

A. 未设立安全生产管理机构、配备专职安全生产管理人员或者分部分项工程施工时无专职安全生产管理人员现场监督

B. 施工单位的主要负责人、项目负责人、专职安全生产管理人员、作业人员或者特种作业人员，未经安全教育培训或者经考核不合格即从事相关工作

C. 在尚未竣工的建筑物内设置员工集体宿舍

D. 未向作业人员提供安全防护用具和安全防护服装

E. 未按照国家有关规定在施工现场设置消防通道、消防水源、配备消防设施和灭火器材

知识点：需整改的行为。

17. 施工人员对涉及结构安全的试块、试件以及有关材料，可以在（　　）监督下现场取样，并送具有相应资质等级的质量检测单位进行检测。

A. 建设单位　　B. 总承包单位

C. 施工单位　　D. 工程监理单位

E. 咨询单位

知识点：试块、试件以及有关材料的取样、检测。

18. 施工单位的项目负责人的任务有（　　）。

A. 落实安全生产责任制度、安全生产规章制度和操作规程

B. 确保安全生产费用的有效使用

C. 根据工程的特点组织制定安全施工措施，消除安全事故隐患

D. 及时、如实报告生产安全事故

E. 配合监理单位对工程质量进行全程监控

知识点：施工单位项目负责人的任务。

19. 作业人员应当遵守安全施工的（　　），正确使用安全防护用具、机械设备等。

A. 强制性标准　　B. 操作规程

C. 规章制度　　D. 生产安全纪律

E. 都不对

知识点：作业人员遵守的安全施工规定。

20. 施工单位有（　　）行为的，责令限期改正；逾期未改正的，责令停业整顿，并处5万元以上10万元以下的罚款；造成重大安全事故，构成犯罪的，对直接责任人员，依照刑法有关规定追究刑事责任。

A. 施工前未对有关安全施工的技术要求作出详细说明

B. 未根据不同施工阶段和周围环境及季节、气候的变化，在施工现场采取相应的安全施工措施，或者在城市市区内的建设工程的施工现场未实行封闭围挡

C. 在尚未竣工的建筑物内设置员工集体宿舍

D. 施工现场临时搭建的建筑物不符合安全使用要求

E. 虚报企业资质

知识点：施工单位的违法处罚。

21. 施工单位在施工中（　　），责令改正，处工程合同价款 2%以上 4%以下的罚款。

A. 偷工减料

B. 虚报企业资质

C. 不按照工程设计图纸施工

D. 不按照施工技术标准施工

E. 使用不合格的机械设备

知识点：施工单位的违法处罚。

22.（　　）必须按照国家有关规定经过专门的安全作业培训，并取得特种作业操作资格证书后，方可上岗作业。

A. 安装拆卸工

B. 爆破作业人员

C. 起重信号工

D. 登高架设作业人员

E. 钢筋工

知识点：相关工作的安全作业培训规定。

23. 关于施工单位采购、租赁的安全防护用具、机械设备、施工机具及配件，下列说法正确的有（　　）。

A. 应当具有生产（制造）许可证

B. 应当具有产品合格证

C. 进入施工现场后进行查验

D. 应当满足项目的使用要求

E. ABCD

知识点：安全防护用具、机械设备、施工机具及配件相关规定。

24. 施工单位有（　　）行为，造成损失的，依法承担赔偿责任。

A. 施工前未对有关安全施工的技术要求作出详细说明的

B. 在尚未竣工的建筑物内设置员工集体宿舍的

C. 施工现场临时搭建的建筑物不符合安全使用要求的

D. 未对因建设工程施工可能造成损害的毗邻建筑物、构筑物和地下管线等采取专项防护措施的

E. 虚报单位资质的

知识点：施工单位的赔偿责任。

25. 施工单位未对（　　）进行检验，或者未对涉及结构安全的试块、试件以及有关材料取样检测的，责令改正，处 10 万元以上 20 万元以下的罚款。

A. 建筑材料

B. 设备

C. 建筑构配件

D. 商品混凝土

E. 建筑机械

知识点：试块、试件以及有关材料的取样检测。

26. 施工单位应当在施工组织设计中编制安全技术措施和施工现场临时用电方案，对达到一定规模的危险性较大的分部分项工程编制专项施工方案，并附具安全验算结果，经（　　）签字后实施。

A. 专职安全生产管理员

B. 施工单位技术负责人

C. 总监理工程师

D. 作业人员

E. 企业负责人

知识点：专项施工方案的实施。

27. 施工单位在使用施工起重机械和整体提升脚手架、模板等自升式架设设施前，应当组织有关单位进行验收，也可以委托具有相应资质的检验检测机构进行验收；使用承租的机械设备和施工机具及配件的，由（　　）共同进行验收，验收合格的方可使用。

A. 出租单位　　B. 安装单位

C. 分包单位　　D. 施工总承包单位

E. 监理单位

知识点：承租的机械设备和施工机具及配件的验收。

28. 施工单位有（　　）行为，责令限期改正；逾期未改正的，责令停业整顿，并处10万元以上30万元以下的罚款；情节严重的，降低资质等级，直至吊销资质证书；造成重大安全事故，构成犯罪的，对直接责任人员，依照刑法有关规定追究刑事责任；造成损失的，依法承担赔偿责任。

A. 安全防护用具、机械设备、施工机具及配件在进入施工现场前未经查验或者查验不合格即投入使用的

B. 使用未经验收或者验收不合格的施工起重机械和整体提升脚手架、模板等自升式架设设施的

C. 委托不具有相应资质的单位承担施工现场安装、拆卸施工起重机械和整体提升脚手架、模板等自升式架设设施的

D. 在施工组织设计中未编制安全技术措施、施工现场临时用电方案或者专项施工方案的

E. 虚报单位资质的

知识点：施工单位责令限期改正的行为。

29. 工程监理单位有（　　）的行为，责令改正，处50万元以上100万元以下的罚款。

A. 与建设单位串通，弄虚作假

B. 与施工单位串通，降低工程质量

C. 将不合格的建设工程设备等按照合格签字

D. 违反规定造成重大损失

E. 虚报企业资质

知识点：工程监理单位责令改正的行为。

30. 建设工程施工前，施工单位负责项目管理的技术人员应当对有关安全施工的技术要求向（　　）作出详细说明，并由双方签字确认。

A. 专职安全生产管理员　　B. 监理工程师

C. 施工作业班组　　D. 作业人员

E. 项目经理

知识点：安全施工技术要求的确认。

31. 施工单位的（　　）应当经建设行政主管部门或者其他有关部门考核合格后方可任职。

A. 主要负责人　　　　B. 项目负责人
C. 专职安全生产管理人员　　　　D. 总监理工程师
E. 作业人员
知识点：施工单位的人员考核。
32. 企业取得安全生产许可证，（　）。
A. 应当建立、健全安全生产责任制，制定完备的安全生产规章制度和操作规程
B. 应当符合安全生产要求
C. 应当设置安全生产管理机构
D. 主要负责人和安全生产管理人员应当经考核合格
E. 可不配备专职安全生产管理人员
知识点：企业安全生产许可证的获取。
33. 建筑工程施工现场常见的职工伤亡事故类型有（　）。
A. 高处坠落　　　　B. 物体打击
C. 火灾　　　　D. 机械伤害
E. 坍塌事故等
知识点：建筑工程施工现场常见的职工伤亡事故类型。
34. 民事诉讼证据的特征包括（　）。
A. 客观性　　　　B. 实用性
C. 合法性　　　　D. 关联性
E. 公正性
知识点：民事诉讼证据的特征。
35. 下列关于本证和反证，说法正确的是（　）。
A. 反证是对诉讼请求的反对
B. 反证是针对对方所提出的事实的反对
C. 原告、被告都可提出反证，也都可提出本证
D. 本证和反证的分类以原、被告的地位为标准
E. 原告、被告都可提出反证，但只有原告可提出本证
知识点：本证与反证。

三、判断题

1. 建筑工程的发包单位与承包单位应当依法订立书面合同，明确双方的权利和义务。（　）
知识点：建筑工程合同的订立。
2. 施工单位在施工过程中发现设计文件和图纸有差错的，应当及时提出意见和建议。（　）
知识点：施工单位的职责。
3. 施工单位应当建立、健全教育培训制度，加强对职工的教育培训；未经教育培训或者考核不合格的人员，不得上岗作业。（　）
知识点：施工单位人员的培训。

4. 建设工程的保修期，自竣工验收合格之日起计算。（ ）

知识点：建设工程保修期的确立。

5. 建筑工程总承包单位可以将承包工程中的部分工程发包给具有相应资质条件的分包单位；但是，除总承包合同中约定的分包外，必须经发包单位认可。（ ）

知识点：分包的规定。

6. 施工单位必须建立、健全施工质量的检验制度，严格工序管理，作好隐蔽工程的质量检查和记录。隐蔽工程在隐蔽前，施工单位应当通知建设单位和建设工程质量监督机构。（ ）

知识点：隐蔽工程的质量检查与记录。

7. 在正常使用条件下，屋面防水工程、有防水要求的卫生间、房间和外墙面的防渗漏，最低保修期限为 3 年。（ ）

知识点：建设工程的最低保修期限。

8. 房屋建筑使用者在装修过程中擅自变动房屋建筑主体和承重结构的，责令改正，并处 50 万元以上 100 万元以下的罚款。（ ）

知识点：房屋建筑使用者的违规处罚。

9. 发生重大工程质量事故隐瞒不报、谎报或者拖延报告期限的，对直接负责的主管人员和其他责任人员依法给予刑事处分。（ ）

知识点：对发生重大工程质量事故隐瞒不报、谎报或者拖延报告期限的处罚。

10. 施工人员对涉及结构安全的试块、试件以及有关材料，可以在建设单位或者工程监理单位监督下现场取样，并送具有相应资质等级的质量检测单位进行检测。（ ）

知识点：涉及结构安全的试块、试件以及有关材料的取样及检测。

11. 建设工程施工前，施工单位负责项目管理的技术人员应当对有关安全施工的技术要求向监理人员作出详细说明，并由双方签字确认。（ ）

知识点：有关安全施工的技术的说明及确认。

12. 承包人超越资质等级许可的业务范围签订建设工程施工合同，在建设工程竣工前取得相应资质等级，当事人请求按照无效合同处理的，不予支持。（ ）

知识点：承包人超越资质等级许可的业务范围签订建设工程施工合同的确认。

13. 施工总承包的，建筑工程主体结构的施工必须由总承包单位自行完成。（ ）

知识点：施工总承包的规定。

14. 建设单位、设计单位、施工单位、工程监理单位违反国家规定，降低工程质量标准，造成重大安全事故，构成犯罪的，对直接责任人员依法追究刑事责任。（ ）

知识点：建设单位、设计单位、施工单位、工程监理单位的违规处罚。

15. 建设工程在保修范围和保修期限内发生质量问题的，施工单位应当履行保修义务，并对造成的损失承担赔偿责任。（ ）

知识点：保修范围和保修期限内质量问题的解决。

16. 施工单位应当在施工现场入口处、施工起重机械、临时用电设施、脚手架、出入通道口、楼梯口、电梯井口、孔洞口、桥梁口、隧道口、基坑边沿、爆破物及有害危险气体和液体存放处等危险部位，设置明显的安全警示标志。（ ）

知识点：安全警示标志的设立。

17. 建设工程实行总承包的，总承包单位应当对全部建设工程质量负责。（　）

知识点：施工总承包的规定。

18. 在正常使用条件下，电气管线、给排水管道、设备安装和装修工程，最低保修期限为5年。（　）

知识点：建设工程的最低保修期限。

19. 降低资质等级和吊销资质证书的行政处罚，由颁发资质证书的机关决定；其他行政处罚，由建设行政主管部门或者其他有关部门依照法定职权决定。（　）

知识点：相关行政处罚的决定机关。

20. 施工单位取得资质证书后，降低安全生产条件的，责令限期改正；经整改仍未达到与其资质等级相适应的安全生产条件的，责令停业整顿，降低其资质等级直至吊销资质证书。（　）

知识点：施工单位降低安全生产条件的处罚。

21. 监理单位对施工中出现质量问题的建设工程或者竣工验收不合格的建设工程，应当负责返修。（　）

知识点：监理单位的责任。

22. 在正常使用条件下，供热与供冷系统，为1个采暖期、供冷期。（　）

知识点：建设工程的最低保修期限。

23. 建设单位将建设工程发包给不具有相应资质等级的勘察、设计、施工单位或者委托给不具有相应资质等级的工程监理单位的，责令改正，处50万元以下的罚款。（　）

知识点：建设单位的违规处罚。

24. 分包单位应当服从总承包单位的安全生产管理，分包单位不服从管理导致生产安全事故的，由分包单位承担全部责任。（　）

知识点：分包单位的责任。

25. 施工单位不履行保修义务或者拖延履行保修义务的，责令改正，处10万元以上20万元以下的罚款，并对在保修期内因质量缺陷造成的损失承担赔偿责任。（　）

知识点：施工单位的职责。

26. 注册建筑师、注册结构工程师、监理工程师等注册执业人员因过错造成重大质量事故的，吊销执业资格证书，终身不予注册。（　）

知识点：注册执业人员执业资格证书的吊销。

27. 施工单位法人依法对本单位的安全生产工作全面负责。（　）

知识点：按工程量清单结算的特点。

28. 建设工程施工合同无效，但建设工程经竣工验收合格，承包人请求参照合同约定支付工程价款的，应予支持。（　）

知识点：无效合同的确认。

29. 施工单位采购、租赁的安全防护用具、机械设备、施工机具及配件，应当具有生产（制造）许可证、产品合格证，并在进入施工现场后进行查验。（　）

知识点：施工单位的职责。

30. 承包人非法转包、违法分包建设工程或者没有资质的实际施工人借用有资质的建筑施工企业名义与他人签订建设工程施工合同的行为无效。人民法院可以根据民法通则，

收缴当事人已经取得的非法所得 （ ）

知识点：无效建设工程施工合同的情形。

31. 单位工程完工后，施工单位应自行组织有关人员进行检查评定，并向建设单位提交工程验收报告。 （ ）

知识点：施工完工的程序。

32. 施工日志应由项目经理负责填写。 （ ）

知识点：施工日志的填写。

33. 工程造价可委托当事各方可以接受的造价咨询单位对工程进行价格鉴定，该单位出具的造价报告应为确定的工程造价。 （ ）

知识点：工程造价的确定。

34. 发包人不按合同支付工程进度款的，双方又达成延期付款协议的，承包人可以停止施工，由发包人承担责任。 （ ）

知识点：承包人的停工。

35. 合同是建设项目管理的核心和主线 （ ）

知识点：合同的地位和作用。

第9章 职业道德与职业标准

一、单选题

1. 职业道德是所有从业人员在职业活动中应该遵循的（ ）。

A. 行为准则　　B. 思想准则

C. 行为表现　　D. 思想表现

知识点：职业道德的定义。

2. 道德建设的核心是（ ）。

A. 社会公德建设　　B. 职业道德建设

C. 家庭美德建设　　D. 诚信

知识点：道德建设的核心。

3. 职业道德是指从事一定职业的人们在其特定职业活动中所应遵循的符合职业特点所要求的（ ）。

A. 道德准则

B. 道德准则与行为规范

C. 道德准则、行为规范与道德情操

D. 道德准则、行为规范、道德情操与道德品质

知识点：职业道德的定义。

4. 加强成本核算，实行成本否决，厉行节约，精打细算，努力降低物资和人工消耗是对（ ）的职业道德要求。

A. 项目经理　　B. 工程技术人员

C. 管理人员　　D. 工程招标投标管理人员

知识点：个性化职业道德要求。

5. 强化管理，争创效益，对项目的人财物进行科学管理是对（　　）的职业道德要求。

A. 项目经理　　B. 工程技术人员
C. 管理人员　　D. 工程招标投标管理人员

知识点：个性化职业道德要求。

6. 认真编制施工组织设计，积极推广和运用新技术、新工艺、新材料、新设备，不断提高建筑科学技术水平是对（　　）的职业道德要求。

A. 项目经理　　B. 工程技术人员
C. 管理人员　　D. 工程招标投标管理人员
E. 工程质量监督人员

知识点：个性化职业道德要求。

7. 严格自律，不谋私利，严格执行监督、检测人员工作守则，不在建筑业企业和监理企业中兼职，不利用工作之便介绍工程进行有偿咨询活动是对（　　）的职业道德要求。

A. 项目经理　　B. 工程技术人员
C. 管理人员　　D. 工程质量监督人员

知识点：个性化职业道德要求。

8. 接受监督，保守秘密，公开办事程序和办事结果，接受社会监督、群众监督及上级主管部门的监督，维护建筑市场各方的合法权益是对（　　）的职业道德要求。

A. 项目经理　　B. 工程技术人员
C. 管理人员　　D. 工程招标投标管理人员
E. 工程质量监督人员

知识点：个性化职业道德要求。

9. 关于职业道德，下列说法错误的是（　　）。

A. 职业道德是长期以来自然形成的
B. 职业道德大多没有实质的约束力和强制力
C. 职业道德的调节职能只体现在调节从业人员内部的关系这一方面
D. 职业道德的标准是多元化的

知识点：职业道德的涵义。

10. 建筑企业的生命是（　　）。

A. 企业的信誉　　B. 工程的质量
C. 企业的利润　　D. 工程的安全

知识点：建筑企业的生命。

二、多选题

1. 要大力倡导以（　　）为主要内容的职业道德，鼓励人们在工作中做一个好建设者。

A. 爱岗敬业　　B. 诚实守信

C. 只为本企业利益
D. 服务群众
E. 办事公道
知识点：职业道德的内容。
2. 下列关于道德和法纪的说法正确的是（　　）。
A. 任何社会在建立与维持秩序时，都必须借助道德和法纪两种手段
B. 法纪属于制度范畴，道德属于社会意识形态范畴
C. 遵守道德是遵守法纪的最低要求
D. 道德不具有强制性，法纪具有强制性
E. 遵守法纪是遵守道德的最低要求
知识点：道德与法纪的区别与联系。
3. 职业道德的基本特征包括（　　）。
A. 职业性
B. 继承性
C. 排他性
D. 多样性
E. 纪律性
知识点：职业道德的基本特征。
4. 下列各项中是对项目经理的职业道德要求的是（　　）。
A. 强化管理，争创效益，对项目的人财物进行科学管理
B. 加强成本核算，实行成本否决，厉行节约，精打细算，努力降低物资和人工消耗
C. 深入实际，勇于攻关，不断解决施工生产中的技术难题提高生产效率和经济效益
D. 以身作则，培育新人，既当好科学技术带头人，又做好施工科技知识在职工中的普及工作
E. 严格自律，不谋私利，严格执行监督、检测人员工作守则，不在建筑业企业和监理企业中兼职，不利用工作之便介绍工程进行有偿咨询活动
知识点：个性化职业道德要求。
5. 下列各项中是对工程技术人员的职业道德要求的是（　　）。
A. 强化管理，争创效益，对项目的人财物进行科学管理
B. 加强成本核算，实行成本否决，厉行节约，精打细算，努力降低物资和人工消耗
C. 深入实际，勇于攻关，不断解决施工生产中的技术难题提高生产效率和经济效益
D. 以身作则，培育新人，既当好科学技术带头人，又做好施工科技知识在职工中的普及工作
E. 严格自律，不谋私利，严格执行监督、检测人员工作守则，不在建筑业企业和监理企业中兼职，不利用工作之便介绍工程进行有偿咨询活动
知识点：个性化职业道德要求。
6. 建筑工程领域对工程要求的“四控”包括（　　）。
A. 质量
B. 利润
C. 工期
D. 成本
E. 安全
知识点：建筑工程领域对工程要求的“四控”。
7. 党的十八大强调要坚持依法治国和以德治国相结合，加强（　　）教育，弘扬中

华传统美德，弘扬时代新风。

A. 社会公德　　B. 职业道德

C. 家庭美德　　D. 个人品德

E. 遵纪守法

知识点："十八大"强调的道德修养的"四位一体"性。

8. 职业道德的基本职能是调节职能，它所调节的关系包括（　　）。

A. 从业人员内部的关系

B. 从业人员和服务对象之间的关系

C. 服务对象之间的关系

D. 社会上人与人之间的关系

E. 上级与下级之间的关系

知识点：职业道德的调节职能。

9. 关于职业道德，下列说法正确的是（　　）。

A. 职业道德是长期以来自然形成的

B. 职业道德大多没有实质的约束力和强制力

C. 职业道德的调节职能只体现在调节从业人员内部的关系这一方面

D. 职业道德的标准是多元化的

E. 职业道德有实质的约束力和强制力

知识点：职业道德的涵义。

10. 下列各项中是对管理人员的职业道德要求的是（　　）。

A. 强化管理，争创效益，对项目的人财物进行科学管理

B. 加强成本核算，实行成本否决，厉行节约，精打细算，努力降低物资和人工消耗

C. 钻研业务，爱岗敬业，努力学习业务知识，精通本职业务，不断提高工作效率和工作能力

D. 团结协作，互相配合，树立全局观念和整体意识，遇事多商量、多通气，互相配合，互相支持，不推、不扯皮，不搞本位主义。

E. 严格自律，不谋私利，严格执行监督、检测人员工作守则，不在建筑业企业和监理企业中兼职，不利用工作之便介绍工程进行有偿咨询活动

知识点：个性化职业道德要求。

三、判断题

1. 不同的时代，不同的社会，道德观念有所不同；不同的文化，道德标准也有所差异。（　　）

知识点：道德观念及道德标准的差异。

2. 遵纪守法是遵守道德的最低要求。（　　）

知识点：道德与法纪的关系。

3. 每一种职业道德都只能规范本行业从业人员的执业行为。（　　）

知识点：职业道德的职业性。

4. 建设领域特种作业人员的职业道德集中体现在“遵章守纪，安全第一”上。（ ）

知识点：职业道德的职业性。

5. 认真编制施工组织设计，积极推广和运用新技术、新工艺、新材料、新设备，不断提高建筑科学技术水平是对项目经理的职业道德要求。（ ）

知识点：个性化职业道德要求。

6. 建筑工程领域对工程要求的“四控”为质量、工期、利润、安全。（ ）

知识点：建筑工程领域对工程要求的“四控”。

7. 强化管理，对项目的人财物进行科学管理是对管理人员的职业道德要求。（ ）

知识点：个性化职业道德要求。

8. 接受监督，保守秘密，公开办事程序和办事结果，接受社会监督、群众监督及上级主管部门的监督，维护建筑市场各方的合法权益。是对工程招标投标管理人员的职业道德要求。（ ）

知识点：个性化职业道德要求。

9. 家庭美德不仅涵盖了夫妻、长幼之间的关系，同时涵盖了邻里之间的关系。（ ）

知识点：家庭美德的涵盖范围。

10. 职业道德没有确定形式，通常体现为观念、习惯、信念等。（ ）

知识点：职业道德的特点。

参考答案（专业基础知识）

第1章

一、单选题

1. C；2. C；3. D；4. D；5. A；6. B；7. B；8. D；9. D；10. D；11. C；12. A；13. D；14. D；15. B；16. A；17. B；18. C；19. C；20. D；21. C；22. C；23. C；24. D；25. B；26. C；27. D；28. D；29. C；30. C；31. A；32. A；33. C；34. D；35. C；36. D；37. C；38. D；39. A；40. D；41. D；42. B；43. C；44. A；45. D；46. D；47. B；48. C；49. A；50. B；51. D；52. C；53. A；54. B；55. D；56. C；57. A；58. C；59. A；60. C；61. C；62. B；63. A；64. C；65. A；66. A；67. B；68. C；69. B；70. C；71. D；72. D；73. C；74. A；75. B；76. B；77. D；78. C；79. B；80. D

二、多选题

1. ACD；2. ABC；3. ABCD；4. BCD；5. CD；6. BCD；7. AC；8. BC；9. AB；10. AD；11. BD；12. ABDE；13. BCDE；14. ABD；15. ACDE；16. ABC；17. ABD；18. AB；19. BC；20. ACD；21. ABD；22. AC；23. ABCD；24. BCE；25. BD；26. AB；27. BCD；28. ABCD；29. ABD；30. BD；31. BD；32. CDE；33. AC；34. ACDE；35. AB

三、判断题（正确A、错误B）

1. B；2. A；3. B；4. B；5. A；6. A；7. B；8. B；9. A；10. B；11. A；12. A；13. B；14. B；15. B；16. A；17. B；18. A；19. A；20. A；21. B；22. A；23. B；24. B；25. B；26. A；27. A；28. A；29. B；30. B；31. A；32. B；33. B；34. A；35. A；36. B；37. B；38. A；39. B；40. B

第2章

一、单选题

1. D；2. C；3. B；4. B；5. C；6. D；7. C；8. A；9. D；10. B；11. A；12. A；13. A；14. A；15. A；16. B；17. A；18. C；19. B；20. A；21. C；22. A；23. A；

24. B；25. B；26. B；27. D；28. D；29. D；30. B；31. C；32. B；33. C；34. C；35. C；36. B；37. B；38. D；39. A；40. D；41. C；42. B；43. A；44. B；45. D；46. C；47. A；48. B；49. D；50. A；51. C；52. D；53. D；54. B；55. D；56. A；57. A；58. A；59. A；60. A；61. B；62. A；63. B；64. A；65. B

二、多选题

1. ABCD；2. AC；3. BC；4. ACE；5. ACDE；6. BD；7. ACD；8. ABC；9. ABC；10. CD；11. BE；12. ACDE；13. AC；14. ABD；15. BD；16. ABCDE；17. ACD；18. AC；19. BCD；20. ABD；21. ABCD；22. AB；23. BD；24. AD；25. ABCD；26. AB；27. ABC；28. BC；29. ABCD；30. ABCD

三、判断题（正确A、错误B）

1. A；2. B；3. A；4. B；5. B；6. A；7. B；8. A；9. A；10. B；11. B；12. B；13. B；14. B；15. B；16. A；17. B；18. B；19. B；20. B；21. A；22. A；23. A；24. B；25. A

第3章

一、单选题

1. C；2. B；3. D；4. A；5. B；6. A；7. D；8. A；9. A；10. C；11. C；12. D；13. C；14. A；15. B；16. B；17. D；18. C；19. D；20. B；21. A；22. C；23. C；24. D；25. B；26. A；27. C；28. C；29. D；30. A；31. C；32. B；33. D；34. A；35. C

二、多选题

1. ABD；2. ABC；3. ACD；4. ACD；5. AB；6. BCDE；7. ABD；8. AB；9. AE；10. AC；11. BCD；12. ABD；13. AD；14. ACD；15. BC；16. BDE；17. AB；18. BD；19. ABDE；20. BCD

三、判断题（正确A、错误B）

1. A；2. A；3. A；4. B；5. A；6. B；7. B；8. B；9. B；10. A；11. A；12. A；13. B；14. A；15. B；16. B；17. B；18. B；19. B；20. A；21. B；22. B；23. B；24. A；25. A

第4章

一、单选题

1. D；2. C；3. D；4. B；5. B；6. B；7. C；8. C；9. B；10. D；11. C；12. C；

13. A；14. B；15. A；16. B；17. A；18. C；19. D；20. D；21. B；22. D；23. C；24. D；25. D；26. B；27. D；28. A；29. A；30. D；31. B；32. D；33. A；34. D；35. B；36. C；37. A；38. D；39. D；40. B；41. A；42. A；43. B；44. B；45. A；46. B；47. B；48. C；49. D；50. C；51. A；52. C；53. B；54. A；55. A；56. A；57. B；58. A；59. A

二、多选题

1. AD；2. AC；3. ABD；4. ABC；5. ABDE；6. ABCE；7. CD；8. ACD；9. ABC；10. ABD；11. CD；12. ABCD；13. ABE；14. BC；15. ACD；16. ABD；17. ABCE；18. ACE；19. ABCD；20. ACD；21. AC；22. ABD；23. AD；24. ACDE；25. ABCE；26. AC；27. ABC；28. BCD；29. ABDE；30. BCD

三、判断题（正确 A、错误 B）

1. A；2. B；3. B；4. A；5. A；6. A；7. B；8. B；9. B；10. A；11. A；12. A；13. B；14. A；15. B；16. B；17. B；18. B；19. B；20. A；21. B；22. A；23. A；24. A；25. B；26. A；27. B；28. A；29. A；30. B；31. A；32. B；33. B；34. B；35. A

第5章

一、单选题

1. D；2. B；3. A；4. B；5. C；6. C；7. D；8. B；9. D；10. A；11. D；12. A；13. D；14. C；15. C；16. C；17. C；18. C；19. D；20. D；21. A；22. A；23. B；24. C；25. A；26. D；27. C；28. B；29. D；30. D；31. D；32. C；33. C；34. B；35. D；36. C；37. B；38. B；39. B；40. C；41. D；42. C；43. C；44. C；45. B；46. D；47. A；48. B；50. B；51. C；52. D；53. B；54. A；55. A；56. D；57. B；58. B；59. C；60. B；61. D；62. C；63. C；64. B；65. B

二、多选题

1. ABCD；2. ABD；3. ABC；4. ABCD；5. AC；6. CD；7. ABD；8. ABE；9. BCE；10. ACE；11. ABCE；12. ABCE；13. AB；14. BD；15. ABCD；16. ABCE；17. ACE；18. ABC；19. ABCD；20. ABD；21. BDE；22. BCDE；23. ACE；24. ABCD；25. ABCD；26. AD；27. ACD；28. BCD；29. ABCD；30. BC；31. ABC；32. ABCD

三、判断题（正确 A、错误 B）

1. A；2. A；3. A；4. B；5. A；6. A；7. A；8. B；9. A；10. A；11. B；12. A；13. B；14. A；15. A；16. A；17. B；18. B；19. B；20. B；21. B；22. B；23.

B；24. A；25. A；26. A；27. A；28. A

第6章

一、单选题

1. B；2. D；3. B；4. A；5. C；6. C；7. A；8. D；9. C；10. D；11. B；12. A；13. A；14. A；15. A；16. D；17. A；18. A；19. A；20. D；21. A；22. B；23. A；24. D；25. D；26. A；27. A；28. C；29. B；30. B；31. C；32. B；33. B；34. C；35. D；36. B；37. B；38. D；39. D

二、多选题

1. ABCD；2. ACD；3. BDE；4. ABCE；5. ACDE；6. ABCE；7. BCD；8. AD；9. BCDE；10. ACDE；11. ABCE；12. ACD；13. BDE；14. ABCD；15. BCD；16. BCDE；17. ABD；18. ABCE；19. ABCE；20. ACD；21. ABCD；22. ABCE；23. CE；24. ACDE

三、判断题（正确A、错误B）

1. A；2. A；3. B；4. B；5. B；6. A；7. A；8. B；9. A；10. A；11. A；12. B；13. A；14. A；15. B；16. A；17. A；18. A；19. B；20. B；21. B；22. B；23. A；24. A；25. A

第7章

一、单选题

1. D；2. B；3. D；4. C；5. D；6. D；7. B；8. B；9. C；10. A；11. D；12. C；13. A；14. D；15. B；16. D

二、多选题

1. ADE；2. AC；3. ABCE；4. ADE；5. ADE；6. BCD；7. ABD；8. ABCD；9. ABD；10. BCD；11. CD；12. AD；13. ABC；14. AB；15. BD

三、判断题（正确A、错误B）

1. B；2. B；3. B；4. A；5. A；6. A；7. B；8. B；9. B；10. B；11. A；12. B；13. A；14. A；15. B；16. B；17. A；18. B；19. B；20. A；21. A；22. B；23. A；24. B；25. A

第8章

一、单选题

1. A；2. A；3. B；4. D；5. C；6. B；7. C；8. B；9. D；10. A；11. B；12. D；13. A；14. B；15. D；16. B；17. C；18. A；19. D；20. D；21. B；22. B；23. A；24. D；25. B；26. D；27. D；28. A；29. D；30. B；31. B；32. D；33. B；34. A；35. B；36. B；37. D；38. A；39. A；40. D；41. A；42. A；43. B；44. A；45. D；46. C；47. B；48. C；49. C；50. D；51. A；52. C；53. A；54. A；55. C；56. A；57. B；58. B；59. C；60. B；61. A；62. D；63. C；64. C；65. B；66. C；67. D；68. B；69. A；70. B

二、多选题

1. CD；2. ABCD；3. ABCD；4. ABCD；5. ABC；6. ABDE；7. ABCE；8. ABCD；9. BD；10. BCDE；11. ABCD；12. ACE；13. ACD；14. AB；15. BCD；16. ABDE；17. AD；18. ABCD；19. ABC；20. ABCD；21. ACDE；22. ABCD；23. ABD；24. CD；25. ABCD；26. BC；27. ABCD；28. ABCD；29. ABC；30. CD；31. ABC；32. ABCD；33. ABDE；34. ACD；35. BC

三、判断题（正确A、错误B）

1. A；2. A；3. A；4. A；5. B；6. A；7. B；8. B；9. B；10. A；11. B；12. A；13. A；14. A；15. A；16. A；17. A；18. B；19. A；20. A；21. B；22. B；23. B；24. B；25. A；26. B；27. B；28. A；29. B；30. A；31. A；32. B；33. A；34. A；35. A

第9章

一、单选题

1. A；2. D；3. D；4. A；5. A；6. B；7. D；8. D；9. C；10. B

二、多选题

1. ABDE；2. ABDE；3. ABDE；4. AB；5. CD；6. ACDE；7. ABCD；8. AB；9. ABD；10. CD

三、判断题（正确A、错误B）

1. A；2. A；3. A；4. A；5. B；6. B；7. B；8. A；9. A；10. A

第二部分

专业管理实务

一、考 试 大 纲

第1章　城市道路工程施工

1.1　路基工程

（1）了解道路横断面的基本形式
（2）了解路基土石方施工的机械设备及性能
（3）熟悉路基工程填筑材料要求
（4）掌握路基工程施工工序及工艺
（5）熟悉路基工程施工质量检查

1.2　路面施工

（1）了解路面基本知识
（2）了解路面工程施工的机械设备及性能
（3）熟悉路面工程施工前准备工作
（4）掌握沥青路面施工工艺及检验标准
（5）掌握水泥混凝土路面施工工艺及检验标准

1.3　道路附属构筑物施工

（1）了解路缘石施工
（2）了解雨水口施工
（3）熟悉人行道施工
（4）掌握挡土墙施工工艺及检验标准

第2章　城市桥梁工程施工

2.1　概述

（1）了解桥梁组成及名词术语
（2）熟悉下部结构施工工艺
（3）熟悉上部结构常用施工方法

2.2　基础工程施工

（1）了解桥梁基础的常用施工方法

(2) 熟悉沉入桩施工工艺
(3) 掌握灌注桩施工方法

2.3 钢筋混凝土工程施工

(1) 了解钢筋混凝土工程组成
(2) 熟悉常用模板工程及构造
(3) 掌握钢筋加工及连接技术
(4) 掌握混凝土工程施工工艺

2.4 钢结构工程施工

(1) 了解钢结构构件的制作工艺
(2) 熟悉钢结构的连接技术
(3) 熟悉钢结构构件的防腐与涂饰工艺
(4) 掌握钢结构构件的安装工艺

2.5 支架施工

(1) 了解支架主要构、配件组成
(2) 熟悉支架构、配件材料、制作要求
(3) 掌握支架搭设工艺

2.6 墩台施工

(1) 了解石砌墩台施工工艺
(2) 熟悉现浇钢筋混凝土墩台施工工艺
(3) 掌握盖梁施工工艺

2.7 支座安设

(1) 了解橡胶支座的构造与施工工艺
(2) 熟悉支座安装施工质量检查要求

2.8 预应力混凝土简支梁施工

(1) 了解预应力定义
(2) 熟悉锚固原理及夹具和锚具种类
(3) 掌握先张法施工工艺
(4) 掌握后张法施工工艺
(5) 熟悉构件的起吊、运输与安装要求

2.9 桥面系及附属工程施工

(1) 了解桥面铺装、防水及排水设施构造
(2) 熟悉人行道、栏杆及护栏施工工艺

（3）掌握锥坡施工工艺
（4）熟悉伸缩装置及桥头搭板施工工艺

第3章　城市轨道交通与隧道工程施工

3.1　深基坑施工

（1）了解深基坑支护组成
（2）熟悉深基坑支护施工工艺
（3）熟悉深基坑降水施工工艺

3.2　隧道工程概述

（1）了解隧道的定义与构造
（2）熟悉隧道的分类

3.3　隧道开挖施工技术

（1）了解隧道开挖施工常用方法
（2）熟悉暗挖法施工工艺
（3）掌握明挖法施工工艺
（4）熟悉隧道施工辅助方法

3.4　盾构施工技术

（1）了解盾构施工的一般知识
（2）熟悉盾构施工工艺

第4章　城市管道工程及构筑物施工

4.1　沟槽、基坑开挖与回填

（1）了解沟槽断面选择及土方量计算方法
（2）了解沟槽开挖常用机械性能
（3）熟悉土方施工发生塌方与流砂的处理工艺
（4）掌握沟槽支撑和土方回填施工工艺

4.2　排水管道开槽施工

（1）了解常用管材与接口技术
（2）熟悉排水检查井施工工艺
（3）掌握排水管道工程施工技术要点
（4）熟悉无压管道的闭水试验

4.3　燃气管道施工

（1）了解燃气管道的分类与主要附件
（2）熟悉城市燃气管道安装要求

4.4　热力管道施工

（1）了解城市热力管网的分类和主要附件
（2）熟悉城市热力管道施工要求

4.5　管道非开挖施工技术

（1）了解顶管法操作程序
（2）熟悉顶管法施工方法

4.6　构筑物施工技术

（1）了解沉井施工技术
（2）熟悉现浇钢筋混凝土水池施工工艺
（3）熟悉市政管道工程构筑物施工技术要点

第5章　施工组织设计

5.1　施工组织设计概述

（1）了解施工组织设计分类、组成及其作用
（2）熟悉单位工程施工组织设计编制依据

5.2　单位工程施工组织设计编制注意事项

（1）了解施工进度计划编制方法
（2）熟悉施工平面图布置要点
（3）掌握单位工程施工组织设计编制原则

5.3　专项施工方案编制

（1）了解专项施工方案审批程序
（2）掌握专项施工方案编制内容

第6章　施工项目管理概论

6.1　施工项目管理概念、目标和任务

（1）了解项目、建设项目及施工项目含义

（2）熟悉施工项目管理的概念
（3）熟悉施工项目管理的目标和任务

6.2 施工项目的组织

（1）了解组织和组织论概念
（2）熟悉项目的结构分析和组织结构

6.3 施工项目目标动态控制

（1）了解施工项目的目标动态控制原理
（2）熟悉动态控制方法在施工管理中的应用
（3）熟悉项目目标动态控制及纠偏措施

6.4 项目施工监理

（1）了解建设工程监理的概念
（2）熟悉建设工程监理的工作性质、工作任务、工作方法

第7章 施工项目质量管理

7.1 施工项目质量管理的概念和原理

（1）了解质量及质量管理的概念
（2）熟悉施工项目质量的特点
（3）熟悉施工项目质量管理的基本原理
（4）掌握施工项目质量的影响因素

7.2 施工项目质量控制系统的建立和运行

（1）了解质量控制的概念及原理
（2）熟悉施工项目质量控制系统的构成及运行
（3）掌握施工项目质量控制系统的建立

7.3 施工项目施工质量控制和验收的方法

（1）了解施工质量控制的过程
（2）熟悉施工质量计划编制
（3）熟悉施工项目质量控制的对策
（4）掌握施工作业过程的质量控制
（5）掌握市政工程施工的质量验收

7.4 施工项目质量的政府监督

（1）了解施工项目质量政府监督的职能

（2）熟悉项目质量政府监督的内容
（3）熟悉施工项目质量政府监督验收

7.5 质量管理体系

（1）了解质量管理的八项原则
（2）熟悉质量管理体系文件的构成
（3）熟悉质量管理体系的建立和运行
（4）熟悉质量管理体系的认证与监督

7.6 工程质量问题分析与处理

（1）了解工程质量问题的处理方式和程序
（2）了解工程质量事故处理方案的确定及鉴定验收
（3）熟悉工程质量事故的特点和分类
（4）熟悉施工项目质量问题原因
（5）掌握施工项目质量问题调查分析及工程质量事故处理的依据

第8章 施工项目进度管理

8.1 概述

（1）了解工程进度计划的分类
（2）熟悉工程的工期
（3）掌握影响进度管理的因素

8.2 施工组织与流水施工

（1）了解施工组织形式
（2）熟悉依次施工、平行施工的内容
（3）掌握流水施工方法

8.3 网络计划技术

（1）了解时标网络
（2）熟悉单代号网络
（3）掌握双代号网络计划计算方法

8.4 施工项目进度控制

（1）了解施工项目进度控制的概念
（2）熟悉影响施工项目进度的因素
（3）掌握施工项目进度控制的方法、措施及分析调整

第9章　施工项目成本管理

9.1　施工项目成本管理的内容

（1）了解施工项目成本管理的任务

（2）熟悉施工项目成本管理的措施

9.2　施工项目成本计划的编制

（1）了解施工项目成本计划编制

（2）熟悉分类编制施工项目成本计划

（3）掌握施工项目成本计划的编制依据

9.3　施工项目成本核算

（1）了解工程变更价款的确定方法

（2）熟悉索赔费用的组成和索赔费用的计算方法

（3）掌握工程变更价款的确定程序及工程结算的方法

9.4　施工项目成本控制和分析

（1）了解施工项目成本分析的依据和方法

（2）熟悉施工项目成本控制的步骤

（3）掌握施工项目成本控制的依据和方法

第10章　施工项目安全管理

10.1　安全生产管理概论

（1）了解安全生产方针

（2）熟悉安全生产的管理制度

10.2　施工安全管理体系

（1）了解施工安全管理体系概述

（2）熟悉施工安全保证体系

10.3　施工安全技术措施

（1）了解常用施工安全技术措施

（2）熟悉施工安全技术措施的编制要求

（3）掌握施工安全技术交底主要内容

10.4 施工安全教育与培训

(1) 了解施工安全教育和培训的重要性
(2) 熟悉施工安全教育和培训的目标
(3) 掌握施工安全教育主要内容

10.5 施工安全检查

(1) 了解安全检查的注意事项和评分方法
(2) 熟悉项目经理部安全检查的主要规定和安全检查的计分内容
(3) 掌握安全检查的类型和安全检查的主要内容

10.6 施工过程安全控制

(1) 了解各施工过程安全要求
(2) 熟悉各施工过程安全控制内容
(3) 熟悉起重设备安全防护
(4) 熟悉部分施工机具安全防护
(5) 熟悉钻探施工现场的安全防护
(6) 熟悉季节施工安全防护
(7) 熟悉“三宝”、“四口”防护措施

10.7 环境保护与绿色施工

(1) 了解环境保护法律法规组成
(2) 熟悉环境保护内容

二、习　　题

第1章　城市道路工程施工

一、单选题

1. 提高（　　）的强度和稳定性，可以适当减薄路面的结构层，从而降低造价。

A. 路面　　B. 路基　　C. 面层　　D. 基层

知识点：路基要求。

2. 路基开工前，（　　）应召集施工、监理、设计等单位有关人员，由设计人员进行设计交底，并形成文件。

A. 设计单位　　B. 监理单位　　C. 施工单位　　D. 建设单位

知识点：路基施工。

3. 路基施工测量分为（　　）、平面控制测量和施工放线测量。

A. 高程控制测量　　B. 长距离测量　　C. 复合测量　　D. 曲线测量

知识点：路基施工中测量要求。

4. 道路施工放线采用的经纬仪等级不应低于（　　）级。

A. DJ1　　B. DJ2　　C. DJ4　　D. DJ6

知识点：路基施工中测量仪器要求。

5. 路基放样是把路基设计横断面的主要特征点根据路线（　　）定出路基轮廓。

A. 控制桩　　B. 中桩　　C. 角桩　　D. 方桩

知识点：路基施工中测量要求。

6. 路基边桩是为了（　　），同一桩号但不同层时，边桩的位置（　　）。

A. 控制上土范围，不同　　B. 控制路肩范围，相同

C. 控制上土范围，不同　　D. 控制路肩范围，不同

知识点：路基施工中测量要求。

7. 填筑路堤的材料，以采用强度高、（　　）好，压缩性小，便于施工压实以及运距短的土、石材料为宜。

A. 高温稳定性　　B. 材料质量　　C. 水稳定性　　D. 低温稳定性

知识点：路基填筑材料。

8. 城市道路工程用土（普氏分类）分（　　）类。

A. Ⅴ　　B. Ⅹ　　C. Ⅻ　　D. ⅩⅥ

知识点：路基填筑材料。

9. 城市道路工程用土定额分类分（　　）类。

A. 五　　B. 六　　C. 八　　D. 十

知识点：路基填筑材料。

10. 城市道路工程用土分类表中列出（　　）项参数

A. 二　　B. 五　　C. 八　　D. 十

知识点：路基填筑材料。

11. 不同性质的土应分类、分层填筑，不得混填，填土中大于（　　）cm 的土块应打碎或剔除。

A. 5　　B. 10　　C. 15　　D. 20

知识点：路基填筑材料。

12. 桥涵、挡土墙等结构物的回填土，宜采用（　　），以防止产生不均匀沉陷。

A. 素填土　　B. 砂性土　　C. 粉性土　　D. 淤泥质土

知识点：路基填筑材料。

13. 能用于填筑路堤的土有（　　）。

A. 淤泥　　B. 砂性土　　C. 沼泽土　　D. 含水量过大的土

知识点：路基填筑材料。

14. 未经技术处理不得作路基填料的有（　　）。

A. 塑性指数大于 26 的土　　B. 山皮土

C. 碎石　　D. 原状土

知识点：路基填筑材料。

15. 路基施工一般程序为（　　）（其中①施工前准备工作；②路基基础处理；③路基土石方施工；④修建小型构筑物、排水沟、挡墙等；⑤路基工程质量的检查与验收等）。

A. ①②③④⑤　　B. ①⑤②③④　　C. ①④⑤②③　　D. ①④②③⑤

知识点：路基填筑方法。

16. 路基填土宽度每侧应比设计规定宽（　　）m。

A. 0.1　　B. 0.2　　C. 0.5　　D. 1.5

知识点：路基填筑方法。

17. 路基填土宽度每侧应比设计规定宽出一定宽度是为了（　　）。

A. 加宽　　B. 保证路基全宽达到压实效果

C. 防止冲刷　　D. 防止偷工减料

知识点：路基填筑方法。

18. 路堤水平分层填筑是路堤填筑的基本方法，每层虚厚随压实方法和土质而定，一般压路机碾压虚厚不大于（　　）m。

A. 0.1　　B. 0.2　　C. 0.3　　D. 0.4

知识点：路基填筑方法。

19. 碾压是路基工程的一个关键工序，除了采用透水性良好的砂石材料，其他填料均需使其含水量控制在最佳含水量±（　　）%内，方可进行碾压。

A. 1　　B. 2　　C. 3　　D. 5

知识点：路基填筑工艺。

20. 地面横坡不陡于（　　）且路堤高超过 0.5m 时，基底可不做处理。

A. 1∶5　　B. 1∶10　　C. 1∶2　　D. 1∶3

知识点：路基填筑工艺。

21. 地面横坡陡于（　　）时，在清除草皮杂物后，还应将坡面挖成台阶，其阶梯宽不小于1m，高度为0.2～0.3m。

A. 1∶20　　B. 1∶10　　C. 1∶9　　D. 1∶5

知识点：路基填筑工艺。

22. 压路机碾轮外侧距填土边缘不得小于（　　）cm，以防发生溜坡事故。

A. 20　　B. 30　　C. 50　　D. 80

知识点：路基填筑工艺。

23. 机械开挖作业时，必须避开建（构）筑物、管线，在距管道边（　　）m范围内应采用人工开挖，且宜在管理单位监护下进行。

A. 0.5　　B. 1　　C. 2　　D. 3

知识点：路基填筑工艺。

24. 路基压实应在土壤含水量接近最佳含水量值的±（　　）时进行。

A. 1%　　B. 2%　　C. 3%　　D. 4%

知识点：路基填筑工艺。

25. 路基碾压时的机械组合原则是（　　）。

A. 先重后轻　　B. 先轻后重　　C. 全用轻型　　D. 全用重型

知识点：路基填筑工艺。

26. 路基施工前，应根据工程地质、水文、气象资料、施工工期和现场环境编制排水与降水方案。施工期间保证排水通畅其目的是（　　）。

A. 满足检查需要　　B. 满足文明施工要求

C. 满足施工质量安全要求　　D. 满足洒水需要

知识点：路基填筑工艺。

27. 施工排水与降水应保证（　　）。

A. 路基土壤天然结构不受扰动　　B. 文明施工要求

C. 进度要求　　D. 工地用水需要

知识点：路基填筑工艺。

28. 在路堑坡顶部外侧设排水沟时，其横断面和纵向坡度，应经水力计算确定，且底宽与沟深不宜小于（　　）cm。

A. 5　　B. 10　　C. 20　　D. 50

知识点：路基填筑质量检查。

29. 土方分层开挖的每层深度，人工开挖宜为（　　）m；机械开挖宜为（　　）m。

A. 1.5～2，3～4　　B. 1.5～3，3～4　　C. 1.5～2，3～6　　D. 1.5～3，3～7

知识点：路基填筑质量检查。

30. 用灌砂法检查压实度时，取土样的底面位置为每一压实层底部；用环刀法试验时，环刀位于压实层厚的（　　）深度。

A. 顶面　　B. 1/3　　C. 1/2　　D. 底部

知识点：路基填筑质量检查。

31. 沟槽回填土时，预制涵洞的现浇混凝土基础强度及预制件装配接缝的水泥砂浆强度达到（　　）MPa 后，方可进行回填。

A. 5　　B. 10　　C. 15　　D. 20

知识点：路基填筑质量检查。

32. 推土机按发动机功率分类，大型发动机功率在（　　）kW 以上，称为大型推土机。

A. 88　　B. 120　　C. 144　　D. 160

知识点：路基施工机械。

33. 装载机主要用于（　　）。

A. 挖土　　B. 铲装散状物料　　C. 运土　　D. 碾压路基

知识点：路基施工机械。

34. 正铲可直接开挖（　　）类土。

A. Ⅰ～Ⅳ　　B. Ⅰ～Ⅱ　　C. Ⅰ～Ⅲ　　D. Ⅰ

知识点：路基施工机械。

35. 路面结构应具有足够的（　　）以抵抗车轮荷载引起的各个部位的应力，保证路面不被破坏。

A. 柔度　　B. 刚度　　C. 强度　　D. 平整度

知识点：路面基础知识。

36. 沥青混凝土路面属于柔性路面结构，路面刚度小，在荷载作用下产生的（　　）变形大，路面本身抗弯拉强度低。

A. 平整度　　B. 密实度　　C. 弯沉　　D. 车辙

知识点：路面基础知识。

37. 粗粒式沥青混凝土通常用于铺筑三层面层结构中的（　　）。

A. 上层　　B. 顶层　　C. 中层　　D. 下层

知识点：路面基础知识。

38. 只要矿料的级配组成合适，并满足其他技术要求，细粒式沥青混凝土具有足够的（　　）稳定性，可以防止产生推挤、波浪和其他剪切形变。

A. 抗剪切　　B. 抗压　　C. 抗弯　　D. 抗滑

知识点：路面基础知识。

39. 沥青混凝土路面的基层对（　　）没有要求。

A. 耐磨性　　B. 刚度　　C. 强度　　D. 稳定性

知识点：路面基础知识。

40. 基层受大气因素的影响小，但因表面的可能透水及地下水的侵入，要求基层结构有足够的（　　）。

A. 耐磨性　　B. 刚度　　C. 强度　　D. 水稳性

知识点：路面基础知识。

41. 修筑垫层所用材料，强度不一定要高，但（　　）要好。

A. 耐磨性　　B. 水稳性和隔热性　　C. 强度　　D. 刚度

知识点：路面基础知识。

42. 摊铺沥青混合料前应按要求在下承沥青层上浇洒（　　）沥青。

A. 透层　　B. 粘层　　C. 垫层　　D. 封层

知识点：沥青路面施工工艺。

43. 由适当比例的粗集料、细集料及填料组成的符合规定（　　）的矿料，与沥青结合料拌和而制成的符合技术标准的沥青混合料称为沥青混凝土混合料，简称沥青混凝土。

A. 含水量　　B. 强度　　C. 砂当量　　D. 级配

知识点：路面填筑材料。

44. 沥青混凝土具有很高的强度和密实度，在常温下并具有一定的（　　）。

A. 变形　　B. 柔性　　C. 塑性　　D. 流动性

知识点：路面填筑材料。

45. 直接位于沥青面层下由不同材料铺筑的主要（　　）层称作基层。基层主要承受由面层传来的车辆荷载竖向力，并把这种作用力扩散到垫层和土基中。

A. 承重　　B. 磨耗　　C. 隔离　　D. 防水

知识点：路面基层基础知识。

46. 沥青混凝土摊铺，摊铺机必须缓慢、均匀、连续不间断地进行摊铺，摊铺速度宜为（　　）m/min。

A. 2～6　　B. 4～8　　C. 8～12　　D. 10～20

知识点：沥青路面施工工艺。

47. 沥青混合料面层不得在雨、雪天气及环境最高温度低于（　　）℃时施工。

A. －10　　B. 0　　C. 5　　D. 15

知识点：沥青路面施工工艺。

48. 城市快速路、主干路的沥青混合料面层不宜在气温低于（　　）℃条件下施工。

A. 0　　B. 5　　C. 10　　D. 15

知识点：沥青路面施工工艺。

49. 沥青混合料的松铺系数应根据混合料类型、施工机械和施工工艺等应通过试验段确定，试验段长不宜小于（　　）m。

A. 100　　B. 50　　C. 70　　D. 80

知识点：沥青路面施工工艺。

50. 以70号石油沥青拌合沥青混合料加热温度应控制在（　　）℃。

A. 120～165　　B. 135～165　　C. 145～155　　D. 155～165

知识点：沥青路面施工工艺。

51. 以70号石油沥青拌合沥青混合料出料温度应控制在（　　）℃。

A. 120～165　　B. 145～165　　C. 145～155　　D. 155～165

知识点：沥青路面施工工艺。

52. 以70号石油沥青拌合沥青混合料运输到现场温度应控制在（　　）℃。

A. 120～165　　B. 145～165　　C. 140～155　　D. 155～165

知识点：沥青路面施工工艺。

53. 以70号石油沥青拌合沥青混合料摊铺温度不低于（　　）℃。

A. 120～165　　B. 145～165　　C. 140～155　　D. 135～150

知识点：沥青路面施工工艺。

54. 以70号石油沥青拌合沥青混合料在常温下碾压终了的表面温度不低于（　　）℃。

A. 70　　B. 60　　C. 65　　D. 80

知识点：沥青路面施工工艺。

55. 沥青混合料开放交通的路表面温度不高于（　　）℃。

A. 80　　B. 70　　C. 60　　D. 50

知识点：沥青路面施工工艺。

56. 热拌沥青混合料碾压时每个碾道与相邻碾道重叠（　　）。

A. 1/5　　B. 1/4　　C. 1/3　　D. 1/2

知识点：沥青路面施工工艺。

57. 沥青混合料复压时，每一台压路机均应进行（　　）碾压。

A. 全幅　　B. 半幅　　C. 1/3 幅　　D. 3/4 幅

知识点：沥青路面施工工艺。

58. 水泥混凝土路面包括素混凝土、钢筋混凝土、连续配筋混凝土、预应力混凝土、装配式混凝土、钢纤维混凝土和预制混凝土板等七类，其中以现浇（　　）路面使用最为广泛。

A. 素混凝土　　B. 钢筋混凝土　　C. 钢纤维混凝土　　D. 装配式混凝土

知识点：路面基础知识。

59. 水泥混凝土面层具有较大的（　　）和承载能力，因而其基层往往不起主要承载作用。

A. 柔度　　B. 强度　　C. 平整度　　D. 刚度

知识点：路面基础知识。

60. 钢筋混凝土面层横向接缝的间距一般为（　　）～15m。

A. 5.5　　B. 6　　C. 6.5　　D. 7

知识点：路面基础知识。

61. 纵缝间距超过（　　）m 时，应在板中线上设纵向缩缝。

A. 2　　B. 3　　C. 4　　D. 5

知识点：路面基础知识。

62. 混凝土面层由一定厚度的混凝土板组成，它具有（　　）的性质。

A. 热胀冷缩　　B. 高温抗变形　　C. 低温防开裂　　D. 行车舒适

知识点：路面基础知识。

63. 水泥混凝土面层需要设置缩缝、胀缝和施工缝等各种形式的接缝，这些接缝可以沿路面纵向或横向布设。其中（　　）保证面层因温度降低而收缩，从而避免产生不规则裂缝。

A. 胀缝　　B. 传力杆　　C. 施工缝　　D. 缩缝

知识点：路面基础知识。

64. 胀缝缝隙宽约 20mm，对于交通繁忙的道路，为保证混凝土板有效地传递载荷，防止形成错台，可在胀缝处板厚中央设置（　　）。

A. 钢丝网　　B. 钢筋　　C. 传力杆　　D. PVC 管

知识点：路面基础知识。

65. 纵缝是指平行于混凝土行车方向的接缝，纵缝一般按 3～4.5mm 设置。当双车道路面按全幅宽度施工时，纵缝可做成（　　）形式。

A. 平头缝　　B. 假缝　　C. 缩缝　　D. 胀缝

知识点：路面基础知识。

66. 水泥混凝土面层施工模板安装前，先进行定位测量放样，每（　　）m 设中心桩，每 100m 设临时水准点；核对路面标高、面板分块、接缝和构造的位置。

A. 50　　B. 40　　C. 30　　D. 20

知识点：路面施工工艺。

67. 水泥混凝土面层模板安装时对于中线偏位的检验频率是每 100m（　　）个点。

A. 2　　B. 5　　C. 10　　D. 15

知识点：路面施工工艺。

68. 面层用混凝土应选择具备（　　）、混凝土质量稳定的搅拌站供应。

A. 经验和技术　　B. 资质　　C. 经济实力强　　D. 信用等级高

知识点：路面施工工艺。

69. 人工小型机具施工水泥混凝土路面层时，混凝土松铺系数宜控制在（　　）。

A. 1.0～1.2　　B. 1.1～1.25　　C. 1.0～1.3　　D. 1.3～1.4

知识点：路面施工工艺。

70. 混凝土板养生时间应根据混凝土强度增长情况而定，一般宜为（　　）d。养生期满方可将覆盖物清除，板面不得留有痕迹。

A. 7～14　　B. 12～21　　C. 14～21　　D. 15～28

知识点：路面施工工艺。

71. 路缘石包括侧缘石和平缘石。侧缘石是设在道路两侧，用于区分车道、人行道、绿化带、分隔带的界石，一般高出路面（　　）cm。

A. 3～5　　B. 5～7　　C. 7～12　　D. 12～15

知识点：路缘石施工工艺。

72. 路缘石背后应（　　）支撑，并还土夯实。还土夯实宽度不宜小于 50cm。

A. 填土　　B. 填砂　　C. 浇注水泥混凝土　　D. 填筑砂浆

知识点：路缘石施工工艺。

73. 水泥混凝土预制人行道砌块的抗压强度应符合设计规定，设计未规定时，不宜低于（　　）MPa。

A. 10　　B. 15　　C. 25　　D. 30

知识点：人行道施工工艺。

74. 预制人行道砌块井框与面层高差允许偏差 不超过（　　）mm。

A. 2　　B. 4　　C. 6　　D. 8

知识点：人行道施工工艺。

75. 按照雨水口的进水方式，（　　）不是雨水口的类型。

A. 平入式　　B. 侧入式　　C. 联合式　　D. 复合式

知识点：雨水口施工工艺。

76. 雨水口一般采用（　　）结构。

A. 砖砌　　B. 卵石　　C. 素混凝土　　D. 钢筋混凝土

知识点：雨水口施工工艺。

77. （　　）不是挡土墙的作用。

A. 稳定路堤和路堑边坡　　B. 减少土方和占地面积

C. 防止水流冲刷及避免山体滑坡　　D. 提高土体承载力

知识点：挡土墙施工工艺。

78. 为保证挡土墙泄水顺畅，避免墙外雨水倒灌，泄水孔应布置成向墙面倾斜，并设置一定的泄水坡度，坡度需控制在（　　）以内。

A. 1%～2%　　B. 2%～4%　　C. 4%～5%　　D. 5%～6%

知识点：挡土墙施工工艺。

79. 石砌重力式挡土墙使用料石作为材料时的轴线偏位允许偏差不大于（　　）mm。

A. 5　　B. 10　　C. 15　　D. 20

知识点：挡土墙施工工艺。

80. 挡土墙是设置于天然地面或人工坡面上，用以抵抗（　　）土压力，防止墙后土体坍塌的支挡结构物。

A. 垂直向上　　B. 垂直向下　　C. 任意　　D. 侧向

知识点：挡土墙施工工艺。

二、多选题

1. 按道路在道路网中的地位、交通功能和服务功能，城市道路分为（　　）四个等级。

A. 快速路　　B. 主干路　　C. 次干路

D. 支路　　E. 高速公路

知识点：道路基础知识。

2. 路基的横断面基本形式有（　　）和不填不挖路基等四种类型。

A. 路堤　　B. 路堑　　C. 半填半挖路基

D. 横坡　　E. 路拱

知识点：道路基础知识。

3. 路基放样是把路基设计横断面的主要特征点根据路线中桩把路基边缘、（　　）具体位置标定在地面上，以便定出路基轮廓作为施工的依据。

A. 边坡中点　　B. 路堤坡脚　　C. 路堑坡顶

D. 边沟　　E. 路面标高

知识点：道路基础知识。

4. 路基施工一般程序包括施工前准备工作、（　　）等。

A. 修建小型构筑物　　B. 路基基础处理　　C. 路堑开挖

D. 路基土石方施工　　E. 路基工程质量的检查与验收

知识点：路基施工工艺。

5. 路基施工前准备工作包括（　　）。

A. 组织准备　　　B. 物质准备　　　C. 个人准备
D. 思想准备　　　E. 技术准备
知识点：路基施工工艺。
6. 路基施工测量分为（　　）。
A. 仪器准备　　　B. 仪器校准　　　C. 高程控制测量
D. 平面控制测量　E. 施工放线测量
知识点：路基施工工艺。
7. 路堤填筑施工的工艺流程包括测量放样、清表、（　　）等。
A. 基底处理　　　B. 填料选择　　　C. 分层填筑
D. 碾压　　　　　E. 施工放线
知识点：路基施工工艺。
8. 路基填筑方式一般包括（　　）。
A. 水平分层填筑　B. 填料混合　　　C. 混合填筑
D. 任意分层　　　E. 竖向填筑
知识点：路基施工工艺。
9. 土质路堑开挖根据挖方数量大小及施工方法的不同主要有（　　）等。
A. 横向全宽挖掘法　B. 填料混合　　C. 纵向开挖法
D. 混合法开挖法　E. 竖向填筑
知识点：路基施工工艺。
10. 经过水田、池塘或洼地时，应根据具体情况采取排水疏干、（　　）或石灰水泥处理土等措施，将基底加固后再行填筑。
A. 砌石　　　　　B. 挖除淤泥　　　C. 打砂桩
D. 抛填片石、砂砾石　E. 石灰水泥处理土
知识点：路基施工工艺。
11. 压实度检测有（　　）方法。
A. 环刀法　　　B. 灌砂法　　　C. 灌水法　　　D. 核子密度仪检测
E. 燃烧法
知识点：路基施工质量检查。
12. 只有（　　）两者都合格，路基的整体强度、稳定性和耐久性才能符合设计要求。
A. 弯沉值　　　B. 含水量　　　C. 压实度　　　D. 平整度
E. 标高
知识点：路基施工质量检查。
13. 桥涵附近的填土，应注意填料（　　）等工作，以免桥头与路基连接处发生不均匀沉降。
A. 桥台　　　B. 填筑　　　C. 排水　　　D. 压实
E. 测量
知识点：路基施工工艺。
14. 路基填挖方接近路床标高时，应按设计检测路床（　　），并进行整修，路基压

实不合格处应处理至合格。

A. 宽度　　B. 标高　　C. 倾斜度

D. 平整度　　E. 含水量

知识点：路基施工工艺。

15. 新建管线等构筑物间或新建管线与既有管线、构筑物间有矛盾时，应报请建设单位，由（　　）确定处理措施，并形成文件，据以施工。

A. 监理单位　　B. 管线管理单位　　C. 设计单位　　D. 施工单位

E. 建设单位

知识点：路基施工工艺。

16. 路基施工常用机械有（　　）和压路机等。

A. 推土机　　B. 装载机　　C. 平地机

D. 挖掘机　　E. 摊铺机

知识点：路基土石方施工的机械设备。

17. 压路机碾压施工一般遵循的原则包括（　　）。

A. 先轻后重　　B. 先慢后快　　C. 先两侧后中间

D. 先左后右　　E. 在小半径曲线段先内侧后外侧

知识点：路基施工工艺。

18. 城市道路路面是层状体系，一般根据使用要求、受力情况和自然因素等作用程度不同，把整个路面结构自上而下分成（　　）三个结构层。

A. 面层　　B. 基层　　C. 垫层　　D. 底层

E. 路床

知识点：道路基础知识。

19. 为了保证路面的使用年限，路面应具有充分的（　　）；为了保证行车舒适安全，路面还必须具有较高的平整度和抗滑性。

A. 强度　　B. 稳定性　　C. 耐久性　　D. 美观性

E. 压实度

知识点：道路基础知识。

20. 我国按沥青混凝土中矿料的最大粒径分为（　　）。

A. 粗粒式沥青混凝土　　B. 瓜子片沥青混凝土

C. 细粒式沥青混凝土　　D. 中粒式沥青混凝土

E. 普通沥青混凝土

知识点：沥青路面施工工艺。

21. 目前常用沥青混凝土路面基层材料有（　　）。

A. 石灰稳定土　　B. 碎石　　C. 水泥稳定土

D. 二灰结石　　E. 粘性土

知识点：沥青路面施工工艺。

22. 沥青混凝土面层施工前应对其下承层作必要的检测，若下承层（　　），应进行处理。

A. 受到损坏　　B. 出现软弹　　C. 松散

D. 表面浮尘　　　　E. 潮湿

知识点：沥青路面施工工艺。

23. 摊铺沥青混合料前应按要求在下承层上浇洒（　　）沥青。

A. 透层　　　　B. 连接层　　　　C. 粘层　　　　D. 封层

E. 防水层

知识点：沥青路面施工工艺。

24. 碾压是热拌沥青混合料路面施工最后一道工序，碾压工作包括碾压机械的选型和组合（　　）。

A. 运输车辆　　　　B. 碾压温度和速度的控制　　　　C. 碾压遍数

D. 碾压方式　　　　E. 压实质量检查

知识点：沥青路面施工工艺。

25. 沥青混合料面层不得在（　　）时施工。

A. 下雨　　　　B. 下雪　　　　C. 大风

D. 环境最高温度低于5℃　　　　E. 高温

知识点：沥青路面施工工艺。

26. 沥青混合料碾压目的是提高沥青路面的（　　）等路用性能，是形成高质量沥青混凝土路面的又一关键工序。

A. 密实度　　　　B. 强度　　　　C. 高温抗车辙能力

D. 抗疲劳特性　　　　E. 平整度

知识点：沥青路面施工工艺。

27. 热拌沥青混合料碾压应当遵循的原则是少量喷水、保持高温、梯形重叠（　　）。

A. 一段一段碾压

B. 由路外侧（低侧）向中央分隔带方面碾压

C. 每个碾道与相邻碾道重叠1/2轮宽

D. 压路机不得在未压完或刚压完的路面上急刹车、急弯、调头、转向，严禁在未压完的沥青层上停机

E. 振动压路机用振动压实，需停驶、前进或后返时，应先停振，再换挡

知识点：沥青路面施工工艺。

28. 沥青混凝土路面施工用沥青混凝土摊铺机分为（　　）。

A. 轮胎式　　　　B. 履带式　　　　C. 压路机

D. 平地机　　　　E. 挖掘机

知识点：沥青路面施工机械。

29. 沥青混凝土路面施工碾压用压路机分为（　　）。

A. 光轮压路机　　　　B. 振动压路机　　　　C. 轮胎压路机

D. 平地机　　　　E. 挖掘机

知识点：沥青路面施工机械。

30. 水泥混凝土面层暴露在大气中，直接承受行车荷载的作用和环境因素的影响，应具有足够的（　　）。

A. 弯拉强度　　　　B. 疲劳强度　　　　C. 抗压强度　　　　D. 耐久性

E. 经济性

知识点：路面基本知识。

31. 目前水泥混凝土路面包括素混凝土、（　　）、钢纤维混凝土和预制混凝土板等七类。

A. 钢筋混凝土　　B. 预制空心板　　C. 连续配筋混凝土
D. 装配式混凝土　　E. 预应力混凝土

知识点：路面基本知识。

32. 目前可用于水泥混凝土路面基层类型主要有（　　）。

A. 碎石、砾石　　B. 无机结合料　　C. 预制空心板
D. 沥青稳定碎石　　E. 素混凝土和碾压混凝土

知识点：路面基本知识。

33. 为了减小由于胀缩和翘曲变形所引起的应力，或者由于施工的需要，水泥混凝土面层需要设置（　　）等各种形式的接缝。

A. 胀缝　　B. 沉降缝　　C. 缩缝
D. 裂缝　　E. 施工缝

知识点：水泥混凝土路面施工工艺。

34. 混凝土路面板施工程序因摊铺机具而异，我国目前采用的摊铺机具与摊铺方式包括（　　）和手工摊铺等。

A. 滑模摊铺　　B. 碾压摊铺　　C. 缩缝
D. 轨道摊铺　　E. 三辊轴摊铺

知识点：水泥混凝土路面施工工艺。

35. 缩缝的构造形式有（　　）。

A. 无传力杆式的假缝　　B. 有传力杆式的假缝
C. 有传力杆式的工作缝　　D. 企口式工作缝
E. 坡口假缝

知识点：路面基本知识。

36. 水泥混凝土路面基本施工程序包括安装模板、（　　）、接缝的设置、混凝土的养生与填缝。

A. 滑模摊铺　　B. 设置传力杆　　C. 混凝土施工
D. 接缝的设置　　E. 表面整修

知识点：水泥混凝土路面施工工艺。

37. 城市道路附属构筑物一般包括（　　）、涵洞、护底、排水沟及挡土墙等。

A. 路缘石　　B. 人行道　　C. 雨水口　　D. 护坡
E. 路基

知识点：路面基本知识。

38. 城市道路中的挡土墙常用的是钢筋混凝土悬壁式、（　　）。

A. 钢筋混凝土悬壁式　　B. 钢筋混凝土扶壁式
C. 混凝土重力式　　D. 石砌重力式
E. 锚杆式

知识点：水泥混凝土路面施工工艺。

39. 路缘石的施工一般以预制安砌为主，施工程序包括测量放样、基础铺设、（　　）和填缝养生。

A. 基础铺设　　B. 土方开挖　　C. 排列安砌

D. 填缝养生　　E. 土方回填

知识点：路缘石施工工艺。

40. 根据人行道按使用材料不同，可分为（　　）等。

A. 基础铺设　　B. 沥青面层人行道　C. 水泥混凝土人行道

D. 填缝养生　　E. 预制块人行道

知识点：人行道施工工艺。

三、判断题

1. 按道路在道路网中的地位、交通功能和服务功能，城市道路分为快速路、主干路、次干路、支路四个等级。（　　）

知识点：路面基本知识。

2. 路基是直接在地面上填筑建成的线性土工构筑物，是道路的重要组成部分。（　　）

知识点：路基施工工艺。

3. 路基施工前，建设单位组织设计、勘测单位向监理单位办理桩点交接手续，给出施工图控制网、点等级、起算数据，并形成文件。（　　）

知识点：路基施工工艺。

4. 路基填料细粒含量增多，则透水性和水稳定性就增加。（　　）

知识点：路基填筑材料。

5. 砂性土的内摩擦系数较大，又有一定的粘结性，易于压实，或获得足够的强度和稳定性，是良好的填筑材料。（　　）

知识点：路基填筑材料。

6. 地面横坡不陡于 1：10，且路堤高不超过 0.5m 时，基底可不做处理，路堤直接填筑在天然地面上。（　　）

知识点：路基施工工艺。

7. 填方中使用房渣土、工业废渣等经建设单位、设计单位同意后方可使用。（　　）

知识点：路基施工工艺。

8. 桥涵、挡土墙等结构物的回填土，宜采用原状土，以防止产生不均匀沉陷，并按有关操作规程回填并夯实。（　　）

知识点：路基施工工艺。

9. 用灌砂法检查压实度时，取土样的底面位置为每一压实层底部；用环刀法试验时，环刀位于压实层厚的 1/2 深度。（　　）

知识点：路基施工工艺。

10. 土石路堤的压实度检测采用环刀法，其标准干密度应根据每种填料的不同含石量，从标准干密度曲线上查出对应的标准密度。（　　）

知识点：路基施工工艺。

11. 机械开挖作业时，必须避开建（构）筑物、管线，在距管道边 2m 范围内应采用人工开挖。（　）

知识点：路基施工工艺。

12. 推土机适用于高度在 3m 以内，运距 10～100m 以内的路堤和路堑土方；也可用以平整场地、挖基坑、填埋沟槽，配合其他机械进行辅助工作，如堆集、整平、碾压等。（　）

知识点：路基施工机械设备。

13. 压路机相邻两次压实，后轮应重叠 1/3 轮宽，三轮压路机后轮应重叠 1/2 轮宽。（　）

知识点：路基施工工艺。

14. 由适当比例的粗集料、细集料及填料组成的矿料，与沥青结合料拌和而制成的符合技术标准的沥青混合料称为沥青混凝土混合料，简称沥青混凝土。（　）

知识点：沥青路面施工工艺及检验标准。

15. 我国直接用矿料的最大粒径区分沥青混凝土混合料，为粗粒式沥青混凝土、中粒式沥青混凝土和细粒式沥青混凝土三种。（　）

知识点：沥青路面施工工艺及检验标准。

16. 透层沥青是喷洒在无机结合料等基层顶部与下面层之间的粘结薄层。（　）

知识点：沥青路面施工工艺及检验标准。

17. 粘层是喷洒在不同沥青结构层之间用来粘结上下层的沥青薄层。（　）

知识点：沥青路面施工工艺及检验标准。

18. 封层沥青是喷洒在不同沥青结构层之间用来粘结上下层的沥青薄层。（　）

知识点：沥青路面施工工艺及检验标准。

19. 粗粒式沥青混凝土通常用于铺筑面层的下层，它的粗糙表面使它与上层具有良好的粘结作用，它也可用于铺筑基层。（　）

知识点：沥青路面施工工艺及检验标准。

20. 中粒式沥青混凝土面层表面有较大的粗糙度，有利于行车安全，但其孔隙率较大和透水性较大，因此耐久性较差。（　）

知识点：沥青路面施工工艺及检验标准。

21. 细粒式沥青混凝土的均匀性较好，并有较高的抗腐蚀稳定性。（　）

知识点：沥青路面施工工艺及检验标准。

22. 沥青混合料压实应按初压、复压、终压（包括成形）三个阶段进行。（　）

知识点：沥青路面施工工艺及检验标准。

23. 水泥混凝土基层起主要承载作用，应具有足够的抗冲刷能力和一定的强度。（　）

知识点：水泥混凝土路面施工工艺及检验标准。

24. 垫层是为了解决地下水、冰冻、热融对路面基层以上结构层带来的损害而在特殊路段设置的路基结构层。（　）

知识点：水泥混凝土路面施工工艺及检验标准。

25. 普通混凝土面层一般为 4～6m，面层板的长宽比不宜超过 1.30。（　）

知识点：水泥混凝土路面施工工艺及检验标准。

26. 混凝土路面每天完工以及因雨天或其他原因不能继续施工时，需做施工缝。施工缝应尽量做到胀缝处。（ ）

知识点：水泥混凝土路面施工工艺及检验标准。

27. 切缝法制作横缝时混凝土强度越高越好。（ ）

知识点：路面施工工艺。

28. 雨水口及支管的施工质量要求之一为：雨水管端面应露出井内壁，其露出长度不得大于5cm。（ ）

知识点：附属工程施工工艺。

29. 沉降缝和伸缩缝在挡土墙中同设于一处，称之为沉降伸缩缝。对于非岩石地基，挡土墙每隔10～15m设置一道沉降伸缩缝。（ ）

知识点：附属工程施工工艺。

四、案例题

【案例一】 某填方路基一段为耕质土，地势平坦，另一段地面横坡为1∶4，原地黏性土，最大干密度为1.79g/cm³，需外借土方，土源试验得最大干密度为1.85 g/cm³，采用分层施工。

1. 对平坦路段施工应（ ）。（多选题）

A. 清除表层土　B. 树根　C. 碾压　D. 洒水

E. 挖台阶

知识点：路基施工工艺。

2. 对平坦路段清表后碾压压实度要求为（ ）%。（单选题）

A. 95　B. 85　C. 75　D. 70

知识点：路基施工工艺。

3. 对地面横坡为1∶4施工应（ ）。（多选题）

A. 清除表层土　B. 砌石　C. 阶梯宽不小于1m

D. 洒水　E. 挖台阶

知识点：路基施工工艺。

4. 对平坦路段原地碾压后实测干密度为1.56g/cm³，则压实度为（ ）。（单选题）

A. 80　B. 84.3　C. 83　D. 87.2

知识点：路基质量检查。

5. 该外借土填方路段分层碾压至路床顶差0.5m，实测干密度为1.78g/cm³，则压实度为（ ）。（单选题）

A. 90　B. 99.4　C. 96.2　D. 101

知识点：路基质量检查。

【案例二】 某挖方路基，在路基挖5m处有220kV的输电线路经过。

6. 挖方路基常用的开挖方式有（ ）。（多选题）

A. 横向全宽挖掘法　B. 纵向开挖法　C. 挖机开挖

D. 混合式开挖法　E. 人工开挖

知识点：路基施工工艺。

7. 挖方路基挖土时应（　　），严禁掏洞开挖。作业中断或作业后，开挖面应做成稳定边坡。（单选题）

A. 自上向下分层开挖　　B. 掏挖

C. 自下向上开挖　　D. 混合开挖

知识点：路基施工工艺。

8. 采用挖掘机的种类有（　　）。（多选题）

A. 正铲　　B. 反铲　　C. 拉铲　　D. 混合铲

E. 人工铲

知识点：路基施工工艺。

9. 在此输电线路旁施工的垂直和水平安全距离分别为（　　）m。（单选题）

A. 2，2　　B. 4，2　　C. 4，4　　D. 6，6

知识点：路基施工工艺。

10. 为防止超挖，采用挖掘机开挖路堑时，应留（　　）m，改用人工或小型机具开挖至设计标高。（单选题）

A. 1　　B. 0.6　　C. 0.4　　D. 0.2

知识点：路基施工工艺。

【案例三】 某公司承担一条沥青混凝土路面施工，路面设计采用 4cm 细粒式＋5cm 中粒式＋6cm 粗粒式沥青混凝土。基层为二灰碎石。沥青混凝土采用两台间隙式沥青摊铺机梯队施工。

11. 沥青混凝土摊铺前应对基层检查的项目包括（　　）。（多选题）

A. 基层应具有设计规定的强度和刚度，有良好的水稳定性

B. 表面平整、密实，高程及路拱横坡符合设计要求

C. 表面凿毛

D. 与沥青面层结合良好

E. 洒水湿润

知识点：沥青路面施工工艺。

12. 在道路基层顶面喷洒沥青薄层称为（　　）。（单选题）

A. 封层　　B. 粘层　　C. 透层　　D. 连接层

知识点：沥青路面施工工艺。

13. 面层沥青混凝土碾压选择（　　）压路机。（多选题）

A. 胶轮　　B. 两轮钢轮　　C. 人工夯　　D. 三轮钢轮

E. 羊角碾

知识点：沥青路面施工工艺。

14. 面层沥青混凝土碾压分（　　）三个阶段。（多选题）

A. 初压　　B. 两轮压　　C. 复压　　D. 三轮压

E. 终压

知识点：沥青路面施工工艺。

15. 面层沥青混凝土碾压后开放交通的温度不高于（　　）℃。（单选题）

A. 100　　　　B. 80　　　　C. 60　　　　D. 50

知识点：沥青路面施工工艺。

【案例四】 某公司施工一条水泥混凝土路面，设计混凝土板厚 24cm，双层钢筋网片，混凝土采用商品混凝土，采用人工小型机具摊铺。施工环境温度 25℃。

16. 根据施工经验和验算，混凝土板长可采用（　　）m。(单选题)

A. 5　　　　B. 8　　　　C. 10　　　　D. 15

知识点：水泥混凝土路面施工工艺。

17. 混凝土摊铺时，松铺系数宜控制在（　　）。(单选题)

A. 1.0～1.25　　　　B. 1. 1～1.25　　　　C. 1. 1～1.35　　　　D. 1.25～1.5

知识点：水泥混凝土路面施工工艺。

18. 为方便立模板，基层每边应路面宽出（　　）m。(单选题)

A. 0.5　　　　B. 0.3　　　　C. 0.6　　　　D. 0.8

知识点：水泥混凝土路面施工工艺。

19. 混凝土使用插入式振捣器振捣时，不得过振，且振动时间不宜少于（　　）s，移动间距不宜大于（　　）cm。(单选题)

A. 30，30　　　　B. 50，50　　　　C. 50，30　　　　D. 30，50

知识点：水泥混凝土路面施工工艺。

20. 混凝土搅拌物从搅拌机出料到运输、铺筑完毕的允许最长时间为（　　）h。(单选题)

A. 2　　　　B. 1　　　　C. 0.75　　　　D. 3

知识点：水泥混凝土路面施工工艺。

21. 水泥混凝土路面施工时，应留取（　　）试块作强度评定。(多选题)

A. 150mm 立方体　　　　B. 70.6×70.6×70.6 立方体

C. 200mm 立方体　　　　D. 300mm 立方体

E. 150×150×550mm 小梁

知识点：水泥混凝土路面施工工艺。

【案例五】 某新建城市快速路一处暗浜横跨主线，长度 50m，深度 4m，需要进行软基处理。路面采用钢筋混凝土，板厚 24cm，上下两层钢筋网片，夏季施工。

22. 常用的软土处理方法有换填法、（　　）、排水固结法等，选用时考虑安全可靠、造价、工期、技术等问题。

A. 挤密法　　　　B. 强夯法　　　　C. 堆载预压法　　　　D. 隔离层法

知识点：路基施工工艺。

23. 若选择从取土场取土换填法，为赶工期和提高承载力，在土中掺加 4%石灰处理，则用于压实度计算式中的分母为取自（　　）的最大干密度。

A. 原地土样　　　　B. 取土场土样

C. 暗浜土样　　　　D. 取土场土样+4%石灰

知识点：路基施工工艺。

24. 摊铺混凝土时，应（　　）次摊铺，下部摊铺厚度宜为总厚的（　　）。

A. 一、2/5　　　　B. 一、1/2　　　　C. 二、3/5　　　　D. 二、3/4

知识点：水泥混凝土路面施工工艺。

25. 钢筋网片分（　　）次安放就位，钢筋网片的安装高度为（　　）。

A. 一、设计高度　　B. 一、设计高度＋预留沉落高度

C. 二、小于设计高度　　D. 二、大于设计高度

知识点：水泥混凝土路面施工工艺。

26. 若昼夜平均温度为20℃时，容许拆模时间为（　　）h。

A. 10　　B. 20　　C. 15　　D. 30

知识点：水泥混凝土路面施工工艺。

第2章　城市桥梁工程施工

一、单选题

1. 桥梁的计算跨径 l 是指（　　）。

A. 两桥墩（或墩与桥台）之间的净距

B. 桥梁结构相邻两个支座中心之间的距离

C. 两桥墩中线间距离或桥墩中线与台背前缘间的距离

D. 指多孔桥梁中各孔净跨径的总和

知识点：桥梁组成及名词术语。

2. 桥梁全长 L 是指（　　）。

A. 两桥墩中线间距离或桥墩中线与台背前缘间的距离

B. 桥梁结构相邻两个支座中心之间的距离

C. 有桥台的桥梁为两岸桥台翼墙（或八字墙等）尾端间的距离

D. 指多孔桥梁中各孔净跨径的总和

知识点：桥梁组成及名词术语。

3. 桥梁总跨径是指多孔桥梁中各孔（　　）的总和。

A. 计算跨径　　B. 净跨径　　C. 标准跨径　　D. 小跨径

知识点：桥梁组成及名词术语。

4. 支架法适用于（　　）桥梁的施工。

A. 大跨径　　B. 中等跨径

C. 特大跨径　　D. 小跨径桥及斜坡弯桥等其他方法不适宜

知识点：桥梁组成及名词术语。

5. 顶推法施工适用于（　　）连续梁桥的施工

A. 悬索桥　　B. 连续梁　　C. 斜拉桥　　D. 简支梁

知识点：桥梁组成及名词术语。

6. 桩架的选择，主要根据桩锤种类、（　　）、施工条件等而定。

A. 锤长　　B. 锤重　　C. 人数　　D. 桩长

知识点：沉入桩施工工艺。

7. 打桩过程如出现贯入度骤减，桩锤回弹增大，应（　　）。

A. 减小锤重　　B. 增大锤重　　C. 减小落距　　D. 增大落距

知识点：沉入桩施工工艺。

8. 在粘土类土层中采用锤击法打入钢筋砼预制桩时，下列（　　）打桩顺序会使土体向一个方向挤压，产生不利影响。

A. 逐排打设　　B. 自边沿向中央打设

C. 自中央向边沿打设　　D. 分段打设

知识点：沉入桩施工工艺。

9. 用锤击沉桩时，为了防止桩受冲击应力过大而损坏，其锤击方式应为（　　）。

A. 轻锤重击　　B. 轻锤低击　　C. 重锤低击　　D. 重锤重击

知识点：沉入桩施工工艺。

10. 打桩入土的速度应均匀，锤击间歇时间不要过长，在打桩过程中应经常检查打桩架的（　　），如偏差超过1%则需及时纠正。

A. 中心位置　　B. 垂直度　　C. 轴线位置　　D. 倾斜度

知识点：沉入桩施工工艺。

11. 当采用静压法沉入预制钢筋砼纯摩擦桩时，压桩的终止控制条件是（　　）。

A. 以贯入度为主进行控制　　B. 以标高为主，贯入度为参考进行控制

C. 以设计桩长进行控制　　D. 以终压力值进行控制

知识点：沉入桩施工工艺。

12. 一般纯摩擦桩压桩的终止条件按（　　）进行控制。

A. 设计压力　　B. 设计桩长　　C. 贯入度　　D. 锤击数

知识点：沉入桩施工工艺。

13. 静力压桩施工程序为（　　）（其中①测量定位；②吊桩插桩；③桩身对中调直；④压桩机就位；⑤静压沉桩；⑥终止压桩）。

A. ①②③④⑤⑥　　B. ①④③②⑤⑥　　C. ①④②③⑤⑥　　D. ①④②⑤③⑥

知识点：沉入桩施工工艺。

14. 对于桩长度大于21m的端承摩擦型静压桩，终压力值一般取桩的（　　）倍设计承载力。

A. 1.5　　B. 1.0　　C. 1.2　　D. 2

知识点：沉入桩施工工艺。

15. 对桩长14～21m的静压桩，终压力值取（　　）倍的设计承载力。

A. 1.1～1.4　　B. 1.0～1.4　　C. 1.0～1.3　　D. 1.1～1.2

知识点：沉入桩施工工艺。

16. 对桩长小于14m的静压桩，终压力值取（　　）倍的设计承载力。

A. 1.1～1.4　　B. 1.0～1.4　　C. 1.0～1.2　　D. 1.4～1.6

知识点：沉入桩施工工艺。

17. 钢筋混凝土灌注桩按施工方法不同有（　　）。

A. 锤击桩、振动下沉桩、静力压桩

B. 钻孔灌注桩、沉管灌注桩、人工挖孔灌注桩

C. 摩擦桩、端承桩、摩擦桩端承桩

D. 预制桩、灌注桩、人工挖孔桩

知识点：灌注桩施工方法。

18. 钻孔灌注桩主要工艺流程包括场地准备（　　）、下导管浇筑水下混凝土等。（其中①护筒埋设；②钻孔；③清孔；④泥浆制备；⑤下钢筋笼）。

A. ①②③④⑤　　B. ①④③②⑤　　C. ①④②③⑤　　D. ①④②⑤③

知识点：灌注桩施工方法。

19. 深水中宜采用长护筒，用加压、锤击或振动方法，将护筒沉入河底土层中。护筒刃脚应插入黏土土层深度不小于（　　）。

A. 1　　B. 1.5　　C. 2.5　　D. 2.0

知识点：灌注桩施工方法。

20. 深水中宜采用长护筒，用加压、锤击或振动方法，将护筒沉入河底土层中。护筒刃脚应插入砂类土层深度不小于（　　）。

A. 1　　B. 1.5　　C. 2.5　　D. 3.0

知识点：灌注桩施工方法。

21. 钻孔时，孔内水位宜高出护筒底脚 0.5m 以上或地下水位以上（　　）m。

A. 0.0　　B. 0.5　　C. 1.0　　D. 1.5～2

知识点：灌注桩施工方法。

22. 深水中采用长护筒刃脚应在基桩施工期护筒局部冲刷线以下至少（　　）m，以防止底部穿孔向外漏水漏泥浆。

A. 0.5～1.0　　B. 1.5～2.0　　C. 2.5～3.0　　D. 3.5～4.0

知识点：灌注桩施工方法。

23. 当采用反循环回转方法钻孔时，护筒顶端应高出地下水位 2.0m 以上，使护筒内水头产生（　　）kPa 以上的静水压力。

A. 10　　B. 15　　C. 25　　D. 20

知识点：灌注桩施工方法。

24. 清孔后的沉渣厚度应符合设计要求。设计未规定时，摩擦桩的沉渣厚度不应大于（　　）mm；端承桩的沉渣厚度不应大于（　　）mm。

A. 500、200　　B. 400、150　　C. 300、100　　D. 400、100

知识点：灌注桩施工方法。

25. 灌注水下混凝土时，其坍落度宜为（　　）mm；

A. 100～220　　B. 100～120　　C. 100～200　　D. 180～220

知识点：灌注桩施工方法。

26. 灌注水下混凝土用粗骨料的最大粒径不得大于导管内径的（　　）和钢筋最小净距的（　　），同时不得大于 40mm。

A. 1/8～1/10，1/2　　B. 1/6～1/8，1/2　　C. 1/6～1/8，1/4　　D. 400、100

知识点：灌注桩施工方法。

27. 钻孔灌注桩在灌注混凝土时，每根桩应制作不少于 2 组的混凝土试块。桩长 20m 以上者不少于（　　）组；试块应标准养护，强度测试后，应填入试验报告表。

A. 6　　B. 5　　C. 4　　D. 3

知识点：灌注桩施工方法。

28. 钻孔时，应经常注意地层变化，当软弱地质层时，应（　　）。

A. 加速进尺　　B. 减慢进尺　　C. 减小泥浆比重　　D. 都不变

知识点：灌注桩施工方法。

29. 配置水下砼时，细骨料宜采用（　　）。

A. 粗砂　　B. 中砂　　C. 细砂　　D. 粉砂

知识点：灌注桩施工方法。

30. 在灌注水下砼过程中，导管的埋置深度宜控制在（　　）m。

A. 1～4　　B. 2～4　　C. 2～6　　D. 6～8

知识点：灌注桩施工方法。

31. 导管不得漏水，使用前应试拼、试压，试压的压力宜为孔底静水压力的（　　）倍。

A. 1　　B. 1.5　　C. 2　　D. 3

知识点：灌注桩施工方法。

32. 灌注混凝土时，其桩顶混凝土实测标高应比设计标高高出（　　）m。

A. 0.5～1　　B. 1.5　　C. 2　　D. 1.5～2

知识点：灌注桩施工方法。

33. 混凝土结构工程由模板工程、（　　）和混凝土工程组成。

A. 基础工程　　B. 钢筋工程　　C. 单位工程　　D. 混凝土工程

知识点：钢筋混凝土工程组成。

34. 组合模板是一种工具式模板，是工程施工用得最多的一种模板。它由具有一定模数的若干类型的（　　）组成。

A. 支撑、角模　　B. 板块、角模、支撑和连接件

C. 板块、支撑　　D. 板块、角模

知识点：常用模板工程及构造。

35. 滑升模板系统包括模板、（　　）和提升架等。

A. 围圈　　B. 井架　　C. 平台　　D. 立柱

知识点：常用模板工程及构造。

36. 爬升模板简称爬模，爬模分有爬架爬模和（　　）两类。

A. 钢模　　B. 木模　　C. 组合钢模　　D. 无爬架爬模

知识点：常用模板工程及构造。

37. 大模板中主肋是靠（　　）的固定支点，承受传来的水平力和垂直力，其计算简图为以穿墙螺栓为支承的连续梁。

A. 支撑　　B. 自身　　C. 钢筋　　D. 穿墙螺栓

知识点：常用模板工程及构造。

38. 跨径 10m 的现浇混凝土简支梁底模拆除时所需的混凝土强度为设计强度的（　　）。

A. 75％　　B. 100％　　C. 70％　　D. 85％

知识点：常用模板工程及构造。

39. 钢筋连接的接头宜设置在（　　）处。

A. 任意位置　　B. 受力较小　　C. 受力较大　　D. 抗震缝处

知识点：钢筋加工及连接技术。

40. 在普通混凝土中，轴心受拉及小偏心受拉杆件（如桁架和拱的拉杆）的纵向受力钢筋不得采用（　　）连接。

A. 冷挤压　　B. 锥螺纹　　C. 直螺纹　　D. 绑扎搭接

知识点：钢筋加工及连接技术。

41. 梁内同一连接区段内，纵向受拉钢筋搭接接头面积百分率不宜大于（　　）。

A. 75%　　B. 50%　　C. 40%　　D. 25%

知识点：钢筋加工及连接技术。

42. 采用泵送工艺，要求碎石最大粒径与输送管内径之比宜为（　　），以免堵塞。

A. 1∶1　　B. 1∶1.5　　C. 1∶3　　D. 1∶5

知识点：混凝土工程施工工艺。

43. 有主次梁的楼盖宜顺着次梁方向浇筑，施工缝应留在次梁跨度的（　　）跨度范围内。

A. 任意位置　　B. 受力较小　　C. 中间 1/3　　D. 边部 1/3

知识点：混凝土工程施工工艺。

44. 混凝土浇筑完毕（　　）h 以内就应开始养护，干硬性混凝土应于浇筑完毕后立即进行养护。

A. 12　　B. 24　　C. 36　　D. 48

知识点：混凝土工程施工工艺。

45. 混凝土必须养护至其强度达到（　　）MPa（N/mm^2）以上，才能够在其上行人或安装模板和支架。

A. 1.0　　B. 1.2　　C. 3.5　　D. 4.0

知识点：混凝土工程施工工艺。

46. 混凝土试块试压后，某组三个试块的强度分别为 26.5MPa.32.5MPa.37.9MPa，该组试块的混凝土强度代表值为（　　）。

A. 26.5MPa　　B. 32.3MPa

C. 32.5MPa　　D. 不能作为强度评定的依据

知识点：混凝土工程施工工艺。

47. 混凝土施工期间，当室外日平均气温连续 5 天稳定低于（　　）℃时，就应采取冬季施工的技术措施。

A. －5　　B. －3　　C. 0　　D. 5

知识点：混凝土工程施工工艺。

48. 钢材的堆放要尽量减少钢材的变形和锈蚀；钢材堆放时每隔（　　）层放置楞木。

A. 1～2　　B. 3～4　　C. 5～6　　D. 7～8

知识点：钢结构构件的制作工艺。

49. 焊工应经过考试取得合格证，停焊时间达（　　）及以上，必须重新考核方可上岗操作。（　　）。

A. 3 个月　　B. 6 个月　　C. 9 个月　　D. 12 个月

知识点：钢结构构件的制作工艺。

50. 钢构件焊接前预热及层间温度控制，宜采用测温器具测量。预热区在焊道两侧，其宽度应各为焊件厚度的（　　）倍以上，且不少于（　　）mm。

A. 4、150　　B. 3、150　　C. 3、100　　D. 2、100

知识点：钢结构构件的制作工艺。

51. 将对接焊缝分为（　　）级。不同质量等级的焊缝，质量要求不一样，规定采用的检验比例、验收标准也不一样。

A. 一　　B. 二　　C. 三　　D. 四

知识点：钢结构构件的制作工艺。

52. 钢结构防锈涂料施涂方法有刷涂法和（　　）两种。

A. 喷洒法　　B. 刷涂法　　C. 喷涂法　　D. 自然流淌法

知识点：钢结构构件的制作工艺。

53. 钢结构安装前，基础混凝土强度应达到设计强度的（　　）以上。

A. 55%　　B. 50%　　C. 75%　　D. 85%

知识点：钢结构构件的制作工艺。

54. 永久性的普通螺栓拧紧后，外露螺纹不应少于（　　）个螺距。

A. 2　　B. 3　　C. 4　　D. 5

知识点：钢结构构件的制作工艺。

55. 钢结构加工制作的工艺流程为（　　）。（①画线；②样杆、样板的制作；③切割；④号料；⑤组装；⑥涂装、编号；⑦焊接）。

A. ①②③④⑤⑥⑦　　B. ②④①③⑤⑦⑥

C. ⑦⑥⑤④③②①　　D. ①⑤④③②⑦⑥

知识点：钢结构构件的制作工艺。

56. 焊缝同一部位返修次数，不宜超过（　　）次。

A. 2　　B. 3　　C. 4　　D. 5

知识点：钢结构构件的制作工艺。

57. 第二个层次技术交底是在（　　）进行的本工厂施工人员交底会。

A. 在投料加工前　　B. 开工前　　C. 开工后　　D. 竣工后

知识点：钢结构构件的制作工艺。

58. 高强度螺栓摩擦面处理采用砂轮打磨处理摩擦面时，打磨范围不应小于螺栓孔径的（　　）倍。

A. 2　　B. 3　　C. 4　　D. 5

知识点：钢结构构件的制作工艺。

59. 普通螺栓的紧固次序应从（　　）开始，对称向（　　）进行；对大型接头应采用复拧，即两次紧固方法，保证接头内各个螺栓能均匀受力。

A. 两边、中间　　B. 无要求　　C. 一侧、另一侧　　D. 中间、两边

知识点：钢结构构件的制作工艺。

60. 高强螺栓初拧检查一般采用敲击法，即用小锤逐个检查，目的是（　　）。

A. 敲紧　　B. 敲松　　C. 防止螺栓漏拧　　D. 敲扁防脱落

知识点：钢结构构件的制作工艺。

61. 钢结构基础验收的条件不包括（　　）。

A. 基础混凝土强度达到设计强度的 75%以上

B. 基础周围回填完毕，同时有较好的密实性，吊车行走不会塌陷

C. 基础的轴线、标高、编号等都要根据设计图标注在基础面上

D. 沉降缝合理

知识点：钢结构构件的制作工艺。

62. 钢结构中垫板的设置原则不包括（　　）。

A. 垫板要进行加工，有一定的精度

B. 垫板高度应统一

C. 垫板与基础面接触应平整、紧密。二次浇筑混凝土前垫板组间应点焊固定

D. 每组垫板板叠不宜超过 5 块，同时宜外露出柱底板 10～30mm

知识点：钢结构构件的制作工艺。

63. 永久性的普通螺栓连接规定不包括（　　）。

A. 每个螺栓一端不得垫 2 个及以上的垫圈

B. 外露螺纹不应少于 2 个螺距

C. 螺栓孔可采用气割扩孔

D. 不得采用大螺母代替垫圈

知识点：钢结构构件的制作工艺。

64. 钢结构焊接质量检验不包括（　　）。

A. 焊前检验　　B. 焊接生产中检验

C. 成品检验　　D. 高度检查

知识点：钢结构构件的制作工艺。

65. 大体积混凝土结构施工中，后浇带处的混凝土，宜用（　　）。

A. 高强度等混凝土　　B. 微膨胀混凝土

C. 低强度等混凝土　　D. 早强混凝土

知识点：混凝土工程施工工艺。

66. 施工缝处继续浇筑混凝土时，应除掉水泥薄膜和松动石子，加以湿润并冲洗干净，先铺抹水泥浆或与混凝土砂浆成分相同的砂浆一层，待已浇筑的混凝土的强度不低于（　　）MPa 时，才允许继续浇筑。

A. 1.2　　B. 2.0　　C. 2.5　　D. 3.0

知识点：混凝土工程施工工艺。

67. 混凝土自高处倾落的自由高度不应超过（　　）m，在竖向结构中限制自由倾落高度不宜超过 3m，否则应沿串筒、斜槽、溜管或振动溜管等下料。

A. 5.0　　B. 4.0　　C. 2.0　　D. 1.0

知识点：混凝土工程施工工艺。

68. 碗扣式支架用钢管规格为（　　）mm，钢管壁厚不得小于 3.5mm。

A. ϕ48×3.5　　B. ϕ51×3.5　　C. ϕ51×3.0　　D. ϕ45×3.5

知识点：支架主要构、配件组成。

69. 碗扣式脚手架的可调底座及可调托撑丝杆与螺母啮合长度不得少于（　　）扣，

插入立杆内的长度不得小于（　　）mm。

A. 2～3、100　　B. 3～4、100　　C. 4～5、100　　D. 4～5、150

知识点：支架构、配件材料、制作要求。

70. 石材是墩台的受力骨架，要求其标准尺寸饱水抗压强度不小于（　　）MPa。

A. 25　　B. 22.5　　C. 20　　D. 15

知识点：石砌墩台施工工艺。

71. 浆砌片石的砌缝宽度不得大于（　　）mm。

A. 40　　B. 30　　C. 20　　D. 10

知识点：石砌墩台施工工艺。

72. 砌体的上下层砌石时应注意（　　）。

A. 对缝　　B. 美观　　C. 丁顺相接　　D. 错缝

知识点：石砌墩台施工工艺。

73. 砌石的顺序是（　　）。

A. 先角石，再镶面，后填腹　　B. 先角石，再填腹，后镶面

C. 先填腹，再角石，后镶面　　D. 先镶面，再角石，后填腹

知识点：石砌墩台施工工艺。

74. 桥墩按结构形式不同分为（　　）。

A. 实体桥墩、空心桥墩、柱式桥墩

B. 钢筋混凝土桥墩、预应力混凝土桥墩、浆砌块石桥墩

C. 矩形桥墩、圆端形桥墩、尖端形桥墩

D. 刚性桥墩、柔性桥墩、塑性桥墩

知识点：现浇钢筋混凝土墩台施工工艺。

75. 墩台施工工艺流程依次为（　　）。

A. 开挖工作面、凿除桩头及清理基顶、测量放样、浇筑垫层混凝土、绑扎桥台钢筋（钢筋加工）、支桥台模板（同时模板加工）、浇筑桥台混凝土、养护

B. 测量放样、开挖工作面、凿除桩头及清理基顶、浇筑垫层混凝土、绑扎桥台钢筋（钢筋加工）、支桥台模板（同时模板加工）、浇筑桥台混凝土、养护

C. 开挖工作面、测量放样、凿除桩头及清理基顶、浇筑垫层混凝土、绑扎桥台钢筋（钢筋加工）、支桥台模板（同时模板加工）、浇筑桥台混凝土、养护

D. 测量放样、开挖工作面、凿除桩头及清理基顶、浇筑垫层混凝土、支桥台模板（同时模板加工）、绑扎桥台钢筋（钢筋加工）、浇筑桥台混凝土、养护

知识点：现浇钢筋混凝土墩台施工工艺。

76. 墩台顶面标高在施工中容许偏差为（　　）。

A. ±20　　B. ±15　　C. ±10　　D. ±5

知识点：现浇钢筋混凝土墩台施工工艺。

77. 墩台混凝土宜水平分层浇筑，每次浇筑高度宜为（　　）m。

A. 0.5～1.0　　B. 1.5～2.0　　C. 2.5～3.0　　D. 1.5～3.0

知识点：现浇钢筋混凝土墩台施工工艺。

78. 矩形橡胶支座的短边应（　　）。

A. 垂直顺桥向　B. 平行顺桥向　C. 任意方向　D. 与桥轴线成45°

知识点：橡胶支座的构造与施工工艺。

79. 简支梁桥按构造形式分成（　）简支梁。

A. 整体式和装配式　B. 钢筋混凝土和预应力混凝土

C. 板式和肋式　D. 简支和连续

知识点：混凝土简支梁施工。

80. 预应力混凝土材料比普通钢筋混凝土要求高，要求混凝土拌合料强度高，收缩率低，若用碳素钢丝，钢绞线作预应力筋时，其混凝土强度等级不宜低于（　）。

A. C 25　B. C 30　C. C 35　D. C 40

知识点：预应力混凝土简支梁施工。

81. 采用先张法同时张拉多根预应力筋时，为了（　）必须在张拉前调整初应力，初应力值一般为张拉值的10%。

A. 提高预应力筋的屈服强度　B. 拉直预应力筋

C. 使每根预应力筋的应力一致　D. 减小预应力损失

知识点：先张法施工工艺。

82. 后张法施加预应力时，若设计未作规定，混凝土强度不应低于设计强度的（　）。

A. 70%　B. 75%　C. 80%　D. 85%

知识点：后张法施工工艺。

83. 先张法中，预应力筋借助预应力筋与混凝土间的粘接力自锚属于（　）。

A. 机械锚固　B. 摩擦锚固

C. 握裹锚固　D. 承压锚固

知识点：先张法施工工艺。

84. 张拉过程中，应使活动横梁与固定横梁始终保持平行，并检查力筋的预应力值，其偏差的绝对值不得超过按一个构件全部力筋预应力总值的（　）。

A. 15%　B. 10%　C. 6%　D. 5%

知识点：先张法施工工艺。

85. 初张拉应力宜为控制应力的（　）。

A. 10%～15%　B. 15%～20%　C. 20%～25%　D. 20%～35%

知识点：先张法施工工艺。

86. 对曲线预应力筋或长度大于等于25m的直线预应力筋宜采用（　）。

A. 一端张拉　B. 对称张拉

C. 两端张拉　D. 分批张拉

知识点：后张法施工工艺。

87. 后张法施工中，张拉伸长率容许偏差为（　）。

A. ±6%　B. ±5%　C. +6%　D. −6%

知识点：后张法施工工艺。

88. 后张法施工中压浆所用的水泥浆强度不宜低于（　）MPa 。

A. 30　B. 35　C. 40　D. 45

知识点：后张法施工工艺。

89. 压浆时，每一工作班应留取不少于（　　）组的70.7mm×70.7mm×70.7mm立方体试件，标准养护28d，检查其抗压强度，作为评定水泥浆质量的依据。

A. 2　　B. 3　　C. 4　　D. 5

知识点：后张法施工工艺。

90. 封锚混凝土的强度应符合设计规定，一般不宜低于构件混凝土强度等级值的（　　），且不得低于30MPa。

A. 80%　　B. 70%　　C. 60%　　D. 50%

知识点：后张法施工工艺。

91. 后张法预应力钢绞线断丝或滑丝限制为每束（　　）根。

A. 3　　B. 2　　C. 1　　D. 0

知识点：后张法施工工艺。

92. 构件的起吊是指把构件从预制的底座上移出来。当砼强度达到设计强度（　　）以上时，即可进行起吊。

A. 85%　　B. 75%　　C. 60%　　D. 50%

知识点：构件的起吊、运输与安装要求。

93. 构件长度在10m以下时用（　　）起吊。

A. 三吊点　　B. 四吊点

C. 单吊点　　D. 双吊点

知识点：构件的起吊、运输与安装要求。

94. 一般梁构件配筋上下多为非对称，常以下部受拉为主，则吊点应设置在（　　）附近，以减少构件起吊时吊点外的（　　）。

A. 跨中、负弯矩　　B. 支点、正弯矩

C. 跨中、正弯矩　　D. 支点、负弯矩

知识点：构件的起吊、运输与安装要求。

95. 梁、板落位时，横桥向位置应以梁的纵向（　　）为准。

A. 左边线　　B. 右边线

C. 中心线　　D. 间距均匀

知识点：构件的起吊、运输与安装要求。

96. 盖梁施工脚手架部分与承重支架（　　）设置。

A. 可以分隔　　B. 适宜分隔

C. 应该分隔　　D. 必须分隔

知识点：盖梁施工工艺求。

97. 沥青卷材防水层上下层的搭接缝应错开距离不应小于（　　）mm。

A. 400　　B. 300　　C. 100　　D. 50

知识点：桥面铺装、防水及排水设施构造。

98. 水泥混凝土桥面铺装施工质量厚度检查容许偏差为（　　）mm。

A. ±10　　B. ±5　　C. ±4　　D. ±1

知识点：桥面铺装、防水及排水设施构造。

99. 桥面泄水口应低于桥面铺装层（　　）mm。

A. 10～15　　B. 15～20　　C. 25～30　　D. 30～40

知识点：桥面铺装、防水及排水设施构造。

100. 锥坡填土必须分层夯实，达到（　　）要求。

A. 接近最佳含水量　　B. 等于最佳含水量

C. 超过最佳含水量　　D. 与最佳含水量无关

知识点：锥坡施工工艺。

二、多选题

1. 桥梁构造型式可分为（　　）等。

A. 拱式桥　　B. 刚架桥

C. 悬索桥　　D. 梁式桥

E. 人行桥

知识点：桥梁组成及名词术语。

2. 桥下净空高度是指（　　）与桥跨结构最下缘之间的高差。

A. 设计水位　　B. 枯水位

C. 历史最高水位　　D. 设计通航水位

E. 历史最低水位

知识点：桥梁组成及名词术语。

3. 支架法根据支架的密集程度又分为（　　）。

A. 落地式支架　　B. 满堂支架　　C. 梁柱式支架

D. 独立支架　　E. 梁式支架

知识点：上部结构常用施工方法。

4. 悬臂法施工适用于大跨径的（　　）、斜拉桥等结构的施工。

A. 连续梁桥　　B. 简支梁桥

C. 悬臂梁桥　　D. T 型刚构桥

E. 连续刚构桥

知识点：上部结构常用施工方法。

5. 常见的上部结构施工方法有（　　）。

A. 支架法　　B. 预制安装法

C. 悬臂法　　D. 人工法

E. 顶推法

知识点：上部结构常用施工方法。

6. 桥梁基础按照施工方法不同可分为扩大基础、（　　）、地下连续墙基础等。

A. 挡墙基础　　B. 沉入桩基础

C. 沉井基础　　D. 灌注桩基础

E. 人工基础

知识点：下部结构常用施工方法。

7. 静力压桩的施工程序为测量定位、（　　）、再静压沉桩、终止压桩。

A. 吊桩插桩 B. 桩身对中调直

C. 静压沉桩 D. 接桩

E. 预制桩

知识点：沉入桩施工工艺。

8. 沉入桩的打桩顺序有（ ），遇有多方向桩应设法减少变更桩基斜度或方向的作业次数，并避免桩顶干扰。

A. 一般是由一端向另一端打 B. 密集群桩由中心向四边打

C. 先打浅桩，后打深桩 D. 先打坡顶，后打坡脚

E. 按方便打设

知识点：沉入桩施工工艺。

9. 泥浆的主要三大性能指标为（ ）。

A. 稠度 B. 黏度

C. 密度 D. 含砂率 E. pH 值

知识点：灌注桩施工工艺。

10. 钻孔达到设计深度后，应对（ ）等进行检查。

A. 孔位 B. 孔深

C. 孔径 D. 孔形

知识点：灌注桩施工工艺。

11. 为保证成桩质量，水下混凝土施工应符合（ ）。

A. 混凝土应连续灌注，中途停顿时间不宜大于 30min

B. 在灌注过程中，导管的埋置深度宜控制在 2～6m

C. 灌注混凝土应采取防止钢筋骨架上浮的措施

D. 灌注的桩顶标高应比设计高出 0.5～1m

E. 灌注速度越快越好

知识点：灌注桩施工工艺。

12. 碗扣节点由（ ）和上碗扣限位销组成。

A. 上碗扣 B. 立杆

C. 下碗扣 D. 横杆接头

E. 扣件

知识点：支架主要构、配件组成。

13. 脚手架搭设完成后，应组织（ ）对整个架体结构进行全面的检查和验收，经验收合格后，方可使用。

A. 技术人员 B. 施工人员

C. 安全人员 D. 后勤人员

E. 外来人员

知识点：支架支架搭设工艺。

14. 砂浆作为墩台砌筑时的粘结料，其强度等级可分为（ ）。

A. M10 B. M5

C. M15 D. M30

E. M20

知识点：石砌墩台施工工艺。

15. 墩台砌筑用的三种砌体包括（　　）。

A. 浆砌块石　　B. 浆砌粗料石

C. 浆砌卵石　　D. 浆砌碎石

E. 浆砌片石

知识点：石砌墩台施工工艺。

16. 现浇混凝土盖梁施工应控制好（　　）四个环节。

A. 施工　　B. 支架搭设

C. 拆除　　D. 预应力张拉

E. 模板设计

知识点：盖梁施工工艺。

17. 钢筋挤压连接的工艺参数主要有（　　）。

A. 施工人员　　B. 电流大小

C. 压接道数　　D. 压接力

E. 压接顺序

知识点：钢筋连接技术。

18. 钢筋螺纹套筒连接分为（　　）。

A. 套筒挤压连接　　B. 锥螺纹套筒连接

C. 螺纹套管连接　　D. 直螺纹套筒连接

E. 斜螺纹连接

知识点：钢筋连接技术。

19. 国产盆式橡胶支座又分为（　　）。

A. 单向活动支座（DX）　　B. 双向活动支座（SX）

C. 板式橡胶支座　　D. 简易支座

E. 固定支座（GD）

知识点：橡胶支座的构造与施工工艺。

20. 夹具用于先张法预应力混凝土施工中。根据用途不同，夹具可分为（　　）。

A. 永久夹具　　B. 临时夹具

C. 张拉夹具　　D. 锚固夹具

E. 简易夹具

知识点：锚固原理及夹具和锚具种类。

21. 预应力钢筋的下料应考虑千斤顶长度、（　　）和外露长度等因素。

A. 张拉伸长值　　B. 富余长度

C. 冷拉伸长值　　D. 夹具长度

E. 台座长度

知识点：先张法施工工艺。

22. 多根成批预应力筋放张时，可采用（　　）。

A. 千斤顶法　　B. 砂箱法

C. 人工法　　　　　　　　　　　D. 卷扬机法

E. 一次截断放张

知识点：先张法施工工艺。

23. 常用起吊方法有（　　）。

A. 三角拔杆起吊法　　　　　　　B. 横向滚移法

C. 千斤顶起吊法　　　　　　　　D. 龙门吊机法

E. 人工起吊法

知识点：构件的起吊、运输与安装要求。

24. 桥面系主要包括桥面铺装、（　　）。

A. 人行道　　　　　　　　　　　B. 防水及排水

C. 伸缩装置　　　　　　　　　　D. 栏杆或护栏

E. 桥板

知识点：构件的起吊、运输与安装要求。

25. 人行道按施工方法的不同，可分为（　　）。

A. 就地浇筑式　　　　　　　　　B. 整体式　　　　　C. 预制装配式

D. 装配现浇混合式　　　　　　　E. 零碎式

知识点：人行道、栏杆及护栏施工工艺。

26. 模数式伸缩装置施工步骤为（　　）。

A. 在桥面铺装上预留槽口，并在伸缩装置施工前作好清理工作

B. 吊装伸缩装置进融入槽口

C. 将伸缩装置和预埋钢筋焊接定位

D. 立模，浇筑混凝土并养护

E. 插导管浇筑混凝土

知识点：桥面铺装、防水及排水设施构造。

27. 雨水口一般采用砖砌结构，其施工程序一般包括放样定位、（　　）。

A. 就地浇筑式　　B. 基底处理　　C. 安井口

D. 砌井墙　　　　E. 开挖

知识点：桥面铺装、防水及排水设施构造。

28. 锥坡放样方法包括（　　）等。

A. 支距法　　　　B. 外侧量距法　　C. 坡度尺法

D. 内侧量距法　　E. 目测法

知识点：锥坡施工工艺。

29. 常用的伸缩装置有（　　）等。

A. 橡胶板伸缩缝　B. 自由伸缩缝　　C. 梳齿板伸缩装置

D. 钢板伸缩装置　E. 模数式伸缩装置

知识点：伸缩装置及桥头搭板施工工艺。

30. 桥梁常用护栏形式包括（　　）等。

A. 波形梁护栏　　B. 自由伸护栏　　C. 钢筋混凝土墙式护栏

D. 组合式护栏　　E. 悬吊式护栏

知识点：人行道、栏杆及护栏施工工艺。

三、判断题

1. 静力压桩法与锤击沉桩相比具有施工无噪声，无振动，沉桩速度快等优点。（ ）

知识点：沉入桩施工工艺。

2. 各层砌体间应做到砂浆饱满、均匀，不得直接贴靠或脱空。（ ）

知识点：石砌墩台施工工艺。

3. 钢护筒坚固耐用，重复使用次数多，用料较省，在无水河床、岸滩和深水中都可使用。（ ）

知识点：灌注桩施工方法。

4. 在正反循环回转钻进中，钻渣随泥浆流入泥浆沉淀池沉淀。（ ）

知识点：灌注桩施工方法。

5. 钻孔的准备工作主要有桩位测量放样、整理场地、布置设施工便道、设置供电、供水系统、制作和埋设护筒、制作钻架（钻机未配备钻架时）、泥浆备料、调制、沉淀、出渣和准备钻孔机具等，此外相应编制施工组织计划。（ ）

知识点：灌注桩施工方法。

6. 钻孔施工中遇到流沙等软弱夹层时，应加快进尺快速穿越此层。（ ）

知识点：灌注桩施工方法。

7. 碗口支架中立杆上的上碗扣应能上下串动和灵活转动，不得有卡滞现象。（ ）

知识点：支架构、配件材料、制作要求。

8. 模板的要求模板的设计与施工应尽可能采用组合钢模板或大模板，以节约木材、提高模板的适应性和周转率。（ ）

知识点：常用模板工程及构造。

9. 同时张拉多根预应力筋时，应预先调整其初始预应力，使相互之间的应力一致。（ ）

知识点：先张法施工工艺。

10. 不管直线束，还是曲线束，采用单端张拉受力影响不大。（ ）

知识点：后张法施工工艺。

11. 预应力放张后，对预应力钢筋可采用热切割。（ ）

知识点：先张法施工工艺。

12. 外侧量距法适用于锥坡不高、干地、底角地势平坦的情况。（ ）

知识点：锥坡施工工艺。

13. 板式橡胶支座由多层橡胶与薄钢板经加压、硫化而成，能提供足够的竖向刚度和剪切变形。（ ）

知识点：支座安装施工质量检查要求。

14. 现浇护栏要保证模板位置准确和足够的刚度。（ ）

知识点：人行道、栏杆及护栏施工工艺。

15. 先张法和后张法施工中张拉程序相同。（ ）

知识点：先张法施工工艺。

16. 锥坡填土宜采用透水性较好的粗砂或砂性土，不得采用耕植土或重黏土。（　　）

知识点：锥坡施工工艺。

17. 不管什么季节，混凝土养护期间都可以采取洒水养生。（　　）

知识点：混凝土工程施工工艺。

18. 混凝土的抗压强度是根据150mm边长的标准立方体试块在标准条件下（20±2℃的温度和相对湿度95%以上）养护28d的抗压强度来确定。（　　）

知识点：混凝土工程施工工艺。

19. 每组三个试件应在同盘混凝土中取样制作。其强度代表值取三个试件试验结果的平均值，作为该组试件强度代表值。（　　）

知识点：混凝土工程施工工艺。

20. 高强度螺栓摩擦面可采用喷砂、喷丸、酸洗、砂轮打磨等方法处理，以增大摩擦系数。（　　）

知识点：钢结构的连接技术。

21. 钢结构的无损检验仪是无损探伤。（　　）

知识点：钢结构构件的安装工艺。

四、案例题

【案例一】 某施工企业承揽桥梁桩基础施工任务，桩径1500mm，桩长45m，摩擦桩，地质构造自上而下为2m厚回填土、20m亚黏土、2m流砂层、5m黏土、2m厚细砂夹卵石层，40m重黏土层。

1. 根据施工场地的地质条件，拟选用（　　）钻孔机械。(单选题)

A. 正循环　　　　B. 反循环

C. 气举反循环　　　　D. 人工挖孔

知识点：灌注桩施工方法。

2. 为保证成孔质量，钻机钻进过程中，防止流砂和塌孔能采取的措施有（　　）等。(多选题)

A. 加大进尺速度　　　　B. 减小进尺速度

C. 加大泥浆密度　　　　D. 提高水头

E. 减小泥浆密度

知识点：灌注桩施工方法。

3. 清孔后，应检查的指标包括（　　）。

A. 泥浆密度　　　　B. pH值

C. 含砂率　　　　D. 水头高度

E. 黏度

知识点：灌注桩施工方法。

4. 该灌注桩混凝土原材料及配合比应符合（　　）规定。

A. 水泥的初凝时间，不宜小于2.5h。

B. 粗骨料优先选用卵石，如采用碎石宜增加混凝土配合比的含砂率。粗骨料的最大粒径不得大于导管内径的1/6～1/8和钢筋最小净距的1/4，同时不得大于40mm。

C. 细骨料宜采用细砂。

D. 灌注时坍落度宜为180～220mm。

E. 混凝土的配制强度应比设计强度提高10%～20%。

知识点：灌注桩施工方法。

5. 在浇筑水下混凝土时，采用预拌混凝土，罐车运输，1车$6m^3$，汽车泵浇筑。一般每车浇筑混凝土液面上升高度为3.0m。实际浇筑记录为：距地面12～15m处浇筑1车液面上升2.5m；距地面17～20m处浇筑1车上升3.5m；其他段落基本为每车3.0m左右。根据浇筑记录，现作出如下初步判断：12～15m处桩径（　　）；17～20m处桩径（　　）。

A. 偏小、偏大　　　　B. 正常

C. 偏大、偏小　　　　D. 不能确定

知识点：灌注桩施工方法。

【案例二】 某施工企业承揽桥梁打入桩桩基础施工任务，桩径800mm，桩长35m，摩擦桩，地质构造自上而下为2m厚回填土、20m亚黏土、2m流砂层、5m黏土、2m厚细砂夹卵石层，40m重黏土层。该施工区位于闹市，旁边有敬老院等，文明施工要求高。

6. 沉入桩的打桩桩锤有（　　）柴油锤和液压锤六种。（多选题）

A. 铁锤　　　　B. 单动汽锤

C. 振动锤　　　　D. 双动汽锤

E. 落锤

知识点：沉入桩施工工艺。

7. 根据施工场地的地质条件，最好选用（　　）。（单选题）

A. 振动锤　　　　B. 液压锤

C. 柴油锤　　　　D. 单动汽锤

知识点：沉入桩施工工艺。

8. 沉入桩的打桩顺序应（　　）。

A. 逐排打设　　　　B. 自边沿向中央打设

C. 自中央向四边打设　　　　D. 分段打设

E. 任意打

知识点：沉入桩施工工艺。

9. 目前应用最多的是柴油锤，是因为环保（　　）。（判断题）

知识点：沉入桩施工工艺。

10. 某桩位沉入15m深时，发现贯入度骤减，其处理方法是（　　）。（单选题）

A. 加大落距　　　　B. 到此终止

C. 停顿长时间再打　　　　D. 分析原因后，重锤低击

知识点：沉入桩施工工艺。

【案例三】 某桥梁上部结构采用16m先张法预应力空心板梁，预制场预制，采用吊机起吊，拖车运输到现场，汽车吊架梁。

11. 预应力钢筋的下料应考虑千斤顶长度、（　　）和外露长度等因素。

A. 张拉伸长值　　B. 富余长度
C. 冷拉伸长值　　D. 夹具长度
E. 台座长度
知识点：先张法施工工艺。
12. 混凝土梁的强度应达到设计强度的（　　）方可起吊。（单选题）
A. 60%　　B. 75%
C. 90%　　D. 100%
知识点：先张法施工工艺。
13. 预应力混凝土梁的纵向定位以（　　）为准。（单选题）
A. 滑动端　　B. 固定端
C. 跨中　　D. 端部
知识点：构件的起吊、运输与安装要求。
14. 预应力混凝土梁的横向定位以（　　）为准。（单选题）
A. 中心线　　B. 左侧边线
C. 轮廓线　　D. 右侧边线
知识点：构件的起吊、运输与安装要求。
15. 两台吊机抬吊架梁时，每台吊机的实际吊装能力应大于（　　）倍梁的重量。（单选题）
A. 0.5　　B. 0.5×动力系数
C. 0.6　　D. 0.5×动力系数×不均匀系数
知识点：构件的起吊、运输与安装要求。

【案例四】 某市政桥梁工程承台采用C25混凝土，属大体积混凝土，按规定频率留置试块1组。混凝土试块试压后，某组3个试块的强度分别为26.5MPa、30.5MPa、35.2MPa，施工后早期出现裂缝。

16. 该组试块的混凝土强度代表值为（　　）。（单选题）
A. 30.73MPa　　B. 26.5MPa
C. 30.5MPa　　D. 35.2mPa
知识点：下部结构施工工艺。
17. 按非统计方法，评定该构筑物强度合格（　　）。（判断题）
知识点：下部结构施工工艺。
18. 请分析产生该裂缝的原因是（　　）。（多选题）
A. 温度变形　　B. 水泥大少
C. 收缩变形　　D. 骨料太大
E. 砂率太大
知识点：混凝土工程施工工艺。
19. 防止大体积混凝土出现裂缝的措施有（　　）等。（多选题）
A. 选择低水化热水泥、减少水泥用量
B. 合理的分段施工、分块施工
C. 合理设置“后浇带”

D. 掺加减水剂和粉煤灰

E. 设置砂垫层

知识点：混凝土工程施工工艺。

20. 混凝土施工时试块组数确定原则是（　　）。（多选题）

A. 每拌制 100 盘且不超过 $100m^3$ 的相同配合比的混凝土，取样不得少于 1 组；

B. 每工作班拌制的相同配合比的混凝土不足 100 盘时，取样不得少于 1 组；

C. 当一次连续浇筑超过 $1000m^3$ 时，同一配合比的混凝土每 $200m^3$ 取样不得少于 1 组；

D. 每个施工人员留 1 组；

E. 混凝土方量太少可不留。

知识点：混凝土工程施工工艺。

第 3 章　城市轨道交通与隧道工程施工

一、单选题

1. 支护结构一般包括（　　）和支撑（或拉锚）两部分，其中任何一部分的选型不当或产生破坏，都会导致整个支护结构的失败。

A. 止水　　B. 挡土　　C. 挡墙　　D. 锚杆

知识点：深基坑支护组成。

2. 下列深基坑挡墙结构中，既能挡土，又能止水的是（　　）。

A. 钻孔灌注桩挡墙　　B. 人工挖孔灌注桩挡墙

C. 钢板桩挡墙　　D. 深层搅拌桩挡墙

知识点：深基坑支护组成。

3. （　　）属于深基坑重力式支护结构。

A. 深层搅拌桩挡墙　　B. 钢板桩挡墙

C. 灌注桩挡墙　　D. 地下连续墙

知识点：深基坑支护组成。

4. 深基坑支护中，重力式支护结构挡墙要验算其抗滑动稳定性、（　　）和墙身应力等。

A. 拉锚破坏或支撑压曲　　B. 支户墙底部走动

C. 抗倾覆稳定性　　D. 支护墙的平面变形过大或弯曲破坏

知识点：深基坑支护施工工艺。

5. 当基坑宽度小于 6m，降水深度不超过 5m 时，可采用（　　）。

A. 单排线状井点　　B. 双排线状井点

C. 管井法　　D. 多个井点

知识点：深基坑降水施工工艺。

6. 当降水深度更大，在管井内用一般的水泵降水不能满足要求时，可采用（　　）降水。

A. 轻型井点　B. 深井泵法　C. 管井法　D. 喷射井点

知识点：深基坑降水施工工艺。

7. 轻型井点设备主要包括：井点管（下端接滤管）、（　）、水泵和动力装置等。

A. 支管　B. 主管　C. 集水总管　D. 混凝土管

知识点：深基坑降水施工工艺。

8. 钻孔灌注桩作为深基坑支护桩时，还应设（　）。

A. 连续墙　B. 拉锚　C. 护桩　D. 止水帷幕

知识点：深基坑支护施工工艺。

9. 钻孔灌注桩作为深基坑支护桩时，主要起（　）作用。

A. 抗压　B. 抗弯　C. 承压　D. 剪切

知识点：深基坑支护施工工艺。

10. SMW 工法桩是在（　）未凝结硬化前插入（　）而形成复合型桩。

A. 砂桩，混凝土桩　B. 石灰桩，槽钢

C. 水泥土桩，H 型钢　D. 石灰桩，H 型钢

知识点：深基坑支护施工工艺。

11. 为保证基坑稳定，在方形基坑的四角处应设（　）。

A. 对撑　B. 混凝土撑　C. 钢管撑　D. 角撑

知识点：深基坑支护施工工艺。

12. 集水井降水属（　）降水。

A. 重力　B. 自然　C. 区域　D. 地面

知识点：深基坑降水施工工艺。

13. 轻型井点系统不适用于（　）等土层中降低地下水位。

A. 粗砂　B. 中砂　C. 细砂　D. 重黏土

知识点：深基坑降水施工工艺。

14. 设计降水深度在基坑（槽）范围内不应小于基坑（槽）底面以下（　）m。

A. 0.1　B. 0.5　C. 1.0　D. 1.5

知识点：深基坑降水施工工艺。

15. 在沟槽端部，降水井外延长度应为沟槽宽度的（　）倍。

A. 0.1～0.5　B. 0.5～0.8　C. 0.8～1.0　D. 1～2

知识点：深基坑降水施工工艺。

16. 隧道的主体建筑物由洞身衬砌和（　）两部分所组成。

A. 洞门建筑　B. 洞口　C. 出入口　D. 入口

知识点：隧道的定义与构造。

17. 开挖隧道孔洞约上部 1/3 的部分，称为（　）。

A. 洞门　B. 洞身　C. 洞底　D. 拱部

知识点：隧道的定义与构造。

18. 而常常修筑在距地面较浅的软土层中的隧道称为（　）。

A. 山岭隧道　B. 土层隧道　C. 海底隧道　D. 陆地隧道

知识点：隧道的定义与构造。

19. 采用新奥法等开挖隧道的方法称为（　　）。

A. 明挖法　　B. 机械开挖　　C. 暗挖法　　D. 浅挖法

知识点：隧道开挖施工常用方法。

20. 传统矿山法中，衬砌的施作顺序按先墙后拱施工时称为（　　）。

A. 明挖法　　B. 顺作法　　C. 暗挖法　　D. 逆作法

知识点：隧道开挖施工常用方法。

21. 传统矿山法中，衬砌的施作顺序按先拱后墙施工时称为（　　）。

A. 明挖法　　B. 顺作法　　C. 暗挖法　　D. 逆作法

知识点：隧道开挖施工常用方法。

22. 新奥法施工的十二字诀基本原则不包括（　　）。

A. 少扰动　　B. 早喷锚　　C. 勤量测　　D. 弱封闭

知识点：隧道开挖施工常用方法。

23. 长台阶法开挖断面小，有利于维持开挖面的稳定，适用范围较全断面法广，一般适用于地质条件较差的（　　）级围岩。

A. Ⅲ、Ⅳ、Ⅴ　　B. Ⅰ、Ⅱ　　C. Ⅵ、Ⅶ　　D. Ⅷ

知识点：隧道开挖施工常用方法。

24. 先将隧道设计截面处土方以及覆盖层挖去，形成一个露天的基坑，然后在基坑中修筑隧道结构，敷设外贴式防水层，在隧道结构达到一定强度后回填基坑的方法称为（　　）。

A. 明挖逆作法　　B. 明挖顺作法

C. 暗挖逆作法　　D. 暗挖顺作法

知识点：隧道开挖施工常用方法。

25. 沿开挖轮廓线，以稍大的外插角，向开挖面前方安装锚杆，形成对前方围岩的预锚固，在提前形成的围岩锚固圈的保护下进行开挖的辅助施工方法称为（　　）。

A. 超前小导管注浆　　B. 管棚

C. 超前深孔帷幕注浆　　D. 超前锚杆

知识点：隧道施工辅助方法。

二、多选题

1. 热轧锁口钢板桩形式有（　　）。

A. U形　　B. Z形

C. 一字形　　D. H形

E. 任意型

知识点：深基坑支护施工工艺。

2. 目前深基坑支护结构的内支撑常用类型包括（　　）。

A. 钢筋混凝土结构支撑　　B. 铝合金支撑

C. 钢结构支撑　　D. 木支撑

E. 人工支撑

知识点：深基坑支护施工工艺。

3. 井点降水方法主要有（　　）等。

A. 集水井点　　B. 轻型井点

C. 喷射井点　　D. 电渗井点

知识点：深基坑降水施工工艺。

4. 降水方法和设备的选择，取决于（　）和技术经济指标。

A. 降水深度　　B. 土的渗透系数

C. 施工难度　　D. 人员素质

E. 工程特点

知识点：深基坑降水施工工艺。

5. 明挖基坑的挡墙支撑通常设（　　）。

A. 对撑　　B. 斜撑

C. 角撑　　D. 外拉锚

E. 桁架撑

知识点：深基坑支护施工工艺。

6. 深层搅拌水泥土桩作支撑的作用包括（　　）。

A. 抗弯　　B. 止水帷幕

C. 挡土　　D. 抗推

E. 抗拉

知识点：深基坑支护施工工艺。

7. 对平面尺寸较大的基坑，应在对撑适当位置及对撑之间设（　　）。

A. 水平撑　　B. 橡胶支座

C. 弹簧　　D. 立柱

E. 连杆

知识点：深基坑支护施工工艺。

8. 根据隧道开挖孔洞的上下部位不同分为（　　）。

A. 墙身　　B. 墙体

C. 拱部　　D. 洞身

E. 洞底

知识点：深基坑支护施工工艺。

9. 现代隧道结构的构造形式为包括钢锚杆在内的永久性的支撑结构包括（　　）的复合式结构。

A. 墙身　　B. 初次支护

C. 拱部　　D. 洞身

E. 二次衬砌

知识点：深基坑支护施工工艺。

10. 隧道施工辅助方法包括（　）等。

A. 超前锚杆　　B. 超前小导管注浆

C. 管棚　　D. 超前深孔帷幕注浆

E. 二次注浆

知识点：深基坑支护施工工艺。

三、判断题

1. 支护结构为施工期间的临时支挡结构，没有必要按永久结构来施工。（ ）

知识点：深基坑支护施工工艺。

2. 轻型井点系统由滤管、井点管、弯联管、集水总管和抽水设备等组成。（ ）

知识点：深基坑降水施工工艺。

3. 管棚支护是利用钢拱架沿开挖轮廓线以较小的外插角，向开挖面前方打入钢管或钢插板构成的棚架来形成对开挖面前方围岩的预支护的一种支护方式。（ ）

知识点：隧道施工辅助方法。

4. 超前小导管注浆是在支护前，先沿坑道周边向前方围岩内打入带孔小导管，并通过小导管向围岩压注起胶结作用的浆液，待浆液硬化后，坑道周围岩体就形成了有一定厚度的加固圈。（ ）

知识点：隧道施工辅助方法。

5. 超前深孔帷幕注浆的注浆顺序是先下方后上方，或先外圈后内圈，先无水孔后有水孔，先上游（地下水）后下游的顺序进行。（ ）

知识点：隧道施工辅助方法。

6. 盾构法施工时，先将盾构从地面下放到起点工作坑中，首先借助外部千斤顶将盾构顶入土中，然后再借助盾构壳体内设置的千斤顶的推力，使盾构沿着管道轴线向管道另一端的接收坑中推进，边定边安装衬砌的施工方法。（ ）

知识点：盾构施工工艺。

7. 盾构法施工工艺主要包括盾构的始顶；盾构掘进的挖土、出土及顶进；衬砌和灌浆。（ ）

知识点：盾构施工工艺。

8. 盾构施工法是一种开槽施工方法，不同于顶管施工。（ ）

知识点：盾构施工工艺。

9. 台阶开挖法是将设计断面分上半部断面和下半部断面两次开挖成型。（ ）

知识点：暗挖法施工工艺。

10. 按隧道周围介质的不同可分为岩石隧道和土层隧道。（ ）

知识点：隧道的定义与构造。

四、案例题

【案例一】 某市正在修建地铁，遇到深基坑施工。而城市基坑周围往往密布各种管线，包括上水、雨水、污水、电力、电信、煤气及热力等管线。

1. 在各种管线中，（ ）为监测的重点。（多选题）

A. 天然气管　　B. 上、下水管

C. 电信管线　　D. 刚性压力管道

E. 雨水管

知识点：深基坑支护施工工艺。

2. 保护地下管线要做好监测工作。管线监测点布置应优先考虑（　　）。（多选题）

A. 天然气管　　B. 雨水管

C. 煤气管　　D. 污水管

E. 大口径上水管

知识点：深基坑支护施工工艺。

3. 基坑开挖前应做出系统的开挖监控方案，监控方案应包括：（　　）。（多选题）

A. 监控目的、监测项目、监控报警值

B. 监测点的布置、监测方法及精度要求

C. 监测周期、工序管理和记录制度

D. 监测报告

E. 信息反馈系统

知识点：深基坑支护施工工艺。

4. 监测报告内容应包括：（　　）。（多选题）

A. 工程概况、监测项目和各测点的平面和立面布置图

B. 信息反馈系统

C. 采用仪器设备和监测方法

D. 监测数据处理方法和监测结果过程曲线

E. 监测结果评价

知识点：深基坑支护施工工艺。

5. 基坑施工时的安全技术要求有（　　）。（多选题）

A. 基坑坡度或围护结构的确定方法应科学

B. 尽量减少基坑顶边的堆载

C. 基坑顶边不得行驶载重车辆

D. 做好降水措施，确保基坑开挖期间的稳定

E. 严格按设计要求开挖和支撑

知识点：深基坑支护施工工艺。

【案例二】 某市正在修建地铁，采用盾构施工方法。

6. 选择盾构机时，按气压和泥水加压方式可分为气压式、加水式、（　　）、高浓度泥水加压式等。（多选题）

A. 加泥式　　B. 泥水加压式

C. 压入式　　D. 潜入式

E. 土压平衡式

知识点：盾构施工工艺。

7. 盾构施工准备工作主要有（　　）等。（多选题）

A. 人员准备　　B. 盾构工作坑的修建

C. 应急演练　　D. 盾构的拼装检查

E. 附属设施的准备

知识点：盾构施工工艺。

8. 盾构顶进后，采用钢筋混凝土或预应力钢筋混凝土砌块（管片）作为一次衬砌。

砌块的连接有（　　）三种方式。（多选题）

A. 平口　　B. 螺栓连接

C. 企口　　D. 焊接

E. 齿连接

知识点：盾构施工工艺。

9. 二次衬砌采用现浇钢筋混凝土结构。混凝土强度应大于 C20，坍落度为 18～20cm。采用墙体和拱顶分步浇筑方案，即（　　）。（单选题）

A. 先浇侧墙，后浇拱顶　　B. 先浇拱顶，后浇侧墙

C. 侧墙拱顶同时浇筑　　D. 侧墙拱顶间隔浇筑

知识点：盾构施工工艺。

10. 盾构施工注意事项包括（　　）、控制管片拼砌的环面平整度等。（多选题）

A. 合理确定盾构千斤顶的总顶力

B. 控制盾构前进速度

C. 合理确定土舱内压

D. 控制盾构姿态和偏差量

E. 加快土方的挖掘和运输

知识点：盾构施工工艺。

第 4 章　城市管道工程及构筑物施工

一、单选题

1.（　　）是沟槽、基坑开挖与回填施工中的主要项目之一，所需要的劳动量和机械台班量很大，往往是影响施工进度、成本和工程质量的主要因素。

A. 测量与放线　　B. 土石方工程　　C. 接口　　D. 管道施工质量检查与验收

知识点：沟槽支撑和土方回填施工工艺。

2. 正确选定沟槽的（　　）可以为后续施工过程创造良好条件，保证工程质量和施工安全，以及减少开挖土方量。

A. 施工人员　　B. 施工机械　　C. 开挖进度　　D. 开挖断面

知识点：沟槽断面选择及土方量计算方法。

3. 人工开挖沟槽的槽深超过 3m 时应分层开挖，每层的深度（　　）。

A. 不超过 1m　　B. 不超过 2m　　C. 不超过 2.5m　　D. 不超过 3m

知识点：沟槽支撑和土方回填施工工艺。

4. 采用梯形槽，在地质条件良好、中密的砂土、地下水位低于沟槽底面高程，且开挖深度在 5m 以内、沟槽不设支撑、坡顶无荷载时，边坡的最陡坡度为（　　）。

A. 1∶1.00　　B. 1∶0.75　　C. 1∶0.50　　D. 1∶0.10

知识点：沟槽支撑和土方回填施工工艺。

5. 采用梯形槽，在地质条件良好、老黄土、地下水位低于沟槽底面高程，且开挖深度在 5m 以内、沟槽不设支撑、坡顶无荷载时，边坡的最陡坡度为（　　）。

A. 1∶1.00　　B. 1∶0.75　　C. 1∶0.67　　D. 1∶0.10

知识点：沟槽支撑和土方回填施工工艺。

6. 沟槽每侧临时堆土或施加其他荷载时，不符合规定的是（　　）。

A. 不得影响建（构）筑物、各种管线和其他设施的安全

B. 不得影响交通

C. 不得掩埋消火栓、管道闸阀、雨水口、测量标志以及各种地下管道的井盖，且不得妨碍其正常使用

D. 堆土距沟槽边缘不小于0.8m，且高度不应超过1.5m

知识点：沟槽支撑和土方回填施工工艺。

7. 人工开挖多层沟槽的层间留台宽度：放坡开槽时不应（　　）。

A. 小于0.5m，　　B. 小于0.8m　　C. 小于1.5m　　D. 小于2m

知识点：沟槽支撑和土方回填施工工艺。

8. 对于平面上呈直线的管道，坡度板设置的间距不宜大于（　　）。

A. 10m　　B. 15m　　C. 20m　　D. 25m

知识点：沟槽支撑和土方回填施工工艺。

9. 槽底原状地基土（　　）扰动。

A. 可以　　B. 不得　　C. 应该　　D. 无规定

知识点：沟槽支撑和土方回填施工工艺。

10. 槽底局部扰动或受水浸泡时，宜采用（　　）回填。

A. 片石　　B. 混凝土　　C. 细砂　　D. 天然级配砂砾石或石灰土

知识点：沟槽支撑和土方回填施工工艺。

11. 根据挖土机的开挖路线与运输工具的相对位置不同，可分为（　　）和正向挖土、后方卸土两种。

A. 正向挖土、侧向卸土　　B. 侧向挖土、正向卸土

C. 侧向挖土、后方卸土　　D. 上面挖土、下面卸土

知识点：沟槽支撑和土方回填施工工艺。

12. 沟端开挖：挖土机停在沟槽一端，向后倒退挖土，汽车可在两旁装土，此法采用较广。其挖土深度可达（　　）。

A. 0.5H　　B. 0.7H　　C. H　　D. 2H

知识点：沟槽支撑和土方回填施工工艺。

13. 沟侧开挖：挖土机沿沟槽一侧直线移动挖土。由于挖土机移动方向与挖土方向相垂直所以稳定性（　　）。

A. 较好　　B. 较差　　C. 最好　　D. 不确定

知识点：沟槽支撑和土方回填施工工艺。

14. 沟侧开挖：挖土机沿沟槽一侧直线移动挖土，此法开挖（　　）控制边坡。

A. 不能很好　　B. 能很好　　C. 最好　　D. 不确定

知识点：沟槽支撑和土方回填施工工艺。

15. 土方开挖的施工质量检查要求中错误的是（　　）等。

A. 原状地基土不得扰动、受水浸泡或受冻

B. 地基承载力无要求

C. 地基承载力应满足设计要求

D. 沟槽开挖允许偏差应符合下表的规定

知识点：沟槽支撑和土方回填施工工艺。

16. 沟槽开挖中为防治滑坡和塌方不应采取的措施是（ ）。

A. 注意地表水、地下水的排除

B. 放足边坡

C. 注意机具或材料、堆土等与沟槽保持安全距离

D. 当因受场地限制或沟槽深度较大，可不采用设置支撑的施工方法

知识点：沟槽支撑和土方回填施工工艺。

17. 支撑的目的就是防止侧壁坍塌为沟槽创造安全的施工条件。支撑材料通常由（ ）做成。

A. 给水管材 B. 排水管材 C. 木材或钢材 D. 塑性材料

知识点：常用管材与接口技术。

18. 支撑应经常检查，发现支撑构件有（ ）时可不处理。

A. 弯曲 B. 松动 C. 移位 D. 细微变形

知识点：沟槽支撑和土方回填施工工艺。

19. 不属于流砂防治的措施是（ ）。

A. 水下挖土法（用于沉井不排水挖土下沉施工）

B. 打钢板桩法

C. 人工降低地下水位法

D. 地下水人工回灌法

知识点：土方施工发生塌方与流砂的处理工艺。

20. 垂直支撑适用于（ ）并且挖土深度较大的沟槽。

A. 土质较好 B. 土质较差 C. 地下水丰富 D. 有流砂现象

知识点：土方施工发生塌方与流砂的处理工艺。

21. 钢板桩的轴线位移和垂直度分别不得（ ）。

A. 大于 50mm；大于 1.0% B. 大于 50mm；大于 1.5%

C. 大于 100mm；大于 1.5% D. 大于 100mm；大于 1.0%

知识点：沟槽支撑和土方回填施工工艺。

22. 回填的施工过程包括还土、摊平、夯实、检查等工序，其中关键工序是（ ）。

A. 还土 B. 摊平 C. 夯实 D. 检查

知识点：沟槽支撑和土方回填施工工艺。

23. 基坑回填的密实度要求应由设计根据工程结构性质，使用要求以及土的性质确定。一般压实系数 λ_c 为（ ）。

A. 0.7 或 0.7 以上 B. 0.8 或 0.8 以上

C. 0.9 或 0.9 以上 D. 0.95 或 0.95 以上

知识点：沟槽支撑和土方回填施工工艺。

24. 打夯机的锤形有梨形、方型，锤重 1～4t，夯击土层厚度可达（ ）。

A. 20～30cm B. 0.5～1.0m C. 1～1.5m D. 1.5～2.0m

知识点：沟槽支撑和土方回填施工工艺。

25. 冬期回填时管顶以上500mm范围以外可均匀掺入冻土，其数量不得超过填土总体积的（　　）且冻块尺寸不得超过100mm。

A. 5%　　B. 15%　　C. 25%　　D. 50%

知识点：沟槽支撑和土方回填施工工艺。

26. 采用石灰土、砂、砂砾等材料回填时使用压路机则每层回填土的虚铺厚度为（　　）。

A. ≤200　　B. 200～250　　C. 200～300　　D. ≤400

知识点：沟槽支撑和土方回填施工工艺。

27. 采用轻型压实设备时，应夯夯相连；采用压路机时，碾压的重迭宽度不得小于（　　）。

A. 100mm　　B. 200mm　　C. 300mm　　D. ≤400mm

知识点：沟槽支撑和土方回填施工工艺。

28. 回填应使槽上土面略呈拱形，以免日久因土沉陷而造成地面下凹。拱高，亦称余填高，一般为槽宽的（　　）。

A. 1/10，常取20cm　　B. 1/20，常取15cm

C. 1/30，常取10cm　　D. 由业主定

知识点：沟槽支撑和土方回填施工工艺。

29. 柔性管道的沟槽回填，作业的现场试验段长度应为一个井段或不少于（　　）。

A. 20m　　B. 30m　　C. 40m　　D. 50m

知识点：沟槽支撑和土方回填施工工艺。

30. 不属于施工排水排除的是（　　）。

A. 地下自由水　　B. 地下结合水

C. 地表水　　D. 雨水

知识点：排水检查井施工工艺。

31. 不属于排水管道施工的工序是（　　）。

A. 下管、排管　　B. 稳管、接口

C. 试压　　D. 质量检查与验收

知识点：给排水管道工程施工技术要点。

32. 根据地下水量大小、基坑平面形状及水泵能力，集水井每隔（　　）设置一个。

A. 10～20m　　B. 20～30m

C. 30～40m　　D. 40～50m

知识点：排水检查井施工工艺。

33. 中心线法是借助坡度板进行对中作业。在沟槽挖到一定深度之后，应沿着挖好的沟槽每隔（　　）左右设置一块坡度板。

A. 5m　　B. 10m　　C. 20m　　D. 40mm

知识点：给排水管道工程施工技术要点。

34. 稳管时（　　）管中心线允许偏差10mm。

A. 管内底高程要求偏差为±1mm　　B. 管内底高程要求偏差为±5mm

C. 管内底高程要求偏差为±10mm　　D. 管内底高程要求偏差为±20mm

知识点：给排水管道工程施工技术要点。

35. 刚性界面的钢筋混凝土管道，钢丝网水泥砂浆抹带接口应选用的（　　）洁净砂。

A. 粒径 0.1～0.5mm，含泥量不大于 3%

B. 粒径 0.1～0.5mm，含泥量不大于 5%

C. 粒径 0.5～1.5mm，含泥量不大于 3%

D. 粒径 0.5～1.5mm，含泥量不大于 5%

知识点：给排水管道工程施工技术要点。

36. 直径 800mm 以上的塑料埋地排水管宜使用环刚度（　　）的金属增强聚乙烯（HDPE）螺旋波纹管。

A. 环刚度 $4kN/m^2$ 以上　　B. 环刚度 $8kN/m^2$ 以上

C. 环刚度 $16kN/m^2$ 以上　　D. 环刚度 $20kN/m^2$ 以上

知识点：常用管材与接口技术。

37. 排水检查井所用的混凝土强度一般不宜低于（　　）。

A. C10　　B. C20

C. C25　　D. C15

知识点：排水检查井施工工艺。

38. 道路上的井室必须使用（　　）装配稳固。

A. 重型井盖　　B. 轻型井盖

C. 普通井盖　　D. 钢筋混凝土井盖

知识点：排水检查井施工工艺。

39. 无压管道应进行管道的严密性试验，严密性试验分为（　　）。

A. 闭水试验和闭气试验　　B. 闭水试验和水压试验

C. 强度试验和闭气试验　　D. 强度试验和闭水试验

知识点：无压管道的闭水试验。

40. 当管道内径大于 700mm 时，可按管道井段数量抽样选取（　　）进行试验；试验不合格时，抽样井段数量应在原抽样基础上加倍进行试验。

A. 1/10　　B. 1/5　　C. 1/2　　D. 1/3

知识点：无压管道的闭水试验。

41. 顶管法施工管道的首节是（　　）。

A. 钢管　　B. 相同管材的管段

C. 工具管　　D. 排水管

知识点：顶管法施工方法。

42. 导轨安装的允许偏差为（　　）。

A. 轴线位置 1mm　　B. 轴线位置 3mm

C. 轴线位置 5mm　　D. 轴线位置 10mm

知识点：顶管法施工方法。

43. 导轨应选用钢质材料制作，两导轨不应（　　）。

A. 交叉　　B. 顺直

C. 平行　　D. 等高

知识点：顶管法施工方法。

44. 千斤顶宜固定在支架上，其合力的作用点应在管道的（　　）。

A. 中心在线　　B. 轴在线

C. 中心的垂直线上　　D. 中心的垂直线下

知识点：顶管法施工方法。

45. 以下哪种不是顶铁（　　）。

A. 模铁　　B. 三角形顶铁

C. 顺铁　　D. 弧形或环形顶铁

知识点：顶管法施工方法。

二、多选题

1. 在施工中常采用的沟槽断面形式有（　　）。

A. 直槽　　B. V形槽

C. 梯形槽　　D. 混合槽

E. 联合槽

知识点：沟槽断面选择及土方量计算方法。

2. 选择沟槽断面通常要根据：（　　）及施工方法，并按照设计规定的基础、管道的断面尺寸、长度和埋置深度等确定。

A. 土的种类　　B. 地下水情况

C. 管道种类　　D. 晾槽时间

E. 现场条件

知识点：沟槽断面选择及土方量计算方法。

3. 采用坡度板控制槽底高程和坡度时，应符合下列规定：（　　）。

A. 坡度板选用有一定刚度且不易变形的材料制作，其设置应牢固

B. 坡度板选用有一定柔性且易变形的材料制作，其设置应牢固

C. 坡度板距槽底的高度不宜大于3m

D. 坡度板距槽底的高度不宜小于3m

E. 坡度板间距不宜大于15m

知识点：沟槽断面选择及土方量计算方法。

4. 单斗挖土机是给排水工程中常用的一种机械，根据其工作装置不同，可分为（　　）等。

A. 正铲　　B. 反铲

C. 侧铲　　D. 拉铲

E. 抓铲

知识点：沟槽断面选择及土方量计算方法。

5. 根据挖土机的开挖路线与运输工具的相对位置不同，可分为（　　）。

A. 正向挖土、侧向卸土

B. 正向挖土、后方卸土

C. 侧向挖土、后方卸土

D. 上面挖土、下面卸土

E. 下面挖土、上面卸土

知识点：沟槽断面选择及土方量计算方法。

6. 在沟槽开挖施工中，常会发生边坡塌方，发生边坡塌方的原因主要有以下几点：（　　）。

A. 人工降低地下水位

B. 基坑、沟槽边坡放坡不足，边坡过陡

C. 降雨、地下水或施工用水渗入边坡，使土体抗剪能力降低

D. 基坑、沟槽上边缘附近大量堆土或停放机具

E. 边坡放坡过大

知识点：沟槽支撑和土方回填施工工艺。

7. 支撑的目的就是防止侧壁坍塌为沟槽创造安全的施工条件。支撑材料通常由（　　）做成。

A. 给水管材

B. 木材

C. 钢材

D. 排水管材

E. 塑料管材

知识点：常用管材与接口技术。

8. 支撑应经常检查，发现支撑构件有（　　）时应及时处理。

A. 弯曲

B. 松动

C. 移位

D. 细微变形

E. 劈裂

知识点：沟槽支撑和土方回填施工工艺。

9. 支撑的施工要点主要有（　　）。

A. 支撑方式、支撑材料符合设计要求

B. 横撑必须大于管长

C. 支护结构强度、刚度、稳定性符合设计要求

D. 支撑后，沟槽中心线每侧的净宽不应小于管道直径

E. 不得妨碍下管和稳管

知识点：沟槽支撑和土方回填施工工艺。

10. 夯实法使用的机具类型较多，常采用的机具有（　　）等。

A. 蛙式打夯机

B. 履带式打夯机

C. 振动棒

D. 压路机

E. 挖掘机

知识点：沟槽断面选择及土方量计算方法。

11. 沟槽回填管道应符合以下规定（　　）。

A. 压力管道水压试验前，包括接口，管道两侧及管顶以上回填高度不应小于0.5m

B. 压力管道水压试验前，除界面外，管道两侧及管顶以上回填高度不应小于0.5m

C. 无压管道在闭水或闭气试验合格前应及时回填

D. 无压管道在闭水或闭气试验合格后应及时回填
E. 应充分晾晒后再回填
知识点：沟槽支撑和土方回填施工工艺。
12. 回填土或其他回填材料运入槽内时下列说法正确的有（　　）。
A. 根据每层虚铺厚度的用量将回填材料运至槽内
B. 可以直接回填在管道上
C. 管道两侧和管顶以上 500mm 范围内的回填材料，应由沟槽两侧对称运入槽内
D. 可以视情况在槽内拌合
E. 可用建筑垃圾回填就地取材
知识点：沟槽支撑和土方回填施工工艺。
13. 施工排水包括排除：（　　）。
A. 地下自由水
B. 地下结合水
C. 地表水
D. 雨水
E. 水泥砂浆
知识点：给排水管道工程施工技术要点。
14. 潜水是存在于地表以下、第一个稳定隔水层顶板以上的地下自由水，其特点有（　　）。
A. 无自由水面
B. 有一个自由水面
C. 其水面受当地地质、气候及环境的影响
D. 承受很大压力
E. 其水面不受当地地质、气候及环境的影响
知识点：给排水管道工程施工技术要点。
15. 明沟排水包括（　　）。
A. 地面截水
B. 人工降水
C. 电渗法排水
D. 坑内排水
E. 轻型井点
知识点：给排水管道工程施工技术要点。
16. 以下（　　）是在管道敷设前，应检查沟槽的工作。
A. 管道基础是否符合要求
B. 检查管材、配件是否符合设计及规范
C. 施工排水措施
D. 沟槽支撑是否符安全可靠
E. 沟槽开挖是否符合要求
知识点：给排水管道工程施工技术要点。
17. 边线法对中的优点主要有（　　），但要求各管节的壁厚度与规格均匀一致。
A. 比中心线法精度高

B. 速度快
C. 操作方便
D. 可完全替代中心线法
E. 不好说
知识点：给排水管道工程施工技术要点。
18. 钢筋混凝土管的管口形状有（　　）等。
A. 平口　　B. 承插口
C. 企口　　D. 螺口
E. 卡口
知识点：常用管材与接口技术。
19. 下列属于塑料类排水管材的主要有（　　）。
A. PVC 双壁波纹管　　B. HDPE 双壁波纹管
C. 衬塑钢管　　D. 金属内增强聚乙烯螺旋波纹管
E. 铝塑复合管
知识点：常用管材与接口技术。
20. 顶管施工具有（　　）等优点。
A. 影响交通　　B. 土方开挖量大
C. 不影响交通　　D. 土方开挖量小
E. 不受冬雨季的影响
知识点：顶管法施工方法。
21. 工作坑根据不同功能可分为（　　）等。
A. 转向坑　　B. 交汇坑
C. 垂直坑　　D. 接收坑
E. 水平坑
知识点：顶管法施工方法。
22. 管道顶进过程中出现以下（　　）情况应停止顶进，并及时处理。
A. 工具管前方遇到障碍　　B. 工具管后方遇到障碍
C. 后背墙变形严重　　D. 后背墙轻微变形
E. 顶铁发生扭曲现象
知识点：顶管法施工方法。
23. 纠偏的主要方法有（　　）。
A. 弯管纠偏法　　B. 挖土校正法
C. 工具管纠偏　　D. 强制纠偏法
E. 测量纠偏法
知识点：顶管法施工方法。
24. 城市热力管网的主要附件有（　　）等。
A. 补偿器　　B. 排水器
C. 支吊架　　D. 放气口
E. 阀门

知识点：城市热力管网的分类和主要附件。

25. 燃气管道的附属设备包括（　　）等。

A. 补偿器　　B. 排水器

C. 支吊架　　D. 放散管

E. 阀门

知识点：燃气管道的分类和主要附件。

三、判断题

1. 管道施工质量检查与验收是沟槽、基坑开挖与回填施工中的主要项目之一，所需要的劳动量和机械台班量很大，往往是影响施工进度、成本和工程质量的主要因素。（　　）

知识点：沟槽支撑和土方回填施工工艺。

2. 人工开挖沟槽的槽深超过 3m 时应分层开挖，每层的深度不超过 1m。（　　）

知识点：沟槽断面选择及土方量计算方法。

3. 反铲挖土机的开挖方式有沟下开挖和水下开挖。（　　）

知识点：沟槽支撑和土方回填施工工艺。

4. 在沟槽开挖施工中，由于人工降低地下水位常会导致发生边坡塌方。（　　）

知识点：沟槽支撑和土方回填施工工艺。

5. 地下水人工回灌法不是用于流砂防治措施。（　　）

知识点：土方施工发生塌方与流砂的处理工艺。

6. 水平支撑适用于土质较好、地下水含量小的粘性土且开挖深度大于 3m 的沟槽。（　　）

知识点：沟槽支撑和土方回填施工工艺。

7. 采用压路机、振动压路机等压实机械压实时，其行驶速度不得超过 5km/h。（　　）

知识点：沟槽支撑和土方回填施工工艺。

8. 管内径大于 500mm 的柔性管道，回填施工中应在管内设有竖向支撑。（　　）

知识点：沟槽支撑和土方回填施工工艺。

9. 地下含水层内的水分为结合水和自由水。结合水没有出水性。（　　）

知识点：沟槽支撑和土方回填施工工艺。

10. 对承插接口的管道，一般情况下宜使承口迎着水流方向排列，这样可以减小水流对接口填料的冲刷，避免接口漏水。（　　）

知识点：常用管材与接口技术。

11. 预（自）应力混凝土管可以截断使用。（　　）

知识点：常用管材与接口技术。

12. 模块式排水检查井是近年来推广使用的新材料和新工艺，可根据需要砌成椭圆形井、三角形井等多种形式。（　　）

知识点：排水检查井施工工艺。

13. 湿陷土、膨胀土、流砂地区的雨水管道，回填土前必须经严密性试验合格后方可投入运行。（　　）

知识点：沟槽支撑和土方回填施工工艺。

14. 可利用已顶进完毕的管道作后背。 （ ）

知识点：顶管法施工方法。

15. 在允许超挖的稳定土层中正常顶进时，管下部 135°范围内不得超挖。 （ ）

知识点：顶管法施工方法。

16. 高压和中压 A 燃气管道，应采用钢管；中压 B 和低压燃气管道，宜采用钢管或机械接口铸铁管。 （ ）

知识点：城市燃气管道安装要求。

17. 穿越铁路和高速公路的燃气管道，其外可不加套管，并提高绝缘防腐等级。 （ ）

知识点：城市燃气管道安装要求。

18. 燃气管道至规划河底的覆土厚度，应根据水流冲刷条件确定，对不通航河流不应小于 0.5m；对通航的河流不应小于 1.0m，还应考虑疏浚和投锚深度。 （ ）

知识点：城市燃气管道安装要求。

19. 管道安装完毕后应依次进行管道吹扫、强度试验和严密性试验。 （ ）

知识点：城市燃气管道安装要求。

20. 城市热力管网放样时，应按支线、支干线、主干线的次序进行。 （ ）

知识点：城市燃气管道安装要求。

四、案例题

【案例一】 A 公司承接某市政管道工程，该工程穿过一片空地，管外径为 1500mm 钢筋混凝土管道，柔性接口，壁厚 100mm，长为 1000m，工程地质条件良好，土质为中密的砂土，坡顶有动载，开挖深度 4m 以内。

1. 在施工中宜采用的沟槽断面形式是（ ）。（单选题）

A. 直槽　　B. 梯形槽

C. V 形槽　　D. 混合槽

知识点：沟槽断面选择及土方量计算方法。

2. 在施工中宜采用的沟槽底宽是（ ）。（单选题）

A. 1500mm　　B. 2000mm

C. 2500mm　　D. 3000mm

知识点：沟槽断面选择及土方量计算方法。

3. 在地质条件良好、中密的砂土、地下水位低于沟槽底面高程，坡顶有动载时，边坡最陡坡度为（ ）。（单选题）

A. 1∶1.00　　B. 1∶1.25　　C. 1∶1.50　　D. 1∶2.00

知识点：沟槽断面选择及土方量计算方法。

4. 起点管内底标高 12.000m，管底基础采用 C20 混凝土厚度 200mm，起点沟槽底部标高为（ ）。（单选题）

A. 12.000m　　B. 12.200m　　C. 11.800m　　D. 11.700m

知识点：沟槽支撑和土方回填施工工艺。

5. 管道设计坡度为 0.1%，终点沟槽底部标高为（ ）。（单选题）

A. 10.700m　　B. 11.200m　　C. 12.000m　　D. 12.700m

知识点：给排水管道工程施工技术要点。

【案例二】 某市政工程涉及沉井、消防水池和城市排水管网的施工问题。

6. 沉井下沉一般采用人工或风动工具挖土法、（　）三种方法。（多选题）

A. 强夯法　　B. 水枪冲土法

C. 注水法　　D. 抓斗挖土法

E. 抽水法

知识点：沉井施工技术。

7. 构筑物水池做满水试验时，正确的注水方式是（　）。（多选题）

A. 向池内注水分 3 次进行，每次注入为设计水深的 1/3

B. 注水水位上升速度不宜超过 3m/24h

C. 注水水位上升速度不宜超过 2m/24h

D. 向池内注水分 3 次进行，每 8h 注水 1 次

E. 相邻两次充水的间隔时间，应不少于 24h

知识点：现浇钢筋混凝土水池施工工艺。

8. 城市排水管网中所谓的合流制，系指城市污水和雨水在同一排水管渠系统中输送排放。该排水系统又可分（　）和截流式合流制等。（多选题）

A. 半处理　　B. 直泄式

C. 截流分流　　D. 全处理

E. 雨水、污水分流

知识点：市政管道工程构筑物施工技术要点。

9. 管道安装工序有（　）。（多选题）

A. 稳管　　B. 下管

C. 接口施工　　D. 管座施工

E. 质量检查

知识点：给排水管道工程施工技术要点。

10. 沟槽回填时，应符合（　）规定。（多选题）

A. 砖、石、木块等杂物应清除干净

B. 可利用清淤晾干的土回填

C. 采用明沟排水时，应保持排水沟畅通，沟槽内不得有积水

D. 利用机械一次回填到位再压实

E. 采用井点降低地下水位时，其动水位应保持在槽底以下不小于 0.5m

知识点：给排水管道工程施工技术要点。

第5章　施工组织设计

一、单选题

1. 施工组织设计分为施工组织总设计与（　）施工组织设计。

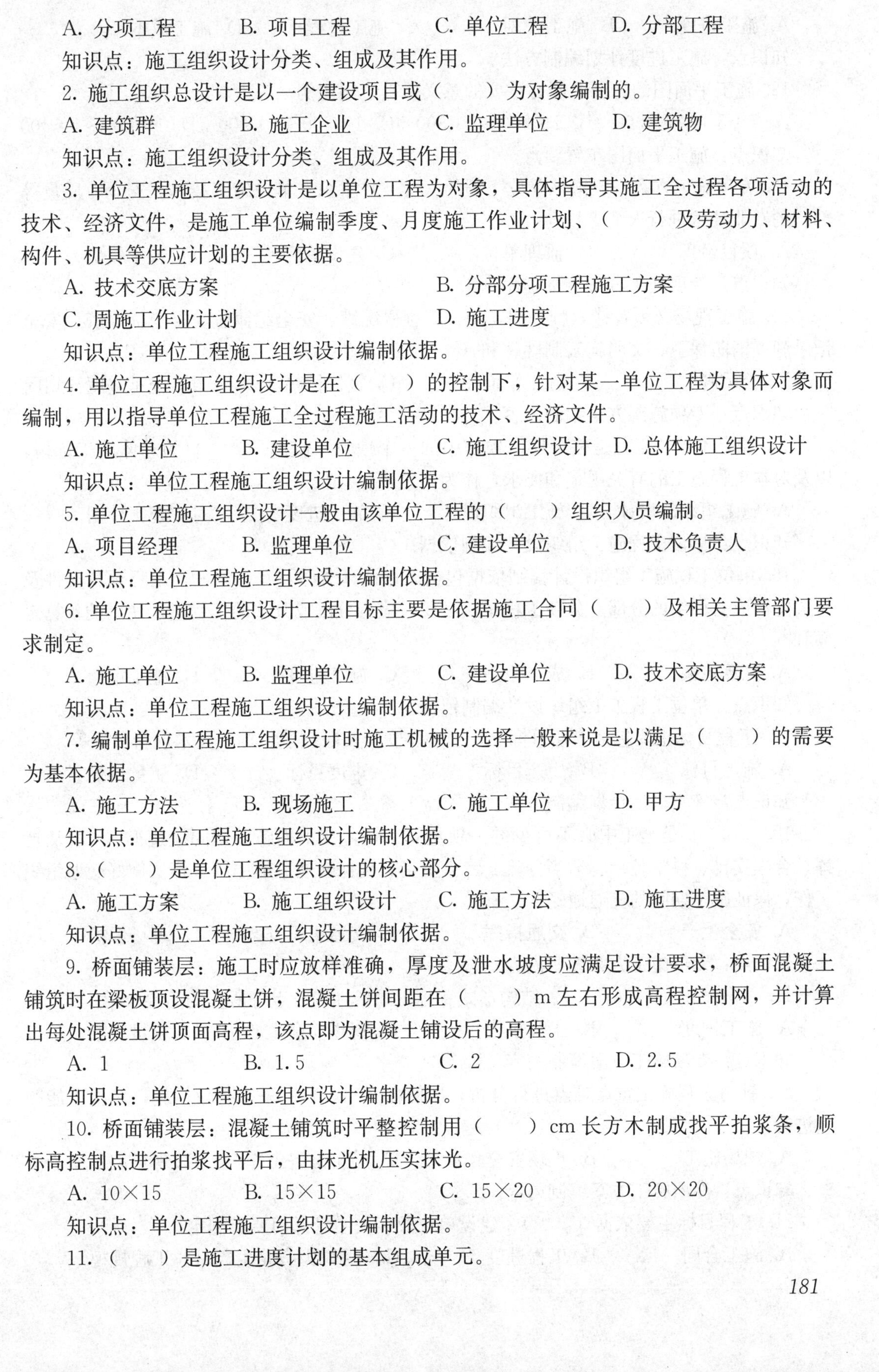

A. 分项工程　　B. 项目工程　　C. 单位工程　　D. 分部工程

知识点：施工组织设计分类、组成及其作用。

2. 施工组织总设计是以一个建设项目或（　　）为对象编制的。

A. 建筑群　　B. 施工企业　　C. 监理单位　　D. 建筑物

知识点：施工组织设计分类、组成及其作用。

3. 单位工程施工组织设计是以单位工程为对象，具体指导其施工全过程各项活动的技术、经济文件，是施工单位编制季度、月度施工作业计划、（　　）及劳动力、材料、构件、机具等供应计划的主要依据。

A. 技术交底方案　　B. 分部分项工程施工方案

C. 周施工作业计划　　D. 施工进度

知识点：单位工程施工组织设计编制依据。

4. 单位工程施工组织设计是在（　　）的控制下，针对某一单位工程为具体对象而编制，用以指导单位工程施工全过程施工活动的技术、经济文件。

A. 施工单位　　B. 建设单位　　C. 施工组织设计　　D. 总体施工组织设计

知识点：单位工程施工组织设计编制依据。

5. 单位工程施工组织设计一般由该单位工程的（　　）组织人员编制。

A. 项目经理　　B. 监理单位　　C. 建设单位　　D. 技术负责人

知识点：单位工程施工组织设计编制依据。

6. 单位工程施工组织设计工程目标主要是依据施工合同（　　）及相关主管部门要求制定。

A. 施工单位　　B. 监理单位　　C. 建设单位　　D. 技术交底方案

知识点：单位工程施工组织设计编制依据。

7. 编制单位工程施工组织设计时施工机械的选择一般来说是以满足（　　）的需要为基本依据。

A. 施工方法　　B. 现场施工　　C. 施工单位　　D. 甲方

知识点：单位工程施工组织设计编制依据。

8.（　　）是单位工程组织设计的核心部分。

A. 施工方案　　B. 施工组织设计　　C. 施工方法　　D. 施工进度

知识点：单位工程施工组织设计编制依据。

9. 桥面铺装层：施工时应放样准确，厚度及泄水坡度应满足设计要求，桥面混凝土铺筑时在梁板顶设混凝土饼，混凝土饼间距在（　　）m 左右形成高程控制网，并计算出每处混凝土饼顶面高程，该点即为混凝土铺设后的高程。

A. 1　　B. 1.5　　C. 2　　D. 2.5

知识点：单位工程施工组织设计编制依据。

10. 桥面铺装层：混凝土铺筑时平整控制用（　　）cm 长方木制成找平拍浆条，顺标高控制点进行拍浆找平后，由抹光机压实抹光。

A. 10×15　　B. 15×15　　C. 15×20　　D. 20×20

知识点：单位工程施工组织设计编制依据。

11.（　　）是施工进度计划的基本组成单元。

A. 施工进度　　B. 施工计划　　C. 施工过程　　D. 施工成本

知识点：施工进度计划编制方法。

12. 施工平面图的合理绘制有重要的意义。其绘制比例一般为（　）。

A. 1∶300～1∶500　B. 1∶200～1∶500　C. 1∶300～1∶600　D. 1∶200～1∶400

知识点：施工平面图布置要点。

13. 专项施工方案一般由该单位工程的（　）组织本单位施工技术、安全、质量等部门的专业技术进行人员审核。

A. 项目经理　　B. 监理单位　　C. 建设单位　　D. 技术负责人

知识点：专项施工方案审批程序。

14. 施工现场必须置挂六牌一图，即：工程概况牌、安全纪律牌、安全标语牌、安全记录牌、消防保卫、文明施工制度牌和（　）。

A. 警示牌　　B. 施工平面图　　C. 宣传横幅　　D. 施工进度计划图

知识点：专项施工方案编制内容。

15. 如果本单位工程是整个建设项目中的一个项目，应把（　）的总体施工部署，以及对本工程施工的有关规定和要求，作为编制依据。

A. 施工组织总设计　B. 施工组织设计　　C. 施工进度　　D. 施工计划

知识点：单位工程施工组织设计编制依据。

16. 单位工程施工组织设计编制依据包括工程预算文件及有关定额，工程预算文件及有关定额应有详细的分部、分项工程量，必要时应有分段或分部的工程量，使用的预算定额和（　）。

A. 概算定额　　B. 成本控制　　C. 施工进度　　D. 施工定额

知识点：单位工程施工组织设计编制依据。

17. 工程目标主要包括工期目标、（　）、安全文明创建目标、技术创新目标等。

A. 施工目标　　B. 生产目标　　C. 进度目标　　D. 质量目标

知识点：施工进度计划编制方法。

18. （　）是施工中必不可少的一项重要工作，在工程施工期间应遵循："服从指挥、合理安排、科学疏导、适当分流、专人负责、确保畅通"的原则，切实做好交通组织工作，保证施工期间的交通通畅。

A. 安全生产　　B. 交通指挥　　C. 交通组织方案　D. 现场保护

知识点：专项施工方案编制内容。

19. 工程概况是对（　）、结构形式、施工的条件和特点等所作的简要介绍。

A. 施工进度　　B. 工程规模　　C. 现场安全生产　D. 质量安全

知识点：专项施工方案编制内容。

20. 针对工程施工重点难点进行分析，以便在（　）上采取有效措施，使施工能顺利进行。

A. 现场施工　　B. 现场安全作业　C. 施工准备工作　D. 现场质量安全

知识点：专项施工方案编制内容。

21. 工程目标主要依据（　）、建设单位及相关主管部门要求制定。

A. 施工合同　　B. 工程进度　　C. 工程现场安全生产　D. 工程规模

知识点：施工进度计划编制方法。

22. 划分施工段的目的是为了适应（　　）的需要。

A. 流水施工　　B. 工程进度　　C. 工程质量　　D. 安全生产

知识点：施工进度计划编制方法。

23. 工程施工顺序应在满足工程建设的要求下，组织分期分批施工，使组织施工在全局上科学合理，连续均衡。同时必须注意遵循：（　　）的原则进行安排。

A. 先地下、后地上；先主体、后附属　　B. 先地上、后地下；先主体、后附属

C. 先地下、后地上；先附属、后主体　　D. 先地上、后地下；先附属、后主体

知识点：施工进度计划编制方法。

24. 施工机械的选择一般来说是以满足（　　）的需要为基本依据。

A. 施工需求　　B. 施工环境　　C. 施工条件　　D. 施工方法

知识点：专项施工方案编制内容。

25. 选择什么样的施工方案是决定工程全局成败的关键，它的合理与否将直接影响工程的（　　）质量、工期和技术经济效果。

A. 安全　　B. 施工效率　　C. 施工方法　　D. 施工需求

知识点：施工进度计划编制方法。

26. 在单位工程施工组织设计中，主要项目施工方法是根据（　　）在具体施工条件拟定的。

A. 工程所处位置　　B. 工程特点　　C. 工程进度计划　　D. 工程所处环境

知识点：单位工程施工组织设计编制依据。

27. 确定设计方案的施工可能性和（　　），对建设项目或建设群施工作出全局性战略部署。

A. 重要性　　B. 经济合理性　　C. 合理性　　D. 施工合理性

知识点：单位工程施工组织设计编制依据。

28.（　　）主要用于确定施工机具类型、数量、进场时间，可据此落实施工机具来源，组织进场。

A. 施工机械需要量计划　　B. 施工机具采购计划

C. 施工机械购置计划　　D. 施工机械备案表

知识点：施工进度计划编制方法。

29. 单位工程施工组织设计是具体指导其施工全过程各项活动的（　　）。

A. 技术文件　　B. 经济文件　　C. 技术、经济文件　　D. 安全文件

知识点：单位工程施工组织设计编制依据。

30.（　　）是对工程规模、结构形式、施工的条件和特点等所作的简要介绍。

A. 工程概况　　B. 单位工程施工组织设计

C. 单位工程　　D. 施工组织总设计

知识点：单位工程施工组织设计编制依据。

31. 施工段的大小应与（　　）及其生产力相适应。

A. 流水施工　　B. 施工进度

C. 劳动组织（或机械设备）　　D. 施工安全

知识点：施工进度计划编制方法。

32. 安全技术措施；认真执行国家及地方有关安全规章制度，应切采取措施，贯彻（　　）的方针。

A. “安全第一、预防为主”　　B. “安全第一、质量第一”

C. “安全第一、预防为主，综合治理”　　D. “安全生产、人人有责”

知识点：专项施工方案编制内容。

33. 混凝土浇筑顺序为：对称分层浇捣，每次均应从（　　）、混凝土沿箱梁纵向从低处往高处进行。

A. 从负弯矩区向正弯矩区、从跨中向支点、从悬臂向根部

B. 从正弯矩区向负弯矩区、从跨中向支点、从悬臂向顶部

C. 从负弯矩区向正弯矩区、从跨中向支点、从悬臂向顶部

D. 从正弯矩区向负弯矩区、从跨中向支点、从悬臂向根部

知识点：专项施工方案编制内容。

34. 计算劳动量和机械台班数时，应首先确定所采用的（　　）。

A. 定额　　B. 施工方案　　C. 施工工艺　　D. 施工顺序

知识点：施工进度计划编制方法。

35. 预应力筋张拉原则为：（　　）预应力束具体张拉顺序严格按照设计规定。

A. 先纵向、后、横梁先长束后短束　　B. 先横梁、后纵向、先长束后短束

C. 先横梁、后纵向、先短束后长束　　D. 先纵向、后横梁、先短束后长束

知识点：专项施工方案编制内容。

36. 在完成预应力束张拉后应尽早进行预应力孔道压浆，控制压浆作业在完成预应力束张拉后（　　）小时内进行。

A. 12　　B. 24　　C. 8　　D. 48

知识点：专项施工方案编制内容。

37.（　　）是单位工程施工组织设计的主要组成部分，是进行施工现场布置的依据。

A. 临时用电平面图　　B. 施工平面图

C. 交通疏解平面图　　D. 施工运输平面图

知识点：施工平面图布置要点。

38. 工作项目之间的（　　）关系是由于劳动力、施工机械、材料和构配件等资源的组织和安排需要而形成的。

A. 工艺　　B. 先后顺序　　C. 组织　　D. 逻辑

知识点：施工进度计划编制方法。

39. 对于“其他工程”项目所需劳动量，可根据其内容和数量，并结合工地具体情况，以占总劳动量的百分比一般按（　　）计算。

A. 15%～20%　　B. 5%～10%　　C. 10%～20%　　D. 10%～15%

知识点：施工进度计划编制方法。

40.（　　）编制方法是将施工进度计划表内所列各施工过程每天（或旬，月）所需工人人数按工种汇总而得。

A. 主要材料需要计划　　B. 构件和半成品需要量计划

C. 劳动力需要计划　　　　　　　　　　D. 施工机械需要量计划

知识点：施工进度计划编制方法。

41. （　　）编制方法是将施工计划表中各施工过程的工程量，按材料，规格，数量，使用时间计算汇总而得。

A. 主要材料需要计划　　　　　　　　　B. 构件和半成品需要量计划

C. 劳动力需要计划　　　　　　　　　　D. 施工机械需要量计划

知识点：施工进度计划编制方法。

42. 超过一定规模的危险性较大分部分项工程专项方案应当由（　　）组织召开专家论证会。

A. 施工单位　　　B. 建设单位　　　C. 监理单位　　　D. 项目部

知识点：专项施工方案编制内容。

43. （　　）可用来确定建筑工地的临时设备，并按计划供应材料，调配劳动力，以保证施工按计划顺利进行。

A. 机械设备需要量计划　　　　　　　　B. 各项资源需要量计划

C. 劳动力需要计划　　　　　　　　　　D. 构件和半成品需要量计划

知识点：施工进度计划编制方法。

44. 编制施工进度计划时，必须考虑各分部分项工程的合理施工顺序，尽可能组织（　　）施工，力求主要工种的工作队连续施工。

A. 顺序　　　B. 分段　　　C. 交叉　　　D. 流水

知识点：施工进度计划编制方法。

45. 专项施工方案经审核合格的，由（　　）技术负责人签字。

A. 施工单位　　　B. 建设单位　　　C. 监理单位　　　D. 分包单位

知识点：专项施工方案编制内容。

二、多选题

1. 施工组织总设计的作用主要体现在以下（　　）方面。

A. 保证及时地进行施工准备工作

B. 解决建设施工中生产和生活基地的组织或发展问题

C. 为建设单位编制施工计划提供依据

D. 为有关部门组织物资供应和技术力量提供依据

E. 便于计量和支付

知识点：施工组织设计分类、组成及其作用。

2. 单位工程施工组织设计编制依据是有关部门的批示文件和要求、经过会审的施工图、施工组织总设计、施工企业年度施工计划、国家有关规定和标准（　　）。

A. 工程预算文件及有关定额　　　　　　B. 建设单位对工程施工可能提供的条件

C. 本工程的施工条件　　　　　　　　　D. 施工现场的勘察资料

E. 施工单位能力

知识点：施工组织设计分类、组成及其作用。

3. 在编制施工组织设计时，根据工程的特点、工程目标、施工方案，结合相关安全生产法律法规制定相应的安全技术措施；认真执行国家及地方有关安全规章制度，应切采取措施，贯彻（　　）的方针。

A. 安全第一　　B. 预防为主

C. 综合治理　　D. 消除隐患

E. 利润优先

知识点：单位工程施工组织设计编制依据。

4. 当工程施工跨越冬季和雨季时，就要制定冬期施工措施和雨期施工措施。制定这些措施的目的是（　　）。

A. 保成本　　B. 保质量　　C. 保工期　　D. 保安全

E. 保利润

知识点：专项施工方案编制内容。

5. 单位工程施工进度计划的作用是（　　）。

A. 控制单位工程的施工进度，保证在规定工期内完成质量要求的工程任务

B. 确定单位工程的各个施工过程的施工顺序，施工持续时间及相互衔接和合理配合关系

C. 为编制季度、月度生产作业计划提供依据

D. 是确定劳动力和各种资源需要量计划和编制施工准备工作计划的依据

E. 成本最大化

知识点：单位工程施工组织设计编制依据。

6. 施工过程的施工天数估计的依据一般包括（　　）。

A. 施工过程的工程量清单　　B. 资源效率

C. 施工过程　　D. 资源配置

E. 人员素质

知识点：施工进度计划编制方法。

7. 专项施工方案编制的主要内容有（　　）。

A. 单位效益

B. 工程概况：专项工程概况、施工平面布置、施工要求和技术保证条件

C. 施工计划：包括施工进度计划、材料与设备计划

D. 施工方案：技术参数、工艺流程、施工方法、检查验收标准与方法等

E. 编制说明及依据：简述安全专项施工方案编制所依据的相关法律、法规、规范性文件、标准、规范及图纸（国标图集）、施工组织设计等

知识点：专项施工方案编制内容。

8. 施工进度计划主要包括（　　）等内容。

A. 各施工项目的工程量　　B. 劳动量或机械台班量

C. 工作延续时间　　D. 施工班组人数及施工进度

E. 人员素质

知识点：施工进度计划编制方法。

9. 施工组织及准备主要包括（　　）等投入计划。

A. 施工段落划分　　B. 施工准备工作计划

C. 工程项目组织机构及劳动力　　　　D. 施工机具、主要材料、预制构件
E. 管理人员数量
知识点：施工进度计划编制方法。
10. 施工平面图主要包括（　）内容。
A. 管理人员数量　　　　B. 运输道路布置
C. 临时设施及供水　　　　D. 供电管线的布置
E. 起重运输机械位置安排加工棚、仓库及材料堆场布置
知识点：施工平面图布置要点。
11. 主要技术组织措施主要包括（　　）等内容。
A. 各项技术措施　　　　B. 质量、安全措施
C. 降低成本措施　　　　D. 现场文明施工措施
E. 起重运输机械位置安排加工棚、仓库及材料堆场布置
知识点：单位工程施工组织设计编制依据。
12. 单位工程施工准备主要包括：（　　）。
A. 项目组织机构　　B. 工料机　　C. 现场准备
D. 临时生产生活设施及技术准备
E. 起重运输机械位置安排
知识点：单位工程施工组织设计编制依据。
13. 单位工程施工组织主要包括（　　）。
A. 施工段落划分　　B. 施工顺序的确定
C. 施工机具选择　　D. 施工组织设计
E. 项目组织机构
知识点：施工进度计划编制方法。
14. 选择施工机械时应注意以下哪几点（　　）。
A. 应根据工程特点来选择适宜的主导工程的施工机械
B. 项目组织机构
C. 施工的环境
D. 所选择的机械必须满足施工的需要，但要避免大机小用
E. 选择辅助机械时，考虑与主导机械的合理组合，充分发挥主导机械的效率
知识点：施工进度计划编制方法。
15. 交通组织方案是施工中必不可少的一项重要工作，在工程施工期间应遵循：（　　）的原则，切实做好交通组织工作，保证施工期间的交通通畅。
A. 领导优先　　　　B. 合理安排
C. 科学疏导　　　　D. 适当分流、专人负责、确保畅通
E. 服从指挥
知识点：单位工程施工组织设计编制依据。
16. 选择和制订施工方案的基本要求为（　　）。
A. 符合现场实际情况，切实可行　　　　B. 技术先进、能确保工程质量和施工安全
C. 工期能满足合同要求　　　　D. 施工单位技术水平

E. 经济合理，施工费用和工料消耗低

知识点：单位工程施工组织设计编制依据。

17. 施工组织总设计的内容，根据（　　）的不同而有所不同。

A. 工程性质和规模

B. 结构的特点

C. 施工条件

D. 施工的复杂程度

E. 施工单位情况

知识点：单位工程施工组织设计编制依据。

18. 施工组织总设计的内容一般应包括：（　　）、主要技术组织措施及主要技术经济指标等部分。

A. 工程概况、施工部署与施工方案

B. 施工总进度计划

C. 施工准备工作计划及各项资源需用量计划

D. 施工总平面图

E. 项目经理素质

知识点：单位工程施工组织设计编制依据。

19. 选择和制订施工方案的基本要求为（　　）。

A. 符合现场实际情况，切实可行

B. 技术先进、能确保工程质量和施工安全

C. 工期能满足合同要求

D. 经济合理，施工费用和工料消耗低

E. 技术复杂程度

知识点：单位工程施工组织设计编制依据。

20. 针对工程的（　　）的分部分项工程或新技术项目应编制专项工程施工方案。

A. 难度较大

B. 造价较大

C. 技术复杂

D. 使用新材料

E. 利润高

知识点：单位工程施工组织设计编制依据。

三、判断题

1. 单位工程施工组织工程施工顺序应在满足工程建设的要求下，组织分期分批施工，使组织施工在全局上科学合理，连续均衡。同时必须注意遵循：先地上、后地下；先主体、后附属；先深后浅；先干线后支线的原则进行安排。（　　）

知识点：专项施工方案编制内容。

2. 在单位工程施工组织设计中，主要项目施工方法是根据工程特点在具体施工条件拟定的。（　　）

知识点：单位工程施工组织设计编制依据。

3. 在编制施工组织设计时，必须对因工程施工对外部环境造成恶劣影响的因素进行排查，制定出对重大环境影响因素的管理措施及方法。（　　）

知识点：单位工程施工组织设计编制依据。

4. 施工进度计划一般有图表表示，通常有两种方式图表：横道图和网络图。（　　）

知识点：施工进度计划编制方法。

5. 一般说来，施工顺序受施工工艺和施工过程两方面的制约。（ ）

知识点：施工进度计划编制方法。

6. 工程量的计算应根据施工图和工程量的计算规则，针对所划分的每一个工作项目进行。（ ）

知识点：施工进度计划编制方法。

7. 施工单位应严格按照专项方案组织施工，可以擅自修改、调整专项方案。如因设计、结构、外部环境等因素发生变化确需修改的，修改后的专项方案应当按相关文件规定重新审核。（ ）

知识点：专项施工方案编制内容。

8. 不需专家论证的专项方案，经施工单位审核合格后报监理单位，由项目总监理工程师签字。（ ）

知识点：专项施工方案审批程序。

9. 主要技术组织措施主要包括各项技术措施、质量措施、安全措施、降低成本措施和现场文明施工措施等内容。（ ）

知识点：专项施工方案编制内容。

10. 施工单位应严格按照专项方案组织施工，但考虑经济利益等关系，也可自行修改、调整专项方案。（ ）

知识点：专项施工方案编制内容。

四、案例题

【案例一】 某墩柱工程有立模板、钢筋绑扎、浇筑混凝土三个施工过程，共有三个施工段，各施工过程在各施工段上的工作持续时间见下表，无技术、组织间歇。试组织无节奏专业流水施工，参数如下表。

施工过程	①	②	③
立模板	2	2	2
钢筋绑扎	2	2	2
浇筑混凝土	1	2	1

1. 计算工期为（ ）。（单选题）

A. 9 天　　B. 10 天　　C. 12 天　　D. 16 天

知识点：施工进度计划编制方法。

2. 施工段落的划分是为了适应（ ）的需要。（单选题）

A. 施工人员　　B. 施工步距　　C. 流水施工　　D. 施工机械

知识点：施工进度计划编制方法。

3. 分段的大小应与（ ）相适应，保证足够的工作面，以便于操作，发挥生产效率。（多选题）

A. 劳动组织　　B. 施工步距

C. 机械设备　　D. 施工机械生产能力

E. 人员结构

知识点：施工进度计划编制方法。

4. 工程施工顺序应在满足工程建设的要求下，组织分期分批施工，使组织施工在全局上科学合理，连续均衡。同时必须注意遵循（　　）的原则进行安排。（多选题）

A. 先地下、后地上　　B. 先主体、后附属

C. 先深后浅　　D. 先干线后支线。

E. 人员结构

知识点：施工进度计划编制方法。

5. 常用进度计划编制方法有横道图和网络计划图。（　　）（判断题）

知识点：施工进度计划编制方法。

【案例二】 某城市道路工程，含跨线立交桥一座，箱梁最高墩柱高度 14.6m，桥宽 24m，桥梁主线长 1.2km，采用碗扣式满堂支架搭设临时支撑模板体系，开工前施工单位编制了施工平面图，包括拟建道路及构筑物、地下管道；仓库构件堆场和加工场地位置；项目经理部临时设施位置；临时道路的布置。并按相关要求编制了该工程箱梁浇筑、预应力张拉专项施工方案，报总监理工程师准后开始施工。

6. 施工平面图中缺少（　　）等内容。（单选题）

A. 垂直运输机械位置　　B. 临时用电布置

C. 垂直运输机械位置、临时用电布置　　D. 洗车台位置

知识点：施工平面图布置要点。

7. 施工平面图的作用是（　　）。（多选题）

A. 单位工程施工组织设计的主要组成部分

B. 进行施工现场布置的依据

C. 施工准备工作的一项重要内容

D. 控制施工进度的依据

E. 显示施工单位的气派

知识点：施工平面图布置要点。

8. 施工平面图的设计依据是（　　）。（多选题）

A. 总平面图　　B. 已拟订好的施工方法和施工进度计划

C. 单位工程施工图　　D. 施工现场的现有条件

E. 施工单位财务状况

知识点：施工平面图布置要点。

9. 施工单位还应按建质［2009］87 号文规定编制（　　）重大专项施工方案。（单选题）

A. 深基坑　　B. 临时用电

C. 高大模板支架　　D. 爆破拆除

知识点：专项施工方案编制内容。

10. 本工程的专项方案编审应执行的程序是（　　）。（单选题）

A. 应执行由项目技术负责人编制、项目经理审核、总监签字程序

B. 应执行项目技术负责人编制、项目经理审核、公司技术负责人签字程序

C. 应执行项目技术负责人编制、公司质量、技术安全部门审核、公司技术负责人签

字程序，并由施工单位组织专家论证

D. 公司技术负责人编制、项目经理审核、公司总经理签字程序

知识点：专项施工方案编制内容。

第6章　施工项目管理概论

一、单选题

1. 下面不属于项目的特征的是：（　　）。

A. 项目一次性　　B. 项目目标的明确性

C. 项目的临时性　　D. 项目作为管理对象的整体性

知识点：项目、建设项目及施工项目含义。

2. 施工项目管理的主要内容为（　　）。

A. 三控制、二管理、一协调　　B. 三控制、三管理、二协调

C. 三控制、三管理、一协调　　D. 三控制、三管理、三协调

知识点：施工项目管理的概念。

3. 施工项目管理的主体是（　　）。

A. 以施工项目经理为首的项目经理部　　B. 以甲方项目经理为首的项目经理部

C. 总监为首的监理部　　D. 建设行政管理部门

知识点：施工项目管理的概念。

4.（　　）不属于施工项目管理任务。

A. 施工安全管理　　B. 施工质量控制

C. 施工人力资源管理　　D. 施工合同管理

知识点：施工项目管理的目标和任务。

5.（　　）不属于施工总承包方的管理任务。

A. 必要时可以代表业主方与设计方、工程监理方联系和协调

B. 负责施工资源的供应组织

C. 负责整个工程的施工安全、施工总进度控制、施工质量控制和施工的组织等

D. 代表施工方与业主方、设计方、工程监理方等外部单位进行必要的联系和协调等

知识点：施工项目管理的目标和任务。

6. 施工项目管理的目标是（　　）。

A. 施工的效率目标、施工的环境目标和施工的质量目标

B. 施工的成本目标、施工的进度目标和施工的质量目标

C. 施工的成本目标、施工的速度目标和施工的质量目标

D. 施工的成本目标、施工的进度目标和施工的利润目标

知识点：施工项目管理的目标和任务。

7.（　　）不属于矩阵式项目组织的优点。

A. 职责明确，职能专一，关系简单

B. 兼有部门控制式和工作队式两种组织的优点

C. 能以尽可能少的人力，实现多个项目管理的高效率

D. 有利于人才的全面培养

知识点：组织和组织论概念。

8. 矩阵式项目组织适用于（　　）。

A. 适用于小型的、专业性较强

B. 适用于平时承担多个需要进行项目管理工程的企业

C. 大型项目、工期要求紧迫的项目

D. 适用于大型经营性企业的工程承包

知识点：项目的结构分析和组织结构。

9. 右图为（　　）组织结构模式。

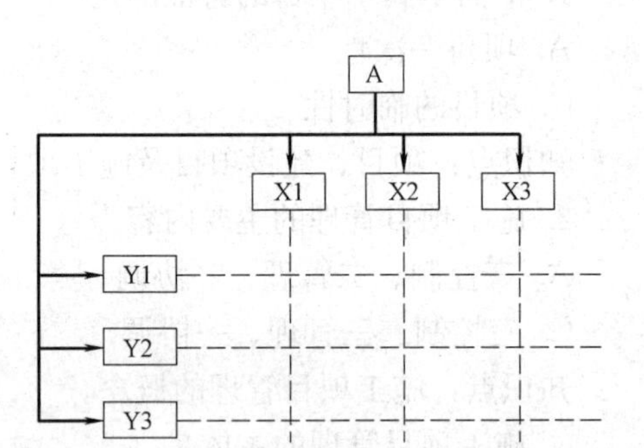

A. 职能组织结构　　B. 线性组织结构

C. 矩阵组织结构　　D. 队列式组织结构

知识点：项目的结构分析和组织结构。

10. 施工项目管理组织，是指为进行施工项目管理、实现组织职能而进行组织系统的（　　）三个方面。

A. 设计与建立、组织运行和组织重组

B. 建立与运行、组织优化和组织调整

C. 设计与建立、组织运行和组织调整

D. 建立与运行、组织优化和组织重组

知识点：项目的结构分析和组织结构。

11. 工作队式项目组织适用于（　　）。

A. 适用于小型的、专业性较强

B. 适用于平时承担多个需要进行项目管理工程的企业

C. 大型项目、工期要求紧迫的项目

D. 适用于大型经营性企业的工程承包

知识点：项目的结构分析和组织结构。

12. 反映一个组织系统中各子系统之间或各元素（各工作部门）之间的指令关系的是（　　）。

A. 组织结构模式　　　　B. 组织分工

C. 工作流程组织　　　　D. 工作分解结构

知识点：项目的结构分析和组织结构。

13.（　　）不属于组织论的重要组织工具。

A. 项目结构图　　　　B. 组织结构图

C. 工程结构图　　　　D. 合同结构图

知识点：项目的结构分析和组织结构。

14. 项目目标动态控制的核心是在项目实施的过程中定期地进行（　　）和（　　）的比较。

A. 项目目标计划值和偏差值　　　　B. 项目目标实际值和偏差值

C. 项目目标计划值和实际值　　　　　　D. 项目目标当期值和上一期值

知识点：施工项目的目标动态控制原理。

15.（　　）不属于运用动态控制原理控制施工成本的步骤。

A. 施工成本目标的逐层分解

B. 在施工过程中对施工成本目标进行动态跟踪和控制

C. 运用各种方法降低施工成本

D. 调整施工成本目标

知识点：施工项目的目标动态控制原理。

16. 项目目标的明确性是指（　　）。

A. 成果性目标和约束性目标　　　　　　B. 质量性目标和成本性目标

C. 进度目标和费用目标　　　　　　　　D. 质量性目标和约束性目标

知识点：调整施工成本目标。

17. 总结经验，改正缺点，并将遗留问题转入下一轮循环是 PDCA 中的（　　）阶段。

A. 计划　　　　B. 执行　　　　C. 检查　　　　D. 处置

知识点：动态控制方法在施工管理中的应用。

18.（　　）不属于运用动态控制进度的步骤。

A. 施工进度目标的逐层分解

B. 对施工进度目标的分析和比较

C. 在施工过程中对施工进度目标进行动态跟踪和控制

D. 调整施工进度目标

知识点：项目目标动态控制及纠偏措施。

19. 调整进度管理的方法和手段，改善施工管理和强化合同管理等属于（　　）的纠偏措施。

A. 组织措施　　　　　　　　　　　　　B. 管理措施

C. 经济措施　　　　　　　　　　　　　D. 进度措施

知识点：项目目标动态控制及纠偏措施。

20. 我国的建设工程监理属于国际上（　　）项目管理的范畴。

A. 业主方　　　　B. 施工方　　　　C. 建设方　　　　D. 监理方

知识点：建设工程监理的概念。

二、多选题

1.（　　）属于项目的特征。

A. 项目一次性　　　　　　　　　　　　B. 项目目标的明确性

C. 项目的临时性　　　　　　　　　　　D. 项目作为管理对象的整体性

E. 项目周期性

知识点：项目、建设项目及施工项目含义。

2. 施工阶段项目管理的任务，就是通过施工生产要素的优化配置和动态管理，以实现施工项目的（　　）管理目标。

A. 质量　　　　B. 成本

C. 工期　　　　D. 安全

E. 环境

知识点：施工项目管理的目标和任务。

3. 实行施工项目管理以后，工程施工的用工一般采用发包形式，其特点是：（　）。

A. 按承包的实物工程量和预算定额计算定额人工，作为计算劳务费用的基础

B. 人工费单价，由发承包双方协商确定，一般按技工和普工或技术等级分别规定工资单价

C. 定额人工以外的钟点工，有的按定额人工的一定比例一次包死，有的按时计算，钟点工单价由双方协商确定

D. 对在进度上作出特殊贡献的班组和个人，进行随机奖励，由项目经理根据实际情况具体掌握

E. 对在质量上作出特殊贡献的班组和个人，进行随机奖励，由项目经理根据实际情况具体掌握

知识点：施工项目管理的目标和任务。

4.（　）属于部门控制式项目组织的缺点。

A. 各类人员来自不同部门，互相不熟悉

B. 不能适应大型项目管理需要，而真正需要进行施工项目管理的工程正是大型项目

C. 不利于对计划体系下的组织体制（固定建制）进行调整

D. 不利于精简机构

E. 具有不同的专业背景，难免配合不力

知识点：项目的结构分析和组织结构。

5.（　）属于工作队式项目组织的特征。

A. 项目经理从职能部门抽调或招聘的是一批专家，他们在项目管理中配合，协同工作，可以取长补短，有利于培养一专多能的人才并充分发挥其作用

B. 各专业人才集中在现场办公，减少了扯皮和等待时间，办事效率高，解决问题快

C. 由于减少了项目与职能部门的结合部，项目与企业的结合部关系弱化，故易于协调关系，减少了行政干预，使项目经理的工作易于开展

D. 不打乱企业的原建制，传统的直线职能制组织仍可保留

E. 打乱企业的原建制，但传统的直线职能制组织可保留

知识点：项目的结构分析和组织结构。

6.（　）属于矩阵式项目组织的优点。

A. 职责明确，职能专一，关系简单

B. 有部门控制式组织的优点

C. 能以尽可能少的人力，实现多个项目管理的高效率

D. 有利于人才的全面培养

E. 有工作队式组织的优点

知识点：项目的结构分析和组织结构。

7. 项目组织结构图应反映项目经理与哪些主管工作部门或主管人员之间的组织关系（　）。

A. 费用（投资或成本）控制、进度控制
B. 材料采购部门
C. 合同管理部门
D. 信息管理和组织与协调等部门
E. 质量控制部门
知识点：项目的结构分析和组织结构。
8. 建设部规定必须实行监理的工程项目包括（　　）。
A. 国家重点建设工程
B. 大中型公用事业工程
C. 成片开发建设的住宅小区工程
D. 利用外国政府或者国际组织贷款、援助资金的工程
E. 50 万元以下零星工程
知识点：建设工程监理的概念。

三、判断题

1. 组织结构模式和组织分工都是一种相对动态的组织关系。（　　）
知识点：项目的结构分析和组织结构。
2. 在动态控制的工作程序中收集项目目标的实际值，定期（如每两周或每月）进行项目目标的计划值和实际值的比较是必不可少的。（　　）
知识点：动态控制方法在施工管理中的应用。

第 7 章　施工项目质量管理

一、单选题

1. 质量管理的核心是（　　）。
A. 确定质量方针、目标和职责
B. 建立有效的质量管理体系
C. 质量策划、质量控制、质量保证和质量改进
D. 确保质量方针、目标的实施和实现
知识点：质量及质量管理的概念。
2. 质量管理的首要任务是（　　）。
A. 确定质量方针、目标和职责
B. 建立有效的质量管理体系
C. 质量策划、质量控制、质量保证和质量改进
D. 确保质量方针、目标的实施和实现
知识点：质量及质量管理的概念。
3. 不属于影响项目质量因素中人的因素是（　　）。
A. 建设单位　　B. 政府主管及工程质量监督

C. 材料价格　　　　　　　　　　　　　　　D. 供货单位

知识点：质量及质量管理的概念。

4. 对质量管理体系来说，（　　）是实现质量方针和质量目标的能力。

A. 赋予特性　　　　　　　　　　　　　　　B. 固有特性

C. 组织特性　　　　　　　　　　　　　　　D. 主体特性

知识点：施工项目质量的特点。

5. （　　）不属于质量控制的系统过程。

A. 事前控制　　　B. 事中控制　　　C. 事后控制　　　D. 事后弥补

知识点：施工项目质量管理的基本原理。

6. 施工项目质量控制系统按实施主体分（　　）。

A. 勘察设计质量控制子系统、材料设备质量控制子系统、施工项目安装质量控制子系统、施工项目竣工验收质量控制子系统

B. 建设单位项目质量控制系统、施工项目总承包企业质量控制系统、勘察设计单位勘察设计质量控制子系统、施工企业（分包商）施工安装质量子系统

C. 质量控制计划系统、质量控制网络系统、质量控制措施系统、质量控制信息系统

D. 质量控制网络系统、建设单位项目质量控制系统、材料设备质量控制子系统

知识点：施工项目质量管理的基本原理。

7. 初步设计文件，规划、环境等要求，设计规范等属于设计交底中的（　　）。

A. 施工注意事项　　　　　　　　　　　　　B. 设计意图

C. 施工图设计依据　　　　　　　　　　　　D. 自然条件

知识点：施工项目质量的影响因素。

8. 为使施工单位熟悉有关的设计图纸，充分了解拟建项目的特点、设计意图和工艺与质量要求，减少图纸的差错，消灭图纸中的质量隐患，要做好（　　）工作。

A. 设计交底　图纸整理　　　　　　　　　　B. 设计修改　图纸审核

C. 设计交底　图纸审核　　　　　　　　　　D. 设计修改　图纸整理

知识点：施工项目质量的影响因素。

9. 工序质量控制的实质是（　　）。

A. 对工序本身的控制　　　　　　　　　　　B. 对人员的控制

C. 对工序的实施方法的控制　　　　　　　　D. 对影响工序质量因素的控制

知识点：施工项目质量的影响因素。

10. 按照工程重要程度，单位工程开工前，应由企业或项目技术负责人组织全面的（　　）。

A. 组织管理　　　B. 责任分工　　　C. 进度安排　　　D. 技术交底

知识点：施工项目质量的影响因素。

11. 施工项目质量控制系统按控制原理分（　　）。

A. 勘察设计质量控制子系统、材料设备质量控制子系统、施工项目安装质量控制子系统、施工项目竣工验收质量控制子系统

B. 建设单位项目质量控制系统、施工项目总承包企业质量控制系统、勘察设计单位勘察设计质量控制子系统、施工企业（分包商）施工安装质量子系统

C. 质量控制计划系统、质量控制网络系统、质量控制措施系统、质量控制信息系统

D. 质量控制网络系统、建设单位项目质量控制系统、材料设备质量控制子系统

知识点：施工项目质量的影响因素。

12. 环境管理体系运行中，应根据项目的环境目标和指标，建立对实际环境表现进行（　　）的系统。

A. 认识和适应　　B. 检测和反馈　　C. 测量和监测　　D. 测量和反馈

知识点：施工作业过程的质量控制。

13.（　　）不属于图纸审核的主要内容。

A. 该图纸的设计时间和地点

B. 对设计者的资质进行认定

C. 图纸与说明是否齐全

D. 图纸中有无遗漏、差错或相互矛盾之处，图纸表示方法是否清楚并符合标准要求

知识点：施工项目质量的影响因素。

14. 选定施工方案后，制定施工进度时，必须开率施工顺序、施工流向，主要分部分项工程的施工方法，特殊项目的施工方法和（　　）能否保证工程质量。

A. 技术措施　　B. 管理措施　　C. 设计方案　　D. 经济措施

知识点：施工项目质量控制的对策。

15. 工序管理就是去分析和发现影响施工每道工序质量的这两类因素中影响质量的（　　），并采取相应的技术和管理措施，使这些因素被控制在容许的范围内，从而保证每道工序的质量。

A. 偶然因素　　B. 异常因素　　C. 环境因素　　D. 必然因素

知识点：施工项目质量控制的对策。

16. 在工程质量问题中，如混合结构出现的裂缝可能随环境温度的变化而变化，或随荷载的变化及负荷的时间变化，这是属于工程质量事故的（　　）特点。

A. 复杂性　　B. 严重性　　C. 可变性　　D. 多发性

知识点：施工项目质量问题原因。

17. 严重影响使用功能或工程结构安全，存在重大质量隐患的质量事故属（　　）。

A. 一般质量事故　　B. 重大质重事故

C. 操作责任事故　　D. 严重质重事故

知识点：工程质量事故的特点和分类。

18. 直接经济损失 500 万元的质量事故可定为（　　）。

A. 一般质量事故　　B. 中级质量事故

C. 重大质量事故　　D. 特大质量事故

知识点：工程质量事故的特点和分类。

19. 未搞清地质情况就仓促开工；边设计边施工；无图施工；不经竣工验收就交付使用等，这是施工项目质量问题的（　　）原因。

A. 违反建设程序　　B. 违反法规行为

C. 地质勘探失真　　D. 施工与管理不到位

知识点：工程质量事故的特点和分类。

20. 工程质量事故处理基本要求是（　　），不留隐患；满足建筑物的功能和使用要求；技术上可行，经济合理原则。

A. 方便施工　　B. 厉行节约

C. 能省则省　　D. 安全可靠

知识点：施工项目质量事故处理的依据。

二、多选题

1. 材料质量控制的要点有（　　）。

A. 掌握材料信息，优选供货厂家

B. 合理组织材料供应，确保施工正常进行

C. 合理地组织材料使用，减少材料的损失

D. 加强材料检查验收，严把材料质量关

E. 降低采购材料的成本

知识点：施工项目质量的影响因素。

2. 采购要求中有关产品提供的程序性要求有（　　）。

A. 供方提交产品的程序

B. 供方生产提供的过程要求

C. 供方设备方面的要求

D. 对供方人员的资格要求

E. 供方服务提供的过程要求

知识点：施工项目质量的影响因素。

3. 属于工程测量的质量控制点的有（　　）。

A. 标准轴线桩　　B. 水平桩　　C. 预留洞孔

D. 定位轴线　　E. 预留控制点

知识点：施工项目质量的影响因素。

4. 现场进行质量检查的方法有（　　）。

A. 目测法　　B. 实测法　　C. 实验检查

D. 仪器测量　　E. 系统监测

知识点：施工项目质量的影响因素。

5. 施工项目的质量特点主要表现在（　　）。

A. 影响因素多

B. 容易产生质量变异

C. 质量的隐蔽性

D. 施工作业人员素质变异

E. 评价方法的特殊性

知识点：施工项目质量的影响因素。

6. 在特殊过程中，施工质量控制点的设置方法（种类）有（　　）。

A. 以施工项目的复杂程度为对象来设置

B. 以质量特性值为对象来设置

C. 以工序为对象来设置
D. 以设备为对象来设置
E. 以管理工作为对象来设置
知识点：施工项目质量的影响因素。
7. 工程质量具有（　　）的特点。
A. 复杂性　　B. 严重性　　C. 固定性
D. 多发性　　E. 可变性
知识点：施工项目质量的影响因素。
8. 事故项目质量问题的原因有很多，下列（　　）时属于施工与管理不到位的原因。
A. 施工方案考虑不周，施工顺序颠倒
B. 未经设计单位同意擅自修改设计
C. 为搞清工程地质情况仓促开工
D. 水泥安定性不良
E. 采用不正确的结构方案
知识点：施工项目质量的影响因素。
9. 工程质量问题调查报告的主要内容包括（　　）和质量问题处理补救的建议方案和相关责任人的处理和下次防范措施等。
A. 质量问题发生时间、地点、部位、性质、现状及发展变化等详细情况
B. 与质量问题相关的工程情况
C. 是否需要采取临时应急防护措施
D. 调查中的有关数据、资料和原因分析与判断
E. 相关人员检讨报告
知识点：工程质量问题的处理方式和程序。
10. 工程质量事故处理的主要依据有（　　）方面。
A. 政府监管情况说明　　B. 质量事故的实况资料
C. 有关合同及合同文件　　D. 有关的技术文件和档案
E. 相关的建设法规
知识点：工程质量问题的处理方式和程序。

三、判断题

1. 质量的主体是产品、体系、项目或过程，质量的客体是顾客和其他相关方。（　　）
知识点：施工项目质量管理的概念和原理。
2. 采购物资应符合设计文件、标准、规范、相关法规及承包合同要求，如果项目部另有附加的质量要求，则不应予以满足。（　　）
知识点：施工项目质量管理的概念和原理。
3. 所有验收，必须办理书面确认手续，否则无效。（　　）
知识点：施工项目质量管理的概念和原理。
4. 单位工程质量监督报告，应当在竣工验收之日起4天内提交竣工验收备案部门。（　　）

知识点：施工项目质量管理的概念和原理。

5. 建立质量管理体系的基本工作主要有：确定质量管理体系过程，明确和完善体系结构，质量管理体系要文件化，要定期进行质量管理体系审核与质量管理体系复审。（　）

知识点：施工项目质量管理的概念和原理。

6. 质量管理体系的评审和评价，一般称为管理者评审，它是由总监理工程师组织的，对质量管理体系、质量方针、质量目标等项工作所开展的适合性评价。（　）

知识点：质量管理体系的认证与监督。

7. 工程质量事故处理基本要求是安全可靠，不留隐患；满足建筑物的功能和使用要求；技术上可行，经济合理原则。（　）

知识点：工程质量问题的处理方式和程序。

8. 为确保过程的有效运行和控制，在程序文件的指导下，尚可按管理需要编制相关文件，如作业指导书、具体工程的质量计划等。（　）

知识点：质量管理体系的建立和运行。

9. 建设工程的质量政府监督仅体现在质量验收环节。（　）

知识点：项目质量政府监督的内容。

10. 建立质量管理体系的基本工作主要有：确定质量管理体系过程，明确和完善体系结构，质量管理体系要文件化，要定期进行质量管理体系审核与质量管理体系复审。（　）

知识点：质量管理体系的建立和运行。

四、案例题

【案例一】 某市政道路桥梁工程施工项目，承包人建立了以项目总工第一责任人的质量管理体系，监理单位也建立了相应的质量建立体系。项目施工完后，报请政府相关机构进行质量验收时，遭受拒绝。

1. 施工单位的项目经理部中质量的第一责任人应是（　）。（单选题）

A. 项目经理　　B. 项目总工　　C. 工程部长　　D. 质检员

知识点：质量管理体系的建立和运行。

2. 项目从开工到竣工，政府质量监督机构监督的内容包括（　）。（多选题）

A. 工程开工前，接收建设工程质量监督的申报手续

B. 开工前召开项目参与各方参加的首次监督会议，并进行第一次监督检查

C. 在工程施工期间，按照监督方案对施工情况进行不定期的检查

D. 对暂住人员检查

E. 参与竣工验收会议；编制单位工程质量监督报告；建立建设工程质量监督档案

知识点：项目质量政府监督的内容。

3. 施工项目质量管理体系过程一般可分为（　）以及交工验收和回访与维修等八个阶段。（多选题）

A. 工程调研和任务承接　　B. 施工准备

C. 材料采购　　D. 施工生产

E. 人员管理

知识点：质量管理体系的建立和运行。

4. 我国现行对工程质量通常采用按造成损失严重程度分为（　　）类。(多选题)

A. 一般质量事故　　B. 蜂窝麻面

C. 严重质量事故　　D. 钢筋外露

E. 重大质量事故

知识点：工程质量事故的特点和分类。

5. 本项目的报监程序是合法的。（　　）(判断题)

知识点：施工项目质量政府监督的职能。

【案例二】 项目施工完后，报请政府相关机构进行质量验收时，遭受拒绝。

6. 施工单位的项目经理部中质量的第一责任人应是（　　）。(单选题)

A. 项目经理　　B. 项目总工　　C. 工程部长　　D. 质检员

7. 本项目出现的质量事故属于（　　）。(单选题)

A. 一般质量事故　　B. 严重质量事故

C. 重大质量事故　　D. 特大质量事故

知识点：工程质量事故的特点和分类。

第8章　施工项目进度管理

一、单选题

1. 施工进度计划，可按项目的结构分解为（　　）的进度计划等。

A. 单位（项）工程、分部分项工程　　B. 基础工程、主体工程

C. 建筑工程、装饰工程　　D. 外部工程、内部工程

知识点：工程进度计划的分类。

2. 所谓工程工期是指工程从（　　）所经历的时间。

A. 开工到结束　　B. 开工至竣工

C. 开始到结束　　D. 开工到交工

知识点：工程的工期。

3. 工程进度管理是一个动态过程，影响因素多。影响工程进度管理的因素不包括（　　）。

A. 业主　　B. 勘察设计单位

C. 承包人　　D. 项目经理个人原因

知识点：影响进度管理的因素。

4. 在工程项目施工过程中，可以采用的三种组织方式不包括（　　）。

A. 依次施工　　B. 平行施工

C. 集中施工　　D. 流水施工

知识点：影响进度管理的因素。

5. 流水施工中，流水参数主要不包括（　　）。

A. 施工参数　　B. 空间参数

C. 时间参数　　D. 工艺参数

知识点：影响进度管理的因素。

6. 流水施工过程中的时间参数不包括（　　）。

A. 流水节拍　　B. 流水步距

C. 间歇时间　　D. 放假时间

知识点：影响进度管理的因素。

7. 施工进度目标的确定、施工组织设计编制、投入的人力及施工设备的规模，以及施工管理水平等影响进度管理的因素属于（　　）。

A. 业主　　B. 勘察设计单位　　C. 承包人　　D. 建设环境

知识点：影响进度管理的因素。

8. 横道图表的水平方向表示工程施工的（　　）。

A. 持续时间　　B. 施工过程　　C. 流水节拍　　D. 间歇时间

知识点：施工组织形式。

9. 同一施工过程在不同施工段上的流水节拍相等，但是不同施工过程在同一施工段上的流水节拍不全相等，而成倍数关系。叫作（　　）。

A. 等节拍流水　　B. 成倍节拍专业流水

C. 加快成倍节拍专业流水　　D. 无节奏专业流水

知识点：流水施工方法。

10. 横道图中每一条横道的长度表示流水施工的（　　）。

A. 持续时间　　B. 施工过程　　C. 流水节拍　　D. 间歇时间

知识点：流水施工方法。

11. 依次施工的缺点是（　　）。

A. 由于同一工种工人无法连续施工造成窝工，从而使得施工工期较长

B. 由于工作面拥挤，同时投入的人力、物力过多而造成组织困难和资源浪费

C. 一种工人要对多个工序施工，使得熟练程度较低

D. 容易在施工中遗漏某道工序

知识点：流水施工方法。

12. 当一个施工段上所需完成的劳动量（工日数）或机械台班量（台班数）和每天的工作班数固定不变，增加班组的人数或机械台班数，流水节拍（　　）。

A. 变大　　B. 不变　　C. 不能确定　　D. 变小

知识点：流水施工方法。

13. 依次施工的缺点是（　　）。

A. 由于同一工种工人无法连续施工造成窝工，从而使得施工工期较长

B. 由于工作面拥挤，同时投入的人力、物力过多而造成组织困难和资源浪费

C. 一种工人要对多个工序施工，使得熟练程度较低

D. 容易在施工中遗漏某道工序

知识点：流水施工方法。

14. 等节拍专业流水是指各个施工过程在各施工段上的流水节拍全部相等，并且等于

（　　）的一种流水施工。

A. 流水节拍　　B. 持续时间　　C. 施工时间　　D. 流水步距

知识点：流水施工方法。

15. 建筑市场状况、国家财政经济形势、建设管理体制等影响进度管理的因素属于（　　）。

A. 业主　　B. 勘察设计单位

C. 承包人　　D. 建设环境

知识点：影响进度管理的因素。

16. 某工程包括 A. B. C. D 四个施工过程，无层间流水。根据施工段的划分原则，分为四个施工段，每个施工过程的流水节拍为 2 天。又知施工过程 C 与施工过程 D 之间存在 2 天的技术间歇时间，则工期为（　　）。

A. 10　　B. 16　　C. 18　　D. 19

知识点：进度控制。

17. 有时由于各施工段的工程量不等，各施工班组的施工人数又不同，使同一施工过程在各施工段上或各施工过程在同一施工段上的流水节拍无规律性，这是需要组织（　　）。

A. 等节拍流水　　B. 成倍节拍专业流水

C. 加快成倍节拍专业流水　　D. 无节奏专业流水

知识点：流水施工方法。

18. 在不影响总工期的条件下可以延误的最长时间是（　　）。

A. 总时差　　B. 自由时差

C. 最晚开始时间　　D. 最晚结束时间

知识点：双代号网络计划计算方法。

19. 在不影响紧后工作最早开始时间的条件下，允许延误的最长时间是（　　）。

A. 总时差　　B. 自由时差

C. 最晚开始时间　　D. 最晚结束时间

知识点：双代号网络计划计算方法。

20. 某项目由 A. B. C 三项施工过程组成，划分两个施工层组织流水施工，流水节拍为一天。施工过程 B 完成后，需养护一天，下一个施工过程才能施工，且层间技术间歇为一天。为保证工作对连续作业，施工段数和计算工期分别为（　　）。

A. 4 段　15 天　　B. 5 段　14 天　　C. 5 段　13 天　　D. 6 段　15 天

知识点：双代号网络计划计算方法。

21. 双代号网络图是用（　　）表示一项工作的网络图。

A. 一对节点及两条箭线　　B. 一对节点及箭线

C. 一个节点及箭线　　D. 一对节点及之间的箭线

知识点：双代号网络计划计算方法。

22. 单代号绘图法用（　　）表示工作，工作之间的逻辑关系用（　　）箭线表示。

A. 圆圈或方框，双向箭头　　B. 圆圈或方框，单向箭头

C. 圆圈或方框，逆向箭头　　D. 圆圈或方框，线段

知识点：单代号网络。

23. 进度控制的措施除了合同措施外，不包括（　　）。

A. 组织措施　　B. 技术措施　　C. 经济措施　　D. 个人措施

知识点：施工项目进度控制的方法、措施及分析调整。

24. 施工项目进度控制的主要方法不包括（　　）。

A. 行政方法　　B. 经济方法

C. 个人情感　　D. 管理技术方法

知识点：施工项目进度控制的方法、措施及分析调整。

25. 双代号网络图中时间参数的计算不包括（　　）。

A. 最早开始时间　　B. 任意时差

C. 最迟开始时间　　D. 自由时差

知识点：双代号网络计划计算方法。

二、多选题

1. 影响施工项目进度的因素有（　　）。

A. 人的干扰因素　　B. 材料、机具、设备干扰因素

C. 家庭干扰因素　　D. 资金干扰因素

E. 设计变更

知识点：影响进度管理的因素。

2. 流水参数是在组织流水施工时，用以表达（　　）方面状态的参数。

A. 流水施工工艺流程　　B. 空间布置

C. 时间排列　　D. 资金投入

E. 施工人员数量

知识点：流水施工方法。

3. 分段不分层时无间歇时间的等节拍专业流水的施工工期计算公式正确的有（　　）。

A. $T=\sum K_{i,j+1}+mt$　　B. $T=(n-1)\times K+mt$

C. $T=(n+m+1)t$.　　D. $T=\sum K_{i,j+1}+m\times \mathrm{j}\times t$

E. $T=(n+m-1)t$

知识点：流水施工方法。

4. 属于绘制双代号网络图的规则的是（　　）。

A. 网络图中不允许出现回路

B. 在网络图中，不允许出现代号相同的箭线

C. 网络图中的节点编号不允许跳跃顺序编号

D. 在一个网络图中只允许一个起始节点和一个终止节点

E. 双代号网络图节点编号顺序应从小到大，可不连续，但严禁重复

知识点：双代号网络计划计算方法。

5. 与传统的横道图计划相比，网络计划的优点主要表现在（　　）。

A. 网络计划能够表示施工过程中各个环节之间互相依赖、互相制约的关系

B. 可以分辨出工作对个人效益的影响程度

C. 可以从计划总工期的角度来计算各工序的时间参数

D. 网络计划可以使用计算机进行计算

E. 使得在组织实施计划时，能够分清主次，把有限的人力、物力首先用来保证这些关键工作的完成

知识点：双代号网络计划计算方法。

6. 进度监测工作主要包括（　　）。

A. 进度计划执行中的跟踪检查　　B. 整理、统计数据

C. 对比分析实际进度与计划进度　　D. 编制进度控制报告

E. 分析进度对奖金的影响

知识点：施工项目进度控制的方法、措施及分析调整。

7. 定额工期指在平均的（　　）水平及正常的建设条件（自然的、社会经济的）下，工程从开工到竣工所经历的时间。

A. 建设管理水平　　B. 施工工艺　　C. 机械装备水平

D. 工人收入水平　　E. 工人工作时间

知识点：施工项目进度控制的方法、措施及分析调整。

8. 关键工作的特点是（　　）。

A. 难度大的工作　　B. 十分重要的工作

C. 自由时差为零的工作　　D. 效益高的工作

E. 总时差为零的工作

知识点：双代号网络计划计算方法。

9. 关键线路的特点是（　　）。

A. 全由关键工作组成的线路

B. 十分重要的工作组成的线路

C. 难度大的工作组成的线路

D. 效益高的工作组成的线路

E. 工期最长的线路

知识点：双代号网络计划计算方法。

10. 进度控制是指通过不断地（　　）的动态循环过程。

A. 计划　　B. 执行

C. 检查　　D. 分析和调整

E. 计算新工期

知识点：双代号网络计划计算方法。

三、判断题

1. 调整进度管理的方法和手段，改变施工管理和强化合同管理等属于纠偏措施里的组织措施。（　　）

知识点：施工项目进度控制的方法、措施及分析调整。

2. 等节拍专业流水是指各个施工过程在各施工段上的流水节拍全部相等，并且等于间歇时间的一种流水施工。（　　）

知识点：流水施工方法。

3. 网络图是有方向的，按习惯从第一个节点开始，各工作按其相互关系从左向右顺序连接，一般不允许箭线箭头从右方向指向左方向。（　）

知识点：双代号网络计划计算方法。

4. 在进度计划的调整过程中通过改变某些工作的逻辑关系可以达到缩短工作的持续时间的作用。（　）

知识点：施工项目进度控制的方法、措施及分析调整。

5. 流水步距是指组织流水施工时，前后两个相邻的施工过程（或专业工作队）先后开工的时间间隔。（　）

知识点：流水施工方法。

6. 流水施工过程中的空间参数主要包括工作面、施工段与施工层。（　）

知识点：流水施工方法。

7. 流水施工过程中的工艺参数主要指施工过程和流水强度。（　）

知识点：流水施工方法。

8. 所谓时标网络，是以时间坐标为尺度表示工作的进度网络。（　）

知识点：双代号网络计划计算方法。

9. 双代号网络图中，只允许有一个起始节点和多个终止节点。（　）

知识点：双代号网络计划计算方法。

10. 施工阶段是工程实体的形成阶段，对施工阶段进度进行控制是整个工程项目建设进度控制的重点。（　）

知识点：施工项目进度控制的方法、措施及分析调整。

四、案例题

【案例一】 某公司承包了一项市政道路工程，总工期为12个月。项目部按进度目标编制了进度计划横道图并实施。施工中承包商对进度进行了控制，但发生了下列情况：

情况一：施工一段时间后，承包单位发现某段出现暗浜，与图纸提供的地质不符，原设计不合理，需进行地基的特殊处理，实施该设计时采用的施工技术由于工作面过小进度异常缓慢，也无法投入过多的资源加快施工进度；

情况二：由于资源不足，某项工作无法按正常进度完成；

情况三：承包商把某项工程分包给两个分包商，两个分包商的工作交叉过多，相互牵制。

1. 进度控制措施包括（　）。（多选题）

A. 组织措施　　B. 技术措施

C. 经济措施　　D. 管理措施

E. 人为措施

知识点：施工项目进度控制的方法、措施及分析调整。

2. 情况一说明承包商在进度控制中的失误是（　）。（单选题）

A. 组织措施　　B. 技术措施

C. 经济措施　　D. 管理措施

知识点：施工项目进度控制的方法、措施及分析调整。

3. 因为设计等原因，横道图中清表和路基施工工序完成时间需延长，若要求总工期不变，则横道图可能作（　　）的调整。(多选题)

A. 加大后续所有工作的投入，缩短各工序所需完成时间

B. 加大其后一项后续工作的投入，缩短该工序所需完成时间

C. 加大其后部分后续工作的投入，缩短该部分工序所需完成时间

D. 采取分段流水作业，加大清表和路基施工及其后工序的投入，缩短各工序完成时间

E. 后续工序完成时间不作调整

知识点：施工项目进度控制的方法、措施及分析调整。

4. 情况二反映出承包商在进度控制时可能（　　）工作没有做?(多选题)

A. 编制与进度计划相适应的资源需求计划

B. 向公司汇报

C. 开会讨论

D. 资金供应条件

E. 对资源需求进行分析

知识点：施工项目进度控制的方法、措施及分析调整。

5. 情况三说明分包合同结构过于复杂，造成承包商协调工作难度增大，必然会对施工进度产生影响。这是在工期控制时要注意的。(判断题)　　（　　）

知识点：施工项目进度控制的方法、措施及分析调整。

【案例二】 在某城市的城区拟建一定向匝道桥，上跨既有立交桥。该匝道桥分跨为：12×25m+(28m+140m+28m)+12×25m，主跨为三跨钢与混凝土组合梁，引桥为预应力混凝土工字梁，两侧桥头路长各100m，采用装配式钢筋混凝土挡墙。桥宽为9.0m、分界墩为钢筋混凝土T形墩、中间墩为钢筋混凝土圆柱形墩，在钢筋混凝土承台下为钻孔灌注桩，施工工期为：5月1日～10月1日。

6. 桥梁施工组织设计的内容包括编制说明，编制依据，工程概况和特点，（　　）和质量计划等。(多选题)

A. 施工进度计划　　B. 工料机需要量及进场计划

C. 民工放假计划　　D. 施工平面图设计

E. 季节性施工的技术组织保证措施

知识点：影响进度管理的因素。

7. 基础的施工方法的选择既应考虑现有设备条件，还应尽量减少对（　　）的影响。(多选题)

A. 分包人的利益　　B. 周围居民生活

C. 分包人的利益　　D. 周围环境

E. 个人利益

知识点：影响进度管理的因素。

8. 本项目应考虑（　　）季节性施工的（　　）保证措施。(单选题)

A. 雨期、技术组织　　B. 冬季、技术组织

C. 雨期、冬季、技术　　D. 雨期、冬季、组织

知识点：施工项目进度控制的方法、措施及分析调整。

9. 施工进度计划编制的一般步骤为（　　）。其中①计算工程量；②确定劳动量和机械台班数；③确定施工过程；④确定各施工过程的作业天数；⑤编制施工进度计划；⑥编制主要工种人机料等的需用量计划。（单选题）

A. ①②③④⑤⑥　　B. ⑥⑤①②③④

C. ③①②④⑤⑥　　D. ②①③④⑥⑤

知识点：施工项目进度控制的方法、措施及分析调整。

10. 实际进度与计划进度的比较方法有（　　）。（多选题）

A. 横道图比较法　　B. S型曲线比较法

C. 柱状图比较法　　D. 散点图比较法

E. 香蕉型曲线比较法

知识点：施工项目进度控制的方法、措施及分析调整。

第9章　施工项目成本管理

一、单选题

1. 施工项目（　　）就是根据成本信息和施工项目的具体情况，运用一定的专门方法，对未来的成本水平及其可能发展趋势做出科学的估计，其实质就是在施工以前对成本进行估算。

A. 成本核算　　B. 成本预测　　C. 成本计划　　D. 成本分析

知识点：施工项目成本管理的措施。

2. 理想的项目成本管理结果应该是（　　）。

A. 承包成本＞计划成本＞实际成本　　B. 计划成本＞承包成本＞实际成本

C. 计划成本＞实际成本＞承包成本　　D. 承包成本＞实际成本＞计划成本

知识点：施工项目成本管理的措施。

3.（　）计划是以货币形式编制施工项目在计划期内的生产费用、成本水平、成本降低率以及为降低成本所采取的主要措施和规划的书面方案。

A. 劳动生产率　　B. 投资利润率　　C. 施工项目成本　　D. 机械化程度

知识点：施工项目成本管理的措施。

4. 施工项目成本管理的措施不包括（　　）。

A. 人工措施　　B. 技术措施　　C. 经济措施　　D. 合同措施

知识点：施工项目成本管理的措施。

5. 建立进度控制小组，将进度控制任务落实到个人属于施工项目进度控制措施中的（　　）。

A. 组织措施　　B. 技术措施　　C. 经济措施　　D. 合同措施

知识点：施工项目成本管理的措施。

6. 施工项目成本计划是（　　）编制的项目经理部对项目施工成本进行计划管理的指导性文件。

A. 施工开始阶段　　B. 施工筹备阶段

C. 施工准备阶段　　　　　　　　　D. 施工进行阶段

知识点：施工项目成本管理的措施。

7. 成本分析的基本方法不包括（　　）。

A. 比率法　　　　　　　　　　　B. 因素分析法

C. 差额法　　　　　　　　　　　D. 差额计算法

知识点：施工项目成本管理的措施。

8. 施工项目成本可以按成本构成分解为人工费、材料费、施工接卸使用费、措施费和（　　）。

A. 直接费　　　B. 企业费　　　C. 间接费　　　D. 利息

知识点：施工项目成本管理的措施。

9. 施工项目成本计划的编制不包括（　　）。

A. 合同报价书　　　　　　　　　B. 企业组织机构图

C. 施工预算　　　　　　　　　　D. 有关财务成本核算制度和财务历史资料

知识点：施工项目成本管理的措施。

10. 施工项目目标成本的确定，人工、材料、机械的价格按（　　）。

A. 市场价取定

B. 投标报价文件规定取定

C. 现行机械台班单价、周转设备租赁单价取定

D. 定额站价格

知识点：施工项目成本管理的措施。

11. 建安工程直接费包括人工费、（　　）和机械使用费。

A. 二次搬运费　　　B. 人员工资　　　C. 场地租借费　　　D. 材料费

知识点：施工项目成本管理的措施。

12. 工程量清单漏项或设计变更引起的新的工程量清单项目，其相应综合单价由（　　）提出，经发包人确认后作为结算的依据。

A. 承包人　　　B. 建设单位　　　C. 监理单位　　　D. 设计单位

知识点：施工项目成本管理的措施。

13. 人工费不包括施工人员的（　　）费用。

A. 基本工资　　　B. 工资性质的津贴　　　C. 上网费　　　D. 加班费

知识点：施工项目成本管理的措施。

14.（　　）所提供的各种成本信息是成本预测、成本计划、成本控制、成本分析和成本考核等各个环节的依据。

A. 施工项目成本核算　　　B. 投标成本　　　C. 招标成本　　　D. 结算成本

知识点：施工项目成本管理的措施。

15.《建设工程施工合同（示范文本）》约定的工程变更价款的确定方法不包括（　　）。

A. 合同中已有适用于变更工程的价格，按合同已有的价格变更合同价款

B. 合同中只有类似于变更工程的价格，可以参照类似价格变更合同价款

C. 合同中没有适用或类似于变更工程的价格，由承包人提出适当的变更价格，经工

程师确认后执行

D. 建设单位定价

知识点：工程变更价款的确定程序及工程结算的方法。

二、多选题

1. 施工项目成本按成本构成分解为人工费、（　）和间接费。

A. 材料费　　B. 管理费

C. 措施费　　D. 检测费

E. 施工机械使用费

知识点：施工项目成本分析的依据和方法。

2. 施工成本控制的依据包括（　　）。

A. 材料预付款　　B. 施工成本计划

C. 工程变更　　D. 进度报告

E. 工程承包合同

知识点：施工项目成本分析的依据和方法。

3. 成本分析的基本方法包括比较法、（　）。

A. 比例法　　B. 因素分析法

C. 比率法　　D. 差额计算法

E. 差额法

知识点：施工项目成本分析的依据和方法。

4. 成本偏差的控制，分析是关键，纠偏是核心。成本纠偏的措施包括（　　）。

A. 组织措施　　B. 合同措施　　C. 经济措施

D. 技术措施　　E. 环境措施

知识点：施工项目成本控制的依据和方法。

5. 施工项目成本分析，就是根据（　　）提供的资料，对施工成本的形成过程和影响成本升降的因素进行分析，以寻求进一步降低成本的途径。

A. 组织措施　　B. 合同措施　　C. 业务核算

D. 会计核算　　E. 统计核算

知识点：施工项目成本控制的依据和方法。

6. 会计核算中的会计六要素指标包括资产、负债、所有者权益、（　）等。

A. 营业收入　　B. 人工费　　C. 成本

D. 机械台班费　　E. 利润

知识点：施工项目成本控制的依据和方法。

7. 业务核算是各业务部门根据业务工作的需要而建立的核算制度，它包括原始记录和计算登记表，如单位工程及分部分项工程（　　），测试记录等等。

A. 营业收入　　B. 进度登记　　C. 质量登记

D. 定额计算登记　　E. 工效

知识点：施工项目成本控制的依据和方法。

8. 所谓综合成本，是指涉及多种生产要素，并受多种因素影响的成本费用，如

(　　)等。

A. 分部分项工程成本　　B. 月（季）度成本
C. 年度成本　　D. 分包工程成本
E. 竣工成本

知识点：施工项目成本控制的依据和方法。

9. 偏差分析可采用不同的方法，常用的有（　　）。

A. 横道图法　　B. 求导法　　C. 表格法
D. 人工法　　E. 曲线法

知识点：施工项目成本控制的依据和方法。

10. 建筑安装工程费用价格调值公式包括（　　）三项。

A. 固定部分　　B. 材料部分　　C. 机械部分
D. 设备部分　　E. 人工部分

知识点：工程变更价款的确定程序及工程结算的方法。

11. 施工项目成本控制的依据包括（　　）。

A. 施工成本计划　　B. 工程变更　　C. 工程承包合同
D. 进度报告　　E. 项目经理的指令

知识点：工程变更价款的确定程序及工程结算的方法。

三、判断题

1. 施工项目成本预测是施工项目成本计划与决策的依据。（　　）

知识点：施工项目成本计划编制。

2. 施工预算就是施工图预算。（　　）

知识点：施工项目成本计划编制。

3. 一般来说，一个施工项目成本计划应包括从开工到竣工所必需的施工成本。（　　）

知识点：施工项目成本计划编制。

4. 项目的整体利益和施工方本身的利益是对立统一关系，两者有其统一的一面，也有其对立的一面。（　　）

知识点：施工项目成本管理的任务。

5. 直接成本是指施工过程中直接耗费的构成工程实体或有助于工程形成的各项支出，包括人工费、材料费、机械使用费和施工措施费等。（　　）

知识点：施工项目成本计划编制。

6. 成本管理的经济措施就是财务人员完成的事情。（　　）

知识点：施工项目成本控制的措施。

7. 施工成本控制可分为事先控制、过程控制和事后控制。（　　）

知识点：施工项目成本控制的措施。

8. 间接费包括工人工资、现场管理费、保险费、利息等。（　　）

知识点：按施工项目成本组成编制施工项目成本计划。

9. 在施工成本控制中，把施工成本的实际值与计划值的差异叫做成本偏差。（　　）

知识点：施工项目成本控制的措施。

10. 索赔费用的计算方法有实际费用法、总费用法和修正的总费用法。（ ）
知识点：施工项目成本计划编制。

第10章　施工项目安全管理

一、单选题

1. 对一个工程项目，（ ）是安全生产第一责任人。

A. 项目经理　　B. 工程师　　C. 安全员　　D. 班组长

知识点：安全生产的管理制度。

2. （ ）是依据国家法律法规制定的，项目全体人员在生产经营活动中必须贯彻执行，同时也是企业规章制度的重要组成部分。

A. 项目经理聘任制度　　B. 安全生产责任制度

C. 项目管理考核评价制度　　D. 材料及设备的采购制度

知识点：安全生产的管理制度。

3. 安全生产六大纪律中规定，（ ）以上的高处、悬空作业、无安全设施的，必须系好安全带、扣好保险钩。

A. 2m　　B. 3m　　C. 4m　　D. 5m

知识点：常用施工安全技术措施。

4. 起重机吊运砌块时，应采用（ ）吊装工具。

A. 摩擦式砌块夹具　　B. 使用上压式砖笼

C. 网式砌块笼　　D. 网式砖笼

知识点：起重设备安全防护。

5. 塔吊的防护，以下说法错误的是（ ）。

A. “三保险”、“五限位”齐全有效。夹轨器要齐全

B. 路轨接地两端各设一组，中间间距不大于25m，电阻不大于4欧姆

C. 轨道横拉杆两端各设一组，中间杆距不大于6m

D. 轨道中间严禁堆杂物，路轨两侧和两端外堆物应离塔吊回转台尾部35cm以上

知识点：起重设备安全防护。

6. 工地行驶的斗车、小平车的轨道坡度不得大于（ ），铁轨终点应有车挡，车辆的制动闸和挂钩要完好可靠。

A. 2%　　B. 3%　　C. 4%　　D. 5%

知识点：部分施工机具安全防护。

7. 电焊工作地点（ ）m以内不得有易燃、易爆材料。

A. 10　　B. 8　　C. 6　　D. 5

知识点：各施工过程安全要求。

8. 施工安全教育的主要内容不包括（ ）。

A. 现场规章制度　　B. 本岗位安全操作

C. 交通安全须知　　D. 安全生产须知

知识点：施工安全教育主要内容。

9.（　　）时，不需要进行针对性的安全教育。

A. 上岗前　　B. 法定节假日前后

C. 工作对象改变　　D. 天气变化时

知识点：施工安全教育主要内容。

10. 安全教育培训要体现（　　）的原则，覆盖施工现场的所有人员，贯穿于从施工准备、到竣工交付的各个阶段和方面，通过动态控制，确保只有经过安全教育的人员才能上岗。

A. 安全第一，预防为主　　B. 安全保证体系

C. 安全生产责任制　　D. 全方位、全员、全过程

知识点：施工安全教育主要内容。

11. 安全生产须知不包括（　　）。

A. 新工人进入工地前必须认真学习本工种安全技术操作规程

B. 进入施工现场，必须戴好安全帽、扣好帽带

C. 回家应换洗衣服

D. 高空作业时，不准往下或向上抛材料和工具等物件

知识点：施工安全教育主要内容。

12. 安全检查可分为（　　）。（其中①日常性检查；②专业性检查；③季节性检查；④节假日前后的检查；⑤不定期检查）

A. ①③④　　B. ②⑤　　C. ①②⑤　　D. ①②③④⑤

知识点：安全检查的类型和安全检查的主要内容。

13. 安全技术措施交底的基本要求不包括（　　）。

A. 技术交底必须具体、明确，针对性强

B. 对设计隐私进行个别交底

C. 技术交底的内容应针对分部分项工程施工中给作业人员带来的潜在危害和存在问题

D. 保持书面安全技术交底签字记录

知识点：施工安全技术交底主要内容。

14. 如遇风力在（　　）级以上的恶劣天气影响施工安全时，禁止进行露天高空、起重和打桩作业。

A. 3　　B. 4　　C. 5　　D. 6

知识点：施工安全技术交底主要内容。

15. 安全管理体系的建立，必须适用于工程全过程的（　　）。

A. 安全管理与控制　　B. 进度管理与控制

C. 成本管理与控制　　D. 质量管理与控制

知识点：施工安全管理体系。

16. 地体可用角钢，钢管不少于（　　）根，入土深度不小于（　　）m，两根接地体间距不小于（　　）m，接地电阻不大于（　　）Ω。

A. 两，1，5.0，4　　B. 两，2，7.5，4

C. 两，3，3.0，2　　　　　　　　　　D. 三，4，2.0，2

知识点：各施工过程安全控制内容。

17. 乙炔器与氧气瓶间距应大于（　　）m，与明火操作距离应大于（　　）m，不准放在高压线下。

A. 3，3　　　　B. 4，5　　　　C. 5，5　　　　D. 5，10

知识点：各施工过程安全控制内容。

18. 起重吊装“十不吊”规定不包括（　　）。

A. 风力4级以上不准吊

B. 起重臂和吊起的重物下面有人停留或行走不准吊

C. 钢筋、型钢、管材等细长和多根物件应捆扎牢靠，支点起吊。捆扎不牢不准吊

D. 起重指挥应由技术培训合格的专职人员担任，无指挥或信号不清不准吊

知识点：起重设备安全防护。

19. 气割、电焊“十不烧”规定不包括（　　）。

A. 焊工应持证上岗，无特种作业安全操作证的人员，不准进行焊、割作业

B. 凡一、二、三级动火范围的焊、割作业，未经动火审批，不准进行焊、割

C. 焊工不了解焊件内部是否安全，不得进行焊、割

D. 没有图纸不得焊、割

知识点：各施工过程安全控制内容。

20. 安全检查中的专业性检查不是针对（　　）进行的检查。

A. 特种作业　　　　B. 特殊人员　　　　C. 特殊场所　　　　D. 特种设备

知识点：安全检查的类型和安全检查的主要内容。

21. 环境保护法律的基本原则是（　　）。

A. 军事效益原则　　　　B. 经济效益原则

C. 社会效益原则　　　　D. 污染者付费原则

知识点：环境保护内容。

二、多选题

1. 企业必须建立的安全生产管理基本制度，包括（　　）、伤亡事故的调查和处理等制度。

A. 安全生产责任制　　　　B. 安全技术措施

C. 人员轮岗制度　　　　D. 安全生产培训和教育

E. 听查课制度

知识点：安全生产的管理制度。

2. 施工安全保证体系的构成包含（　　）和施工安全信息保证体系。

A. 施工安全的组织保证体系　　　　B. 施工安全的制度保证体系

C. 施工安全的技术保证体系　　　　D. 施工安全投入保证体系

E. 施工安全处罚制度

知识点：施工安全保证体系。

3. 模板工程安全技术交底包括（　　）。

A. 不得在脚手架上堆放大批模板等材料

B. 禁止使用 2×4 木料作顶撑

C. 支撑、牵杠等不得搭在门窗框和脚手架上

D. 支模过程中，如需中途停歇，应将支撑、搭头、柱头板等钉牢。拆模间歇时，应将已活动的弹板、牵杠、支撑等运走或妥善堆放，防止因踏空、扶空而坠落

E. 通路中间的斜撑、拉杆等应设在 1m 高以上

知识点：施工安全技术交底主要内容。

4. “建筑施工安全检查评分汇总表”是对各分项检查结果的汇总，主要包括（　　）、物料提升与外用电梯、塔吊起重吊装和施工机具等内容。

A. 安全管理

B. 文明施工

C. “三宝”、“四口”防护

D. 爱护和正确使用安全防护装置（设施）及个人劳动防护用品

E. 施工用电

知识点：安全检查的注意事项和评分方法。

5. 班组安全生产教育由班组长主持，进行本工种岗位安全操作及班组安全制度、安全纪律教育的主要内容有（　　）。

A. 本班组作业特点及安全操作规程

B. 本岗位易发生事故的不安全因素及其防范对策

C. 本岗位的作业环境及使用的机械设备、工具安全要求

D. 爱护和正确使用安全防护装置（设施）及个人劳动防护用品

E. 高处作业、机械设备、电气安全基础知识

知识点：施工安全技术交底主要内容。

6. 作业人员有权（　　）。

A. 对作业程序擅自改变

B. 对安全问题提出控告

C. 拒绝违章指挥

D. 拒绝强令冒险作业

E. 对设计方案擅自变更

知识点：施工安全保证体系。

7. 安全检查可分为（　　）和不定期检查。

A. 日常性检查

B. 专业性检查

C. 季节性检查

D. 上班检查

E. 节假日前后的检查

知识点：安全检查的类型和安全检查的主要内容。

8. 不定期检查是指在工程或设备开工和停工前（　　）进行的安全检查。

A. 检修中

B. 专业性检查

C. 季节性检查

D. 工程或设备竣工

E. 设备试运转时

知识点：安全检查的类型和安全检查的主要内容。

9. “三宝”防护是指（　　）的正确使用。

A. 安全帽
B. 安全带
C. 防撞标志
D. 交通安全标志
E. 安全网

知识点："三宝"、"四口"防护措施。

10. "四口"防护是指（　　）通道口等各种洞口的防护应符合要求。

A. 楼梯口
B. 饮水井口
C. 电梯井口
D. 大门出入口
E. 预留洞口

知识点："三宝"、"四口"防护措施。

11. 我国关于环境保护相关的法律法规有（　　）。

A. 中华人民共和国环境保护法
B. 中华人民共和国固体废物污染环境防治法
C. 中华人民共和国水污染防治法
D. 中华人民共和国环境噪声污染防治法
E. 建设工程安全管理条例

知识点：环境保护法律法规组成。

三、判断题

1. "安全第一、预防为主"两者是相辅相成、互相促进的。"预防为主"是实现"安全第一"的基础。（　　）

知识点：安全生产方针。

2. 对大中型项目工程，结构复杂的重点工程除必须在施工组织总体设计中编制施工安全技术措施外，还应编制单位工程或分部分项工程安全技术措施。（　　）

知识点：常用施工安全技术措施。

3. 拆立杆时，先抱住立杆再拆开后两个扣，拆除大横杆、斜撑、剪刀撑时，应先拆中间扣，然后托住中间，再解端头扣。（　　）

知识点：施工安全技术交底主要内容。

4. 塔吊供电系统无法实行三相五线制时，其专用电源初端应增设重复接地装置，接地电阻不可超过10Ω。（　　）

知识点：各施工过程安全控制内容。

5. 在房屋高差较大或荷载差异较大的情况下，当未留设沉降缝时，容易在交接部位产生较大的不均匀沉降裂缝。（　　）

知识点：各施工过程安全控制内容。

6. 人货两用电梯下部三面搭设双层防坠棚，搭设宽度正面不小于2.8m，两侧不小于1.8m，搭设高度为3m。（　　）

知识点：各施工过程安全控制内容。

7. 通过建立施工安全管理体系，可以改善企业的安全生产规章制度不健全、管理方法不适当、安全生产状况不佳的现状。（　　）

知识点：安全生产的管理制度。

8. 施工安全技术保证由专项工程、专项技术、专项管理、专项治理4种类别构成。（　）

知识点：安全生产的管理制度。

9. 施工安全技术措施仅按施工阶段编写。（　）

知识点：施工安全技术措施的编制要求。

10. 距地面2m以上作业区要有防护栏杆、挡板或安全网。安全帽、安全带、安全网要定期检查，不符合要求的，严禁使用。（　）

知识点：施工安全技术措施的编制要求。

11. 环境保护以“三废”治理为主，坚持“预防为主，管治结合，以管促治，谁污染谁治理，谁开发谁保护”的原则。（　）

知识点：环境保护内容。

四、案例题

【案例一】 某工厂施工合同执行过程中出现下列情况：

（1）工程盖梁的配筋图未能及时交付给承包商，原定03年5月20日交付的图纸一直拖延至6月底。由于图纸交付延误，导致钢筋订货发生困难（订货半个月后交付钢筋）。因此原定6月中旬开始施工的屋顶梁钢筋绑扎拖至8月初，再加上该地区8月份遇到恶劣的气候条件，因气候原因导致工程延误1周。最后承包商向业主提出8周的工期索赔。

（2）某工程因业主指定分包商分包的地下连续墙施工出现质量问题，结构倾斜，基坑平面尺寸减小，影响了总包商的正常施工，因而总分包商向业主提出了工期索赔。

（3）某工程施工中，由于持续降雨，雨量是过去2年平均值的两倍，致使承包商的施工延误了34天，承包商要求监理工程师予以顺延工期。监理工程师认为：延误的工期中有一半是一个有经验的承包商无法预料的，另外17天应为承包商承担的正常风险，故只同意延长工期17天。

（4）某分部分项工程施工中，由于支架搭设不合理，在浇筑梁体混凝土时支架垮塌，导致一人死亡。

1. 上述三例中（　）不是造成的工期延误的原因。（多选题）

A. 业主拖延交付图纸　　B. 业主指定的分包商违约或延误

C. 不可抗力导致的自然灾害　　D. 承包商违约

E. 承包商误工

知识点：索赔费用的组成和索赔费用的计算方法。

2. 除此之外，导致工期延误的原因有（　）。（多选题）

A. 业主拖延交付合格的施工场地

B. 业主拖延支付工程款

C. 业主未能及时提供合同规定的材料设备

D. 业主拖延关键线路上工序的验收时间

E. 良好的现场条件

知识点：索赔费用的组成和索赔费用的计算方法。

3. （　　）属于工期索赔的依据。（多选题）

A. 气象资料

B. 业主或监理工程师的变更指令

C. 承包商的违约行为

D. 对工期的修改文件，如会议纪要、来往信件

E. 受干扰的实际工程进度

知识点：索赔费用的组成和索赔费用的计算方法。

4. 按照索赔发生的原因划分，索赔应包括（　　）等类型。（多选题）

A. 延期索赔　　B. 工程范围变更索赔

C. 施工加速索赔　　D. 不利的现场条件索赔

E. 安全事故索赔

知识点：索赔费用的组成和索赔费用的计算方法。

5. 出现安全事故后，应该（　　）。（多选题）

A. 抢救伤员　　B. 保护现场

C. 立即恢复现场施工　　D. 及时报告

E. 私下处理尸体

知识点：施工安全管理体系。

【案例二】 某市政工程基础采用明挖基坑施工，基坑挖深为 5.5m，地下水在地面以下 1.5m，坑底黏土下存在承压水层。坑壁采用网喷混凝土加固。基坑附近有高层建筑物及大量地下管线。设计要求每层开挖 1.5m，即进行挂网喷射混凝土加固。由于在市区，现场场地狭小，项目经理决定把钢材堆放在基坑坑顶附近；为便于出土，把开挖的弃土先堆放在基坑北侧坑顶，然后再装入自卸汽车运出。由于工期紧张，施工单位把每层开挖深度增大为 3.0m，以加快基坑挖土及加固施工的进度。

在开挖第二层土时，基坑变形量显著增大，变形发展速率越来越快。随着开挖深度的增加，坑顶地表出现许多平行基坑裂缝。但施工单位对此没有在意，继续按原方案开挖。

当基坑施工至 5m 深时，基坑出现了明显的坍塌征兆。项目经理决定对基坑进行加固处理，组织人员在坑内抢险，但已经为时过晚，基坑坍塌造成了多人死亡的重大事故，并造成了巨大的经济损失。

6. 本工程基坑侧壁安全等级应属于（　　）。（单选题）

A. 一级　　B. 二级　　C. 三级　　D. 四级

知识点：施工现场的安全防护。

7. 本工程基坑应重点监测内容（　　）等。（多选题）

A. 基坑侧壁水平位移　　B. 周边建筑物、管线沉降

C. 基坑底部隆起位移　　D. 出土量大小

E. 人员进出情况

知识点：施工现场的安全防护。

8. 本工程基坑施工时存在的重大工程隐患包括（　　）等。（多选题）

A. 不及时开挖　　B. 不按设计要求施工

C. 挖土太慢　　D. 大量钢材及弃土堆集于坑顶

E. 机械不满足要求

知识点：施工现场的安全防护。

9. 当基坑出现坍塌凶兆后，应组织人（　　）。(单选题)

A. 撤出机械设备　　B. 进入基坑抢险

C. 加固支撑　　D. 及早撤离现场

知识点：施工现场的安全防护。

10. 基坑开挖前应做出系统的开挖监控方案，监控方案应包括（　　）。(多选题)

A. 监控目的、监测项目、监控报警值

B. 监测点的布置、监测方法及精度要求

C. 监测周期、工序管理和记录制度

D. 监测报告

E. 信息反馈系统

知识点：施工现场的安全防护。

【案例三】 某工地正在进行下水道工程的窨井砌砖作业，当时有 6 名砖瓦工在深达 5m 的无槽壁支撑的沟槽中施工，1 名砖瓦工在地面休息。突然，地面休息的工人发现沟槽有不明水冒出，同时沟槽坍塌，沟槽边堆高达 1.8m 的土方下滑，急忙向沟底工人发出塌方危险信号，沟底 6 名工人向不同方向逃逸，其中 5 人幸免于难，1 人被埋在土中，露出胳膊。5 人见状忙用手挖土将人救出，同时报告现场负责人。该负责人立即调来运土翻斗车送伤者去医院抢救，因不知道最近的医院地址，用了近 40min 时间才送达。经医院检查，伤者因窒息时间过长已经死亡。施工负责人忙于接待死者家属，等到第 3 天才想起通知上级主管部门，等事故调查组接到拖延的事故报告到达现场时窨井已砌好，事故现场已面目全非。

11. 造成本次事故的不安全状态有（　　）。(多选题)

A. 深达 5m 的沟槽槽壁没有支撑　　B. 槽壁渗水

C. 砖未提前浸水　　D. 砂浆强度不足

E. 沟槽边堆土高度超标

知识点：各施工过程安全控制内容。

12. 人的不安全行为有（　　）。(多选题)

A. 工人们冒险进入深达 5m 且没有支撑的沟槽作业

B. 沟槽临近施工宿舍内的生活污水倾倒在沟槽附近，渗入地下造成槽壁冒水

C. 戴安全帽

D. 系安全带

E. 穿防滑鞋

知识点：各施工过程安全控制内容。

13. 管理上的失误包括（　　）。(多选题)

A. 人员登记

B. 技术交底

C. 采取错误的抢救方法

D. 无应急预案，不知道附近医院延误抢救时机

E. 现场保护不力，事故迟报

知识点：各施工过程安全控制内容。

14. 应急救援预案中现场应急处置内容包括事故应急处置程序、（　　）。（多选题）

A. 事故报告

B. 现场应急处置措施

C. 报警电话及上级管理部门、相关应急救援单位联络方式和联系人员

D. 事故报告的基本要求和内容

E. 个人安全措施

知识点：各施工过程安全控制内容。

15. 对安全责任事故，应做到“四不放过”，即事故原因不清楚不放过、（　　）。（多选题）

A. 没有罚款不放过

B. 事故责任者和员工没有受过教育不放过

C. 事故责任者没有处理不放过

D. 没有制定防范措施不放过

E. 事故原因清楚不放过

知识点：各施工过程安全控制内容。

参考答案（专业管理实务）

第1章

一、单选题

1. B；2. D；3. A；4. D；5. B；6. A；7. C；8. D；9. C；10. B；11. B；12. B；13. B；14. A；15. D；16. C；17. B；18. C；19. B；20. B；21. D；22. C；23. B；24. B；25. B；26. C；27. A；28. D；29. A；30. C；31. A；32. D；33. B；34. A；35. C；36. C；37. D；38. A；39. A；40. D；41. B；42. B；43. D；44. C；45. A；46. A；47. C；48. C；49. A；50. D；51. B；52. C；53. D；54. A；55. D；56. D；57. A；58. A；59. D；60. B；61. C；62. A；63. D；64. C；65. B；66. D；67. A；68. B；69. B；70. C；71. D；72. C；73. D；74. B；75. D；76. A；77. D；78. B；79. B；80. D

二、多选题

1. ABCD；2. ABC；3. BCD；4. ABDE；5. ABE；6. CDE；7. ABCD；8. ACE；9. ACD；10. BCDE；11. ABCD；12. AC；13. BCD；14. ABD；15. BC；16. ABCD；17. ABCE；18. ABC；19. ABC；20. ACD；21. ACD；22. ABCD；23. ACD；24. BCDE；25. ABD；26. ABCD；27. BCDE；28. AB；29. ABC；30. ABCD；31. ACDE；32. ABDE；33. ACE；34. ABDE；35. ABCD；36. BCDE；37. ABCD；38. BCD；39. ACD；40. BCE

三、判断题（正确A、错误B）

1. A；2. B；3. B；4. B；5. A；6. A；7. B；8. B；9. A；10. B；11. B；12. A；13. A；14. B；15. A；16. A；17. A；18. B；19. A；20. A；21. A；22. A；23. B；24. A；25. A；26. A；27. B；28. B；29. A

四、案例题

1. ABC；2. B；3. ACE；4. D；5. C；6. ABD；7. A；8. ABC；9. D；10. D；11. ABD；12. C；13. ABD；14. ACE；15. D；16. D；17. B；18. B；19. D；20. C；21. AE；22. A；23. D；24. C；25. B；26. D

第2章

一、单选题

1. B；2. C；3. B；4. D；5. B；6. D；7. C；8. A；9. C；10. B；11. C；12. B；13. C；14. B；15. A；16. D；17. B；18. C；19. D；20. D；21. D；22. A；23. D；24. C；25. D；26. C；27. D；28. B；29. B；30. C；31. B；32. A；33. B；34. B；35. A；36. D；37. D；38. B；39. B；40. D；41. D；42. C；43. C；44. A；45. B；46. D；47. D；48. C；49. B；50. D；51. C；52. C；53. C；54. A；55. B；56. A；57. A；58. C；59. D；60. C；61. D；62. B；63. C；64. D；65. B；66. A；67. C；68. A；69. D；70. A；71. A；72. D；73. A；74. A；75. A；76. C；77. B；78. B；79. C；80. D；81. C；82. B；83. C；84. D；85. A；86. C；87. A；88. A；89. B；90. A；91. C；92. B；93. C；94. D；95. C；96. D；97. B；98. B；99. A；100. A

二、多选题

1. ABCD；2. AD；3. BCE；4. ACDE；5. ABCE；6. BCD；7. ABCD；8. ABD；9. BCD；10. ABCD；11. ABCD；12. ABCD；13. ABC；14. ABCE；15. ABE；16. BCDE；17. CDE；18. CD；19. ABE；20. CD；21. ACDE；22. AB；23. ABCD；24. ABCD；25. ACD；26. ABCD；27. BCDE；28. ABD；29. CDE；30. ACD

三、判断题（正确A、错误B）

1. A；2. A；3. A；4. B；5. A；6. B；7. A；8. A；9. A；10. B；11. B；12. B；13. A；14. A；15. B；16. A；17. B；18. A；19. B；20. A；21. B

四、案例题

1. B；2. BCD；3. ACE；4. ABDE；5. C；6. BCDE；7. B；8. ACD；9. ×；10. D；11. ACDE；12. B；13. B；14. A；15. D；16. C；17. √；18. AC；19. ABCD；20. ABC

第3章

一、单选题

1. C；2. D；3. A；4. C；5. A；6. B；7. C；8. D；9. B；10. C；11. D；12. A；13. D；14. B；15. D；16. A；17. D；18. B；19. C；20. B；21. D；22. D；23. A；24. B；25. D

二、多选题

1. ABC；2. AC；3. BCD；4. ABE；5. ACD；6. BC；7. AD；8. CDE；9. BE；

10. ABCD

三、判断题（正确A、错误B）

1. B；2. A；3. A；4. B；5. B；6. A；7. A；8. B；9. A；10. A

四、案例题

1. ABD；2. ACE；3. ABCE；4. ACDE；5. ABDE；6. ABE；7. BDE；8. ABC；9. A；10. ABCD

第4章

一、单选题

1. B；2. D；3. B；4. A；5. D；6. B；7. B；8. B；9. B；10. D；11. A；12. C；13. B；14. A；15. B；16. D；17. C；18. D；19. D；20. B；21. B；22. C；23. C；24. C；25. B；26. C；27. B；28. B；29. D；30. B；31. C；32. C；33. C；34. C；35. C；36. B；37. B；38. A；39. A；40. D；41. C；42. B；43. A；44. C；45. B

二、多选题

1. ACDE；2. ABDE；3. ACE；4. ABDE；5. AB；6. BCD；7. BC；8. ABCE；9. ACE；10. ABD；11. BD；12. AC；13. ACD；14. BC；15. AD；16. ACDE；17. BC；18. ABC；19. ABD；20. CDE；21. ABD；22. ACE；23. BCD；24. ACE；25. ABDE

三、判断题（正确A、错误B）

1. B；2. B；3. B；4. B；5. A；6. B；7. B；8. B；9. A；10. A；11. B；12. A；13. A；14. A；15. A；16. A；17. B；18. A；19. A；20. B

四、案例题

1. B；2. C；3. C；4. D；5. A；6. BD；7. ACE；8. BD；9. ABCE；10. ACE

第5章

一、单选题

1. C；2. A；3. B；4. D；5. D；6. C；7. A；8. A；9. C；10. A；11. C；12. B；13. D；14. B；15. A；16. D；17. D；18. C；19. B；20. C；21. A；22. A；23. A；24. D；25. B；26. B；27. B；28. A；29. C；30. A；31. C；32. C；33. D；34. C；35. B；36. B；37. B；38. C；39. C；40. C；41. A；42. A；43. B；44. D；45. A

二、多选题

1. ABCD；2. ABCD；3. ABC；4. BCD；5. ABCD；6. ABD；7. BCDE；8. ABCD；9. ABCD；10. BCDE；11. ABCD；12. ABCD；13. ABC；14. ADE；15. BCDE；16. ABCE；17. ABCD；18. ABCD；19. ABCD；20. AC

三、判断题（正确A、错误B）

1. B；2. A；3. A；4. A；5. B；6. A；7. B；8. A；9. A；10. B

四、案例题

1. A；2. C；3. ACD；4. ABCD；5. √；6. C；7. ABC；8. ABCD；9. C；10. C

第6章

一、单选题

1. C；2. C；3. A；4. C；5. A；6. B；7. A；8. B；9. C；10. C；11. C；12. A；13. C；14. C；15. C；16. A；17. D；18. B；19. B；20. A

二、多选题

1. ABD；2. ABCD；3. ABDE；4. BCD；5. ABCD；6. BCDE；7. ACDE；8. ABCD

三、判断题（正确A、错误B）

1. B；2. A

第7章

一、单选题

1. B；2. A；3. C；4. B；5. D；6. B；7. C；8. C；9. D；10. D；11. C；12. C；13. A；14. A；15. B；16. C；17. D；18. A；19. A；20. D

二、多选题

1. ABCD；2. ABDE；3. ABD；4. AB；5. ABCE；6. BCDE；7. ABDE；8. AB；9. ABCD；10. BCDE

三、判断题（正确A、错误B）

1. A；2. B；3. A；4. B；5. A；6. B；7. A；8. A；9. B；10. A

四、案例题

1. A；2. ABCE；3. ABCD；4. ACE；5. ×；6. A；7. B

第8章

一、单选题

1. A；2. B；3. D；4. C；5. A；6. D；7. C；8. A；9. B；10. C；11. A；12. D；13. A；14. D；15. D；16. B；17. D；18. A；19. B；20. C；21. D；22. B；23. D；24. C；25. B

二、多选题

1. ABDE；2. ABC；3. ABE；4. ABDE；5. ACDE；6. ABCD；7. ABC；8. CE；9. AE；10. ABCD

三、判断题（正确A、错误B）

1. B；2. B；3. A；4. B；5. A；6. A；7. A；8. A；9. B；10. A

四、案例题

1. ABCD；2. B；3. ABCD；4. ADE；5. √；6. ABDE；7. BD；8. A；9. C；10. ABE

第9章

一、单选题

1. B；2. A；3. C；4. A；5. A；6. C；7. C；8. C；9. B；10. B；11. D；12. A；13. C；14. A；15. D

二、多选题

1. ACE；2. BCDE；3. BCD；4. ABCD；5. CDE；6. ACE；7. BCDE；8. ABCE；9. ACE；10. ABE；11. ABCD

三、判断题（正确A、错误B）

1. A；2. B；3. A；4. A；5. A；6. B；7. A；8. B；9. A；10. A

第10章

一、单选题

1. A；2. B；3. A；4. A；5. D；6. B；7. D；8. C；9. C；10. D；11. C；12. D；13. B；14. D；15. A；16. B；17. D；18. A；19. D；20. B；21. D

二、多选题

1. ABD；2. ABCE；3. ABCD；4. ABCE；5. ABCD；6. CD；7. ABCE；8. ADE；9. ABE；10. ACE；11. ABCD

三、判断题（正确 A、错误 B）

1. A；2. A；3. A；4. B；5. A；6. B；7. A；8. A；9. B；10. A；11. A

四、案例题

1. DE；2. ABCD；3. ABDE；4. ABCD；5. ABD；6. A；7. ABC；8. BD；9. D；10. ABCE；11. ABE；12. AB；13. CDE；14. BCD；15. BCD

第三部分

模 拟 试 卷

模拟试卷

第一部分　专业基础知识（共60分）

一、单项选择题（以下各题的备选答案中都只有一个是最符合题意的，请将其选出，并在答题卡上将对应题号后的相应字母涂黑。每题0.5分，共20分。）

1. 图纸幅面，即图纸的基本尺寸，《房屋建筑制图统一标准》GB 50001—2010 规定图纸幅面有（　　）种。

A. 3　　B. 4　　C. 5　　D. 6

2. 如果将物体放在互相垂直的投影面之间，用三组分别（　　）的平行投射线进行投影，就得到物体三个方向的正投影图，也即形成了三面投影图。

A. 倾斜　　B. 直射　　C. 折射　　D. 垂直

3. 在正投影图的展开中，A点的水平投影a和正面投影a′的连线必定（　　）于相应的投影轴。

A. 平行　　B. 倾斜　　C. 垂直　　D. 投影

4. 市政工程常用图例中，[图例]代表（　　）材料。

A. 细粒式沥青混凝土　　B. 中粒式沥青混凝土

C. 粗粒式沥青混凝土　　D. 沥青碎石

5. 水准测量时，持尺不垂直是（　　）引起的误差。

A. 仪器　　B. 自然环境　　C. 操作不当　　D. 其他原因

6. 有关水准测量注意事项中，下列说法错误的是（　　）。

A. 仪器应尽可能安置在前后两水准尺的中间部位

B. 每次读数前均应精平

C. 记录错误时，应擦去重写

D. 测量数据不允许记录在草稿纸上

7. 图示中力多边形自行不封闭的是（　　）。

A. 图（a）

B. 图（b）

C. 图（c）

D. 图（d）

(a)　(b)　(c)　(d)

8. 永久荷载的代表值是（　　）。

A. 标准值　　B. 组合值　　C. 设计值　　D. 准永久值

9. 如下图所示杆 ACB，其正确的受力图为（　　）。

A. 图 A　　B. 图 B　　C. 图 C　　D. 图 D

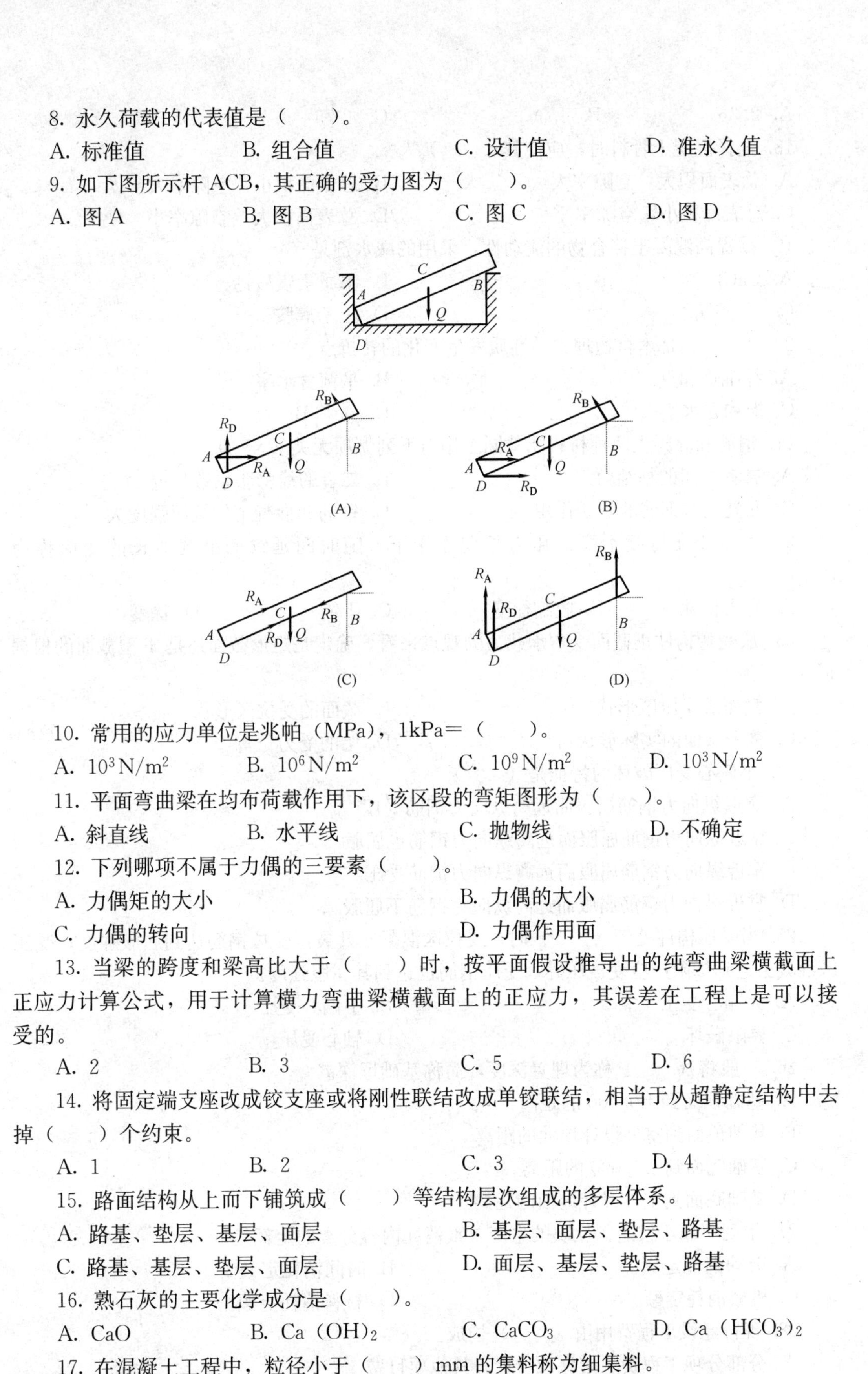

(A)　(B)　(C)　(D)

10. 常用的应力单位是兆帕（MPa），1kPa=（　　）。

A. $10^{3}N/m^{2}$　　B. $10^{6}N/m^{2}$　　C. $10^{9}N/m^{2}$　　D. $10^{3}N/m^{2}$

11. 平面弯曲梁在均布荷载作用下，该区段的弯矩图形为（　　）。

A. 斜直线　　B. 水平线　　C. 抛物线　　D. 不确定

12. 下列哪项不属于力偶的三要素（　　）。

A. 力偶矩的大小　　B. 力偶的大小

C. 力偶的转向　　D. 力偶作用面

13. 当梁的跨度和梁高比大于（　　）时，按平面假设推导出的纯弯曲梁横截面上正应力计算公式，用于计算横力弯曲梁横截面上的正应力，其误差在工程上是可以接受的。

A. 2　　B. 3　　C. 5　　D. 6

14. 将固定端支座改成铰支座或将刚性联结改成单铰联结，相当于从超静定结构中去掉（　　）个约束。

A. 1　　B. 2　　C. 3　　D. 4

15. 路面结构从上而下铺筑成（　　）等结构层次组成的多层体系。

A. 路基、垫层、基层、面层　　B. 基层、面层、垫层、路基

C. 路基、基层、垫层、面层　　D. 面层、基层、垫层、路基

16. 熟石灰的主要化学成分是（　　）。

A. CaO　　B. $Ca(OH)_2$　　C. $CaCO_3$　　D. $Ca(HCO_3)_2$

17. 在混凝土工程中，粒径小于（　　）mm 的集料称为细集料。

A. 2.36　　B. 3.36　　C. 4.75　　D. 5.75

18. 选择混凝土骨料时，应使其（　　）。

A. 总表面积大，空隙率大　　B. 总表面积小，空隙率大

C. 总表面积小，空隙率小　　D. 总表面积大，空隙率小

19. 欲提高混凝土拌合物的流动性，采用的减水剂是（　　）。

A. $CaCl_2$　　B. 木质素磺酸钙

C. Na_2SO_4　　D. 三乙醇胺

20.（　　）是木材物理力学性质发生变化的转折点。

A. 纤维饱和点　　B. 平衡含水率

C. 饱和含水率　　D. A 和 B

21. 钢筋和混凝土两种材料能共同工作与下列哪项无关（　　）。

A. 二者之间的粘结力　　B. 二者的线膨胀系数相近

C. 混凝土对钢筋的防锈作用　　D. 钢筋和混凝土的抗压强度大

22. 混凝土在持续不变的压力长期作用下，随时间延续而继续增长的变形称为（　　）。

A. 应力松弛　　B. 收缩徐变　　C. 干缩　　D. 徐变

23. 从受弯构件正截面受弯承载力的观点来看，确定是矩形截面还是 T 型截面的根据是（　　）。

A. 截面的受压区形状　　B. 截面的受拉区形状

C. 整个截面的实际形状　　D. 梁的受力位置

24. 小偏心受压破坏的特征是（　　）。

A. 靠近纵向力钢筋屈服而远离纵向力钢筋受压

B. 靠近纵向力钢筋屈服而远离纵向力钢筋也屈服

C. 靠近纵向力钢筋屈服而远离纵向力钢筋受压

D. 靠近纵向力钢筋屈服而远离纵向力钢筋不屈服

25. 当受压构件处于（　　）时，受拉区混凝土开裂，受拉钢筋达到屈服强度；受压区混凝土达到极限压应变被压碎，受压钢筋也达到其屈服强度。

A. 大偏心受压　　B. 小偏心受压

C. 界限破坏　　D. 轴心受压

26. 一般将（　　）称为埋置深度，简称基础埋深。

A. 基础顶面到±0.000 的距离

B. 基础顶面到室外设计地面的距离

C. 基础底面到±0.000 的距离

D. 基础底面到室外设计地面的距离

27. 下列不属于按定额反映的生产要素消耗内容分类的定额是（　　）。

A. 劳动消耗定额　　B. 时间消耗定额

C. 机械消耗定额　　D. 材料消耗定额

28. 现行建设工程费用由（　　）构成。

A. 分部分项工程费、措施项目费、其他项目费

B. 分部分项工程费、措施项目费、其他项目费、规费

C. 分部分项工程费、措施项目费、其他项目费、税金

D. 分部分项工程费、措施项目费、其他项目费、规费和税金

29. 机械的场外运费是指施工机械由（　　）运至施工现场或由一个工地运至另一个工地的运输、装卸、辅助材料及架线等费用。

A. 存放地　B. 发货地点　C. 某一工地　D. 现场

30. 预算文件的编制工作是从（　　）开始的。

A. 分部工程　B. 分项工程　C. 单位工程　D. 单项工程

31. 下列不属于按定额的编制程序和用途来分类的定额是（　　）。

A. 施工定额　B. 劳动定额　C. 预算定额　D. 概算定额

32. 不属于人工预算单价的内容的是（　　）。

A. 生产工具用具使用费　B. 生产工人基本工资

C. 生产工人工资性补贴　D. 生产工人辅助工资

33. 建筑工程总承包单位按照总承包合同的约定对（　　）负责。

A. 建设单位　B. 施工单位　C. 发包单位　D. 业主

34. 施工单位不履行保修义务或者拖延履行保修义务的，责令改正，处（　　）的罚款，并对在保修期内因质量缺陷造成的损失承担赔偿责任。

A. 10 万元以上 20 万元以下　B. 20 万元以上 50 万元以下

C. 50 万元以上 100 万元以下　D. 100 万元以上

35. 施工单位的（　　）应当经建设行政主管部门或者其他有关部门考核合格后方可任职。

A. 主要负责人　B. 项目负责人

C. 专职安全生产管理人员　D. ABC

36. 当事人对垫资利息没有约定，承包人请求支付利息的，（　　）。

A. 应予支持　B. 不予支持

C. 协商解决　D. 采用除 A、B、C 外的其他解决方式

37. 施工现场暂时停止施工的，施工单位应当做好现场防护，所需费用由（　　）承担，或者按照合同约定执行。

A. 建设单位　B. 施工单位　C. 总承包单位　D. 责任方

38. 注册建筑师、注册结构工程师、监理工程师等注册执业人员因过错造成重大质量事故的，吊销执业资格证书，（　　）年以内不予注册。

A. 1　B. 2　C. 3　D. 5

39. 职业道德是所有从业人员在职业活动中应该遵循的（　　）。

A. 行为准则　B. 思想准则　C. 行为表现　D. 思想表现

40. 加强成本核算，实行成本否决，厉行节约，精打细算，努力降低物资和人工消耗是对（　　）的职业道德要求。

A. 项目经理　B. 工程技术人员

C. 管理人员　D. 工程招标投标管理人员

二、多项选择题（以下各题的备选答案中都有两个或两个以上是最符合题意的，请将它们选出，并在答题卡上将对应题号后的相应字母涂黑。多选、少选、选错均不得分。每题1分，共20分。）

41. 工程图样一般使用3种线宽，即（　　）。

A. 粗线　　B. 细线　　C. 中粗线

D. 中细线　　E. 粗细线

42. 断面图与剖面图的区别包括（　　）。

A. 断面图只画形体与剖切平面接触的部分，剖面图不仅画剖切平面与形体接触的部分，而且还要画出剖切平面后面没有被剖切平面切到的可见部分

B. 断面图的剖切符号是一条长度为4～6mm的粗实线

C. 剖面图中包含断面图

D. 断面图中没有剖视方向线，剖切符号旁编号所在的一侧是剖视方向

E. 剖面图中剖切符号由剖切位置线和剖切方向线组成

43. 在水准测量时，若水准尺倾斜时，其读数值（　　）。

A. 当水准尺向前或向后倾斜时增大

B. 当水准尺向左或向右倾斜时减少

C. 总是增大

D. 总是减少

E. 不论水准尺怎样倾斜，其读数值都是错误的

44. 力的三要素是（　　）。

A. 力的作用点　　B. 力的大小　　C. 力的方向

D. 力的矢量性　　E. 力的接触面

45. 平面任意力系的平衡方程有（　　）。

A. $\sum X=0$　　B. $\frac{dM}{dx}=F_s$

C. $\sum M_O(F)=0$　　D. $\sum Y=0$

E. $\frac{dF_s}{dx}=q(x)$

46. 下列（　　）因素不会使静定结构引起反力及内力。

A. 增加外力　　B. 支座移动　　C. 温度变化

D. 制造误差　　E. 材料收缩

47. 钢筋混凝土雨棚通常需要进行下列计算（　　）。

A. 正截面承载力　　B. 抗剪

C. 抗拉　　D. 抗扭

E. 抗倾覆

48. 建筑材料分为（　　）。

A. 无机材料　　B. 有机材料　　C. 复合材料

D. 高分子材料　　E. 合成材料

49. 钢材经淬火处理将发生哪些变化（ ）。

A. 脆性增大　　B. 强度和硬度提高

C. 塑性明显降低　　D. 韧性提高

E. 塑性明显提高

50. 沥青三大指标是指（ ）。

A. 粘滞度　　B. 针入度　　C. 延度

D. 软化点　　E. 硬度

51. 混凝土结构主要优点有（ ）等。

A. 就地取材、用材合理　　B. 耐久性、耐火性好

C. 可模性好　　D. 整体性好

E. 自重较大

52. 光圆钢筋与混凝土的粘结作用主要由（ ）所组成。

A. 钢筋与混凝土接触面上的化学吸附作用力

B. 混凝土收缩握裹钢筋而产生摩阻力

C. 钢筋表面凹凸不平与混凝土之间产生的机械咬合作用力

D. 钢筋的横肋与混凝土的机械咬合作用力

E. 钢筋的横肋与破碎混凝土之间的楔合力

53. 值得注意的是在确定保护层厚度时，不能一味增大厚度，因为增大厚度一方面不经济，另一方面使裂缝宽度较大，效果不好。较好的方法是（ ）。

A. 减小钢筋直径　　B. 规定设计基准期

C. 采用防护覆盖层　　D. 规定维修年限

E. 合理设计混凝土配合比

54. 建筑工程定额就是在正常的施工条件下，为完成单位合格产品所规定的消耗标准。即建筑产品生产中所消耗的人工、材料、机械台班及其资金的数量标准。市政工程定额具有（ ）。

A. 科学性　　B. 指导性　　C. 统一性

D. 稳定性　　E. 不变性

55. 施工图预算编制的依据有（ ）。

A. 初步设计或扩大初步设计图纸　　B. 施工组织设计

C. 现行的预算定额　　D. 基本建设材料预算价格

E. 费用定额

56. 市政工程定额种类很多，按定额编制程序和用途分类的有（ ）。

A. 施工定额　　B. 建筑工程定额

C. 概算定额　　D. 预算定额

E. 安装工程定额

57. 下列需要设置明显的安全警示标志的是（ ）。

A. 施工现场入口处　　B. 楼梯口

C. 基坑边沿　　D. 有害危险气体存放处

E. 路口

58. 施工单位应当在施工现场建立消防安全责任制度，措施有（　　）。

A. 确定消防安全责任人

B. 在施工现场入口处设置明显标志

C. 设置消防通道、消防水源，配备消防设施和灭火器材

D. 制定用火、用电、使用易燃易爆材料等各项消防安全管理制度和操作规程

E. 施工现场的动火作业，必须经消防部门审批。

59. 施工单位有（　　）行为的，责令限期改正；逾期未改正的，责令停业整顿，并处5万元以上10万元以下的罚款；造成重大安全事故，构成犯罪的，对直接责任人员，依照刑法有关规定追究刑事责任。

A. 施工前未对有关安全施工的技术要求作出详细说明

B. 未根据不同施工阶段和周围环境及季节、气候的变化，在施工现场采取相应的安全施工措施，或者在城市市区内的建设工程的施工现场未实行封闭围挡

C. 在尚未竣工的建筑物内设置员工集体宿舍

D. 施工现场临时搭建的建筑物不符合安全使用要求

E. 虚报企业资质

60. 要大力倡导以（　　）为主要内容的职业道德，鼓励人们在工作中做一个好建设者。

A. 爱岗敬业　　B. 诚实守信

C. 只为本企业利益　　D. 服务群众

E. 办事公道

三、判断题（判断下列各题对错，并在答题卡上将对应题号后的相应字母涂黑。正确的涂A，错误的涂B；每题0.5分，共8分。）

61. 图形上标注的尺寸数字表示物体的实际尺寸。（　　）

62. 绝对标高以我国青岛附近黄海海平面的平均高度为基准点。（　　）

63. 用DS05水准仪进行水准测量时，往返测1km高差中数字误差为5mm。（　　）

64. 刚体是在任何外力作用下，大小和形状保持不变的物体。（　　）

65. 梁上任一截面的弯矩等于该截面任一侧所有外力对形心之矩的代数和。（　　）

66. 市政工程中的结合料的作用是将松散的集料颗粒胶结成具有一定强度和稳定性的整体材料。（　　）

67. 相同的环境条件下，有机材料的老化比无机材料的老化更严重。（　　）

68. 体积安定性不好的水泥，可降低强度等级使用。（　　）

69. 在浇注大深度混凝土时，为防止在钢筋底面出现沉淀收缩和泌水，形成疏松空隙层，削弱粘结，对高度较大的混凝土构件应分层浇注或二次浇捣。（　　）

70. 管理科学的创立从定额开始，定额是科学管理的基础。（　　）

71. 脚手架费属于措施费。（　　）

72. 定额步距大，则精确度就会提高。（　　）

73. 施工单位在施工过程中发现设计文件和图纸有差错的，应当及时提出意见和建议。（　　）

74. 施工人员对涉及结构安全的试块、试件以及有关材料，可以在建设单位或者工程监理单位监督下现场取样，并送具有相应资质等级的质量检测单位进行检测。（　　）

75. 在正常使用条件下，电气管线、给排水管道、设备安装和装修工程，最低保修期限为5年。（　　）

76. 强化管理，对项目的人财物进行科学管理是对管理人员的职业道德要求。（　　）

四、案例题（请将以下各题的正确答案选出，并在答题卡上将对应题号后的相应字母涂黑。每题2分，共12分。）

（一）下图中为建筑工程施工图常用符号。

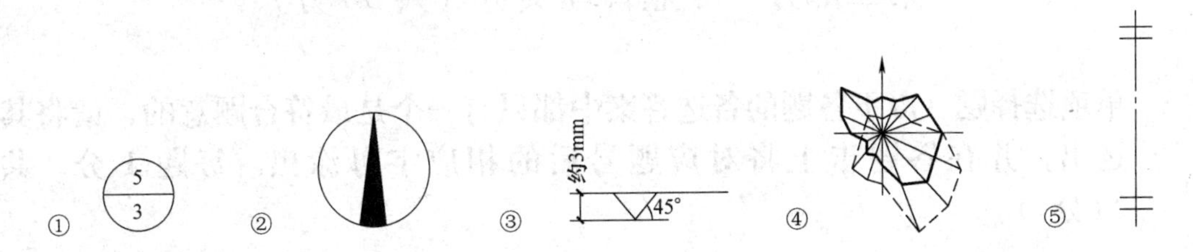

77. 在工程施工图中用于标注标高的图例为（　　）。

A. ②　　B. ③　　C. ④　　D. ⑤

78. 关于图例①的含义说法不正确的为（　　）。

A. 这种表示方法叫做详图索引标志

B. 图中圆圈中的“分子”数“5”表示详图的编号

C. 图中圆圈中的“分子”数“5”表示画详图的那张图纸的编号

D. 图中圆圈中的“分母”数“3”表示画详图的那张图纸的编号

79. 上述图例中能够表达两种功能含义图例的为（　　）。

A. ②　　B. ③　　C. ④　　D. ⑤

80. 完全对称的构件图，可在构件中心线上画上图例（　　）。

A. ②　　B. ③　　C. ④　　D. ⑤

（二）某工程位于地震区，抗震设防烈度为8度，Ⅰ类场地土，是丙类建筑。该工程为框架结构，采用预应力混凝土平板楼盖，其余采用普通混凝土。设计使用年限为50年，为三类环境。

81. 该结构的钢筋的选用，下列何项不正确？（　　）。

A. 普通钢筋宜采用热轧钢筋

B. 冷拉钢筋是用作预应力钢筋的

C. 钢筋的强度标准值具有不小于95%的保证率

D. 预应力钢筋宜采用预应力钢绞线

82. 该工程材料选择错误的是（　　）。

A. 混凝土强度等级不应低于C15，当采用HRB335级钢筋时，混凝土不宜低于C20

B. 当本工程采用HRB400、RRB400级钢筋时，混凝土不得低于C25

C. 预应力混凝土部分的强度等级不应低于C30

D. 当采用钢绞线、钢丝、热处理钢筋做预应力时，混凝土不宜低于 C40

83. 以下混凝土规定错误的是（ ）。

A. 最大水灰比 0.55

B. 最小水泥用量 300kg/m³

C. 最低混凝土强度等级 C30

D. 最大氯离子含量 0.1%，最大碱含量 3.0 kg/m³

84. 其抗震构造措施应按（ ）要求处理。

A. 8 度　　B. 7 度　　C. 6 度　　D. 5 度

第二部分　专业管理实务（共 90 分）

一、单项选择题（以下各题的备选答案中都只有一个是最符合题意的，请将其选出，并在答题卡上将对应题号后的相应字母涂黑。每题 1 分，共 30 分。）

85. 路基施工测量分为（ ）、平面控制测量和施工放线测量。

A. 高程控制测量　　B. 长距离测量

C. 复合测量　　D. 曲线测量

86. 填筑路堤的材料，以采用强度高、（ ）好，压缩性小，便于施工压实以及运距短的土、石材料为宜。

A. 高温稳定性　　B. 材料质量

C. 水稳定性　　D. 低温稳定性

87. 用灌砂法检查压实度时，取土样的底面位置为每一压实层底部；用环刀法试验时，环刀位于压实层厚的（ ）深度。

A. 顶面　　B. 1/3　　C. 1/2　　D. 底部

88. 城市快速路、主干路的沥青混合料面层不宜在气温低于（ ）℃条件下施工。

A. 0　　B. 5　　C. 10　　D. 15

89. 水泥混凝土面层具有较大的（ ）和承载能力，因而其基层往往不起主要承载作用。

A. 柔度　　B. 强度　　C. 平整度　　D. 刚度

90. 支架法适用于（ ）桥梁的施工。

A. 大跨径　　B. 中等跨径　　C. 特大跨径

D. 小跨径桥及斜坡弯桥等其他方法不适宜

91. 顶推法施工适用于（ ）连续梁桥的施工

A. 悬索桥　　B. 连续梁　　C. 斜拉桥　　D. 简支梁

92. 桩架的选择，主要根据桩锤种类、（ ）、施工条件等而定。

A. 锤长　　B. 锤重　　C. 人数　　D. 桩长

93. 钻孔时，应经常注意地层变化，当软弱地质层时，应（ ）。

A. 加速进尺　　B. 减慢进尺

C. 减小泥浆比重　　D. 都不变

94. 跨径 10m 的现浇混凝土简支梁底模拆除时所需的混凝土强度为设计强度的（　　）。

A. 75%　　B. 100%　　C. 70%　　D. 85%

95. 钢筋连接的接头宜设置在（　　）处。

A. 任意位置　　B. 受力较小　　C. 受力较大　　D. 抗震缝处

96. 支护结构一般包括（　　）和支撑（或拉锚）两部分，其中任何一部分的选型不当或产生破坏，都会导致整个支护结构的失败。

A. 止水　　B. 挡土　　C. 挡墙　　D. 锚杆

97. 下列深基坑挡墙结构中，既能挡土，又能止水的是（　　）。

A. 钻孔灌注桩挡墙　　B. 人工挖孔灌注桩挡墙

C. 钢板桩挡墙　　D. 深层搅拌桩挡墙

98. 采用新奥法等开挖隧道的方法称为（　　）。

A. 明挖法　　B. 机械开挖　　C. 暗挖法　　D. 浅挖法

99. 沟槽每侧临时堆土或施加其他荷载时，不符合规定的是（　　）。

A. 不得影响建（构）筑物、各种管线和其他设施的安全

B. 不得影响交通

C. 不得掩埋消火栓、管道闸阀、雨水口、测量标志以及各种地下管道的井盖，且不得妨碍其正常使用

D. 堆土距沟槽边缘不小于 0.8m，且高度不应超过 1.5m

100. 人工开挖多层沟槽的层间留台宽度：放坡开槽时不应（　　）。

A. 小于 0.5m　　B. 小于 0.8m　　C. 小于 1.5m　　D. 小于 2m

101. 不属于施工排水排除的是（　　）。

A. 地下自由水　　B. 地下结合水

C. 地表水　　D. 雨水

102. 不属于排水管道施工的工序是（　　）。

A. 下管、排管　　B. 稳管、接口

C. 试压　　D. 质量检查与验收

103. 工程目标主要包括工期目标、（　　）安全文明创建目标、技术创新目标等

A. 施工目标　　B. 生产目标　　C. 进度目标　　D. 质量目标

104.（　　）是施工中必不可少的一项重要工作，在工程施工期间应遵循："服从指挥、合理安排、科学疏导、适当分流、专人负责、确保畅通"的原则，切实做好交通组织工作，保证施工期间的交通通畅。

A. 安全生产　　B. 交通管理保障

C. 交通组织方案　　D. 现场保护

105. 工程概况是对（　　）、结构形式、施工的条件和特点等所作的简要介绍。

A. 施工进度　　B. 工程规模

C. 现场安全生产　　D. 质量安全

106. 项目目标动态控制的核心是在项目实施的过程中定期地进行（　　）和（　　）

的比较。

A. 项目目标计划值和偏差值　　　　　　　B. 项目目标实际值和偏差值

C. 项目目标计划值和实际值　　　　　　　D. 项目目标当期值和上一期值

107. 调整进度管理的方法和手段，改善施工管理和强化合同管理等属于（　　）的纠偏措施。

A. 组织措施　　B. 管理措施　　C. 经济措施　　D. 进度措施

108. 对质量管理体系来说，（　　）是实现质量方针和质量目标的能力。

A. 赋予特性　　B. 固有特性　　C. 组织特性　　D. 主体特性

109. 下列不属于质量控制的系统过程的是（　　）。

A. 事前控制　　B. 事中控制　　C. 事后控制　　D. 事后弥补

110. 施工项目质量控制系统按实施主体分（　　）。

A. 勘察设计质量控制子系统、材料设备质量控制子系统、施工项目安装质量控制子系统、施工项目竣工验收质量控制子系统

B. 建设单位项目质量控制系统、施工项目总承包企业质量控制系统、勘察设计单位勘察设计质量控制子系统、施工企业（分包商）施工安装质量子系统

C. 质量控制计划系统、质量控制网络系统、质量控制措施系统、质量控制信息系统

D. 质量控制网络系统、建设单位项目质量控制系统、材料设备质量控制子系统

111. 施工进度计划，可按项目的结构分解为（　　）的进度计划等。

A. 单位（项）工程、分部分项工程　　　　B. 基础工程、主体工程

C. 建筑工程、装饰工程　　　　　　　　　D. 外部工程、内部工程

112. 理想的项目成本管理结果应该是：（　　）。

A. 承包成本＞计划成本＞实际成本

B. 计划成本＞承包成本＞实际成本

C. 计划成本＞实际成本＞承包成本

D. 承包成本＞实际成本＞计划成本

113. 塔吊的防护，以下说法错误的是（　　）。

A. “三保险”、“五限位”齐全有效，夹轨器要齐全

B. 路轨接地两端各设一组，中间间距不大于 25m，电阻不大于 4 欧姆

C. 轨道横拉杆两端各设一组，中间杆距不大于 6m

D. 轨道中间严禁堆杂物，路轨两侧和两端外堆物应离塔吊回转台尾部 35cm 以上

114. 安全检查中的专业性检查是针对（　　）进行的检查。

A. 特种作业　　B. 特殊人员　　C. 特殊场所　　D. 特种设备

二、多项选择题（以下各题的备选答案中都有两个或两个以上是最符合题意的，请将它们选出，并在答题卡上将对应题号后的相应字母涂黑。多选、少选、选错均不得分。每题 1.5 分，共 30 分。）

115. 路基的横断面基本形式有：（　　）、不填不挖路基等四种类型。

A. 路堤　　B. 路堑　　C. 半填半挖路基
D. 横坡　　E. 路拱

116. 我国按沥青混凝土中矿料的最大粒径分为（　　）。
A. 粗粒式沥青混凝土　　B. 瓜子片沥青混凝土
C. 细粒式沥青混凝土　　D. 中粒式沥青混凝土
E. 普通沥青混凝土

117. 混凝土路面板施工程序因摊铺机具而异，我国目前采用的摊铺机具与摊铺方式包括（　　）和手工摊铺等。
A. 滑模摊铺　　B. 碾压摊铺　　C. 缩缝
D. 轨道摊铺　　E. 三辊轴摊铺

118. 现浇混凝土盖梁施工应控制好（　　）四个环节。
A. 施工　　B. 支架搭设　　C. 拆除
D. 预应力张拉　　E. 模板设计

119. 钢筋挤压连接的工艺参数主要有（　　）。
A. 施工人员　　B. 电流大小　　C. 压接道数
D. 压接力　　E. 压接顺序

120. 国产盆式橡胶支座又分为（　　）。
A. 单向活动支座（DX）　　B. 双向活动支座（SX）
C. 板式橡胶支座　　D. 简易支座
E. 固定支座（GD）

121. 夹具用于先张法预应力混凝土施工中。根据用途不同，夹具可分为（　　）。
A. 永久夹具　　B. 临时夹具　　C. 张拉夹具
D. 锚固夹具　　E. 简易夹具

122. 根据隧道开挖孔洞的上下部位不同分为（　　）。
A. 墙身　　B. 墙体　　C. 拱部
D. 洞身　　E. 洞底

123. 现代隧道结构的构造形式为包括钢锚杆在内的永久性的支撑结构包括（　　）的复合式结构。
A. 墙身　　B. 初次支护　　C. 拱部
D. 洞身　　E. 二次衬砌

124. 隧道施工辅助方法包括（　　）等。
A. 超前锚杆　　B. 超前小导管注浆
C. 管棚　　D. 超前深孔帷幕注浆
E. 二次注浆

125. 以下（　　）是在管道敷设前，应检查沟槽的工作。
A. 管道基础是否符合要求　　B. 检查管材、配件是否符合设计及规范
C. 施工排水措施　　D. 沟槽支撑是否符安全可靠
E. 沟槽开挖是否符合要求

126. 边线法对中的优点主要有（　　），但要求各管节的壁厚度与规格均匀一致。

A. 比中心线法精度高　　B. 速度快
C. 操作方便　　D. 可完全替代中心线法
E. 不好说

127. 燃气管道的附属设备包括（　　）等。
A. 补偿器　　B. 排水器　　C. 支吊架
D. 放散管　　E. 阀门

128. 选择和制订施工方案的基本要求为（　　）。
A. 符合现场实际情况，切实可行　　B. 技术先进、能确保工程质量和施工安全
C. 工期能满足合同要求　　D. 经济合理，施工费用和工料消耗低
E. 技术复杂程度

129. 针对工程的（　　）的分部分项工程或新技术项目应编制专项工程施工方案。
A. 难度较大　　B. 造价较大　　C. 技术复杂
D. 使用新材料　　E. 利润高

130. 项目组织结构图应反映项目经理与哪些主管工作部门或主管人员之间的组织关系（　　）。
A. 费用（投资或成本）控制、进度控制
B. 材料采购部门
C. 合同管理部门
D. 信息管理和组织与协调等部门
E. 质量控制部门

131. 材料质量控制的要点有哪些（　　）。
A. 掌握材料信息，优选供货厂家
B. 合理组织材料供应，确保施工正常进行
C. 合理地组织材料使用，减少材料的损失
D. 加强材料检查验收，严把材料质量关
E. 降低采购材料的成本

132. 工程质量事故处理的主要依据有（　　）方面。
A. 政府监管情况说明　　B. 质量事故的实况资料
C. 有关合同及合同文件　　D. 有关的技术文件和档案
E. 相关的建设法规

133. 流水参数是在组织流水施工时，用以表达（　　）方面状态的参数。
A. 流水施工工艺流程　　B. 空间布置
C. 时间排列　　D. 资金投入
E. 施工人员数量

134. 成本分析的基本方法包括（　　）。
A. 比较法　　B. 因素分析法　　C. 比率法
D. 差额计算法　　E. 差额法

三、判断题（判断下列各题对错，并在答题卡上将对应题号后的相应字母涂黑。正确的涂 A，错误的涂 B；每题 0.5 分，共 10 分。）

135. 压路机相邻两次压实，后轮应重叠 1/3 轮宽，三轮压路机后轮应重叠 1/2 轮宽。（　）

136. 由适当比例的粗集料、细集料及填料组成的矿料，与沥青结合料拌和而制成的符合技术标准的沥青混合料称为沥青混凝土混合料，简称沥青混凝土。（　）

137. 我国直接用矿料的最大粒径区分沥青混凝土混合料，为粗粒式沥青混凝土、中粒式沥青混凝土和细粒式沥青混凝土三种。（　）

138. 透层沥青是喷洒在无机结合料等基层顶部与下面层之间的粘结薄层。（　）

139. 切缝法制作横缝时混凝土强度越高越好。（　）

140. 混凝土的抗压强度是根据 150mm 边长的标准立方体试块在标准条件下（20±3℃的温度和相对湿度 90％以上）养护 28d 的抗压强度来确定。（　）

141. 每组三个试件应在同盘混凝土中取样制作。其强度代表值取三个试件试验结果的平均值，作为该组试件强度代表值。（　）

142. 高强度螺栓摩擦面可采用喷砂、喷丸、酸洗、砂轮打磨等方法处理，以增大摩擦系数。（　）

143. 钢结构的无损检验仪是无损探伤。（　）

144. 盾构施工法是一种开槽施工方法，不同于顶管施工。（　）

145. 台阶开挖法是将设计断面分上半部断面和下半部断面两次开挖成型。（　）

146. 按隧道周围介质的不同可分为岩石隧道和土层隧道。（　）

147. 燃气管道至规划河底的覆土厚度，应根据水流冲刷条件确定，对不通航河流不应小于 0.5m；对通航的河流不应小于 1.0m，还应考虑疏浚和投锚深度。（　）

148. 城市热力管网放样时，应按支线、支干线、主干线的次序进行。（　）

149. 主要技术组织措施主要包括各项技术措施、质量措施、安全措施、降低成本措施和现场文明施工措施等内容。（　）

150. 在动态控制的工作程序中收集项目目标的实际值，定期（如每两周或每月）进行项目目标的计划值和实际值的比较是必不可少的。（　）

151. 为确保过程的有效运行和控制，在程序文件的指导下，尚可按管理需要编制相关文件，如作业指导书、具体工程的质量计划等。（　）

152. 双代号网络图中，只允许有一个起始节点和多个终止节点。（　）

153. 索赔费用的计算方法有实际费用法、总费用法和修正的总费用法。（　）

154. 距地面 2m 以上作业区要有防护栏杆、挡板或安全网。安全帽、安全带、安全网要定期检查，不符合要求的，严禁使用。（　）

四、案例题（请将以下各题的正确答案选出，并在答题卡上将对应题号后的相应字母涂黑。第 155 题、157 题、160 题、164 题、165 题、167 题、169 题、170 题，每题 1.5 分，其余每题 1 分，共 20 分。）

【案例一】 某填方路基一段为耕质土，地势平坦，另一段地面横坡为 1：4，原地粘性土，最大干密度为 1.79g/cm³，需外借土方，土源试验得最大干密度为 1.85 g/cm³，分层施工。

155. 对平坦路段施工应（　　）。(多选题)

A. 清除表层土　　B. 树根　　C. 碾压

D. 洒水　　E. 挖台阶

156. 对平坦路段清表后碾压压实度要求为（　　）%。(单选题)

A. 95　　B. 85　　C. 75　　D. 70

157. 对地面横坡为 1∶4 施工应（　　）。(多选题)

A. 清除表层土　　B. 砌石

C. 阶梯宽不小于 1m　　D. 洒水

E. 挖台阶

158. 对平坦路段原地碾压后实测干密度为 1.56g/cm³，则压实度为（　　）。(单选题)

A. 80　　B. 84.3　　C. 83　　D. 87.2

159. 该外借土填方路段分层碾压至路床顶差 0.5m，实测干密度为 1.78g/cm³，则压实度为（　　）。(单选题)

A. 90　　B. 99.4　　C. 96.2　　D. 101

【案例二】 某桥梁上部结构采用 16m 先张法预应力空心板梁，预制场预制，采用吊机起吊，拖车运输到现场，汽车吊架梁。

160. 预应力钢筋的下料应考虑千斤顶长度、（　　）和外露长度等因素。

A. 张拉伸长值　　B. 富余长度

C. 冷拉伸长值　　D. 夹具长度

E. 台座长度

161. 架设预应力混凝土梁时的强度应达到设计强的（　　）。(单选题)

A. 80%　　B. 75%　　C. 90%　　D. 100%

162. 预应力混凝土梁的纵向定位以（　　）为准。(单选题)

A. 滑动端　　B. 固定端　　C. 跨中　　D. 端部

163. 预应力混凝土梁的横向定位以（　　）为准。(单选题)

A. 中心线　　B. 左侧边线　　C. 轮廓线　　D. 右侧边线

164. 两台吊机抬吊架梁时，每台吊机的吊装能力不满足要求的条件是（　　）倍梁的重量。(多选题)

A. 0.5　　B. 0.5×动力系数

C. 0.6　　D. 0.55

E. 0.5×动力系数×不均匀系数

【案例三】 A 公司承接某市政管道工程，该工程穿过一片空地，管外径为 1500mm 钢筋混凝土管道，柔性接口，壁厚 100mm，长为 1000m，工程地质条件良好，土质为中密的砂土，地下水较深，坡顶有动载，开挖深度 4m 以内。

165. 在施工中不宜采用的沟槽断面形式是（　　）。

A. 直槽　　B. 梯形槽　　C. V形槽

D. 混合槽　　　　E. 人工槽

166. 在施工中宜采用的沟槽底宽是（　　）。

A. 1500mm　　　　B. 2000mm　　　　C. 2500mm　　　　D. 3000mm

167. 在地质条件良好、中密的砂土、地下水位低于沟槽底面高程，坡顶有动载时，适宜的边坡坡度为（　　）。

A. 1∶1.00　　　　B. 1∶1.25　　　　C. 1∶1.50

D. 1∶2.00　　　　E. 1∶2.5

168. 起点管内底标高12.000m，管底基础采用C20混凝土厚度200mm，起点沟槽底部标高为（　　）。

A. 12.000m　　　　B. 12.200m　　　　C. 11.800m　　　　D. 11.700m

169. 管道设计坡度为0.1%，终点沟槽底部标高不正确的是（　　）。

A. 10.700m　　　　B. 11.200m　　　　C. 12.000m

D. 12.700m　　　　E. 11.8m

170. 施工中发生沟槽坍塌事故，一人被埋抢救无效死亡。分析发生事故的可能原因有（　　）。

A. 遇水膨胀　　　　B. 坡顶堆放重物

C. 边坡太陡　　　　D. 振动液化

E. 人为破坏